U0270281

大飞机出版工程

总主编　顾诵芬

涡扇加力 与多功能排气装置

Afterburner and
Multi-function Exhaust System of Turbofan Engine

季鹤鸣　刘玉英　著

上海交通大学出版社
SHANGHAI JIAO TONG UNIVERSITY PRESS

内容提要

本书共 9 章,涉及加力燃烧理论基础、加力燃烧组织原理、高温燃烧、低温燃烧、涡扇加力燃烧室、涡扇加力新技术、单边膨胀喷管、推力矢量和多功能喷管、加力燃烧试验与测试等重要理论及关键技术问题,紧密结合国际前沿,对国内外先进加力燃烧室及喷管新技术的最新研究成果进行了分析总结与介绍。

本书素材来自作者们的工程实践与科研成果,内容丰富新颖,理论基础系统全面,工程应用性强,对广大的航空领域的研究人员,工程技术人员以及有关专业的高校师生有重要的使用和参考价值。

图书在版编目(CIP)数据

涡扇加力与多功能排气装置/季鹤鸣,刘玉英著
. —上海:上海交通大学出版社,2021.7
大飞机出版工程
ISBN 978 - 7 - 313 - 25146 - 6

Ⅰ.①涡… Ⅱ.①季…②刘… Ⅲ.①航空发动机—透平风扇发动机—研究 Ⅳ.①V235.13

中国版本图书馆 CIP 数据核字(2021)第 133600 号

涡扇加力与多功能排气装置
WOSHAN JIALI YU DUOGONGNENG PAIQI ZHUANGZHI

著　　者:季鹤鸣　刘玉英			
出版发行:上海交通大学出版社	地　　址:上海市番禺路 951 号
邮政编码:200030	电　　话:021 - 64071208
印　　制:上海万卷印刷股份有限公司	经　　销:全国新华书店
开　　本:710mm×1000mm　1/16	印　　张:17.75
字　　数:357 千字	插　　页:3
版　　次:2021 年 7 月第 1 版	印　　次:2021 年 7 月第 1 次印刷
书　　号:ISBN 978 - 7 - 313 - 25146 - 6	
定　　价:148.00 元	

季鹤鸣

1937 年生,江苏常州人,研究员,曾就职于沈阳航空发动机设计研究所,现已退休。主要从事航空发动机试车装配、加力与喷管设计工作,长期担任加力与喷管专业组组长、加力攻关组组长及加力喷管方向课题负责人等职。曾获国防科工委科技进步一等奖 1 次、中航总二等奖 2 次和立二等功 1 次。合著《燃烧原理》《高性能航空发动机燃气轮机燃烧技术》及《航空发动机发展历程》等著作。曾在《航空动力学报》《航空发动机》《燃气轮机试验研究》及其他相关航空科技刊物上发表学术论文多篇。退休后曾在北京航空航天大学热动力工程研究所及其他相关航空航天院所担任技术顾问多年。

刘玉英

副教授,博士生导师,就职于北京航空航天大学能源与动力工程学院。2004年获北京科技大学热能工程专业工学博士学位,2006—2007年法国国家科学研究中心燃烧与爆震实验室访问学者,2010—2011年法国里昂中央理工大学流体力学和声学实验室访问学者。主要研究领域为航空发动机液雾燃烧、加力/冲压燃烧及火焰辐射换热等。曾获国防技术发明奖三等奖1项、国防科学技术进步奖三等奖1项,发表各类学术论文40余篇,授权发明专利7项,合著专著《涡轮基组合循环发动机》。

主讲《燃烧与燃烧室》《燃烧装置设计》《燃烧技术与应用》及《Mécanique appliquée-Turboréacteur》等课程,2016年获北京航空航天大学优秀主讲教师荣誉称号。曾先后获北京航空航天大学"教学优秀奖"、生产实习优秀指导教师、"凡舟"教育基金一等奖及北京航空航天大学教学成果奖等多项教学奖励。

大飞机出版工程

丛书编委会

总主编

顾诵芬（中国航空工业集团公司科技委原副主任、中国科学院和中国工程院院士）

副总主编

贺东风（中国商用飞机有限责任公司董事长）

林忠钦（上海交通大学校长、中国工程院院士）

编委会（按姓氏笔画排序）

王礼恒（中国航天科技集团公司科技委主任、中国工程院院士）

王宗光（上海交通大学原党委书记、教授）

刘　洪（上海交通大学航空航天学院副院长、教授）

任　和（中国商飞上海飞机客户服务公司副总工程师、教授）

李　明（中国航空工业集团沈阳飞机设计研究所科技委委员、中国工程院院士）

吴光辉（中国商用飞机有限责任公司副总经理、总设计师、中国工程院院士）

汪　海（上海市航空材料与结构检测中心主任、研究员）

张卫红（西北工业大学副校长、教授）

张新国（中国航空工业集团副总经理、研究员）

陈　勇（中国商用飞机有限责任公司工程总师、ARJ21飞机总设计师、研究员）

陈迎春（中国商用飞机有限责任公司CR929飞机总设计师、研究员）

陈宗基（北京航空航天大学自动化科学与电气工程学院教授）

陈懋章（北京航空航天大学能源与动力工程学院教授、中国工程院院士）

金德琨（中国航空工业集团公司原科技委委员、研究员）

赵越让（中国商用飞机有限责任公司总经理、研究员）

姜丽萍（中国商用飞机有限责任公司制造总师、研究员）

曹春晓（中国航空工业集团北京航空材料研究院研究员、中国工程院院士）

敬忠良（上海交通大学航空航天学院常务副院长、教授）

傅　山（上海交通大学电子信息与电气工程学院研究员）

航空发动机系列编委会

序　言

　　作为创新型国家的标志工程,大型飞机研制重大科技专项已于 2007 年 2 月由国务院正式批准立项。为了对该项重大工程提供技术支持,2008 年 5 月,上海交通大学出版社酝酿"大飞机出版工程",并得到了国家出版基金资助,现已正式立项。"航空发动机系列丛书"是"大飞机出版工程"的组成部分。

　　航空发动机为飞机提供动力,是飞机的心脏,是航空工业的重要支柱,其发展水平是一个国家综合国力、工业基础和科技水平的集中体现,是国家重要的基础性战略产业,被誉为现代工业"皇冠上的明珠"。新中国成立以来,发动机行业受到国家的重视,从无到有,取得了长足的进步,但与航空技术先进国家相比,我们仍有较大差距,飞机"心脏病"的问题仍很严重,这已引起国家高度重视,正采取一系列有力措施,提高科学技术水平,加快发展进程。

　　航空发动机经历了活塞式发动机和喷气式发动机两个发展阶段。在第二次世界大战期间,活塞式发动机技术日臻成熟,已达到很高水平,但由于其功率不能满足不断提高的对飞行速度的要求,加之螺旋桨在高速时尖部激波使效率急剧下降,也不适合高速飞行,这些技术方面的局限性所带来的问题表现得日益突出,客观上提出了对发明新式动力装置的要求。在此背景下,1937 年,英国的 Frank Whittle,1939 年德国的 von Ohain 在相互隔绝的情况下,先后发明了喷气式发动机,宣布了喷气航空新时代的来临。喷气发动机的问世,在很短的时间内得到了飞速发展,在很大程度上改变了人类社会的各个方面,对科学技术进步和人类生活产生了深远的影响。

　　喷气式发动机是燃气涡轮发动机的一种类型,自其问世以来,已出现了适于不同用途的多种类型,得到了长足的发展。在 20 世纪的下半叶,它已占据航空动力装置的绝对统治地位,预计起码在 21 世纪的上半叶,这种地位不会改变。现在一般所说的航空发动机都是指航空燃气涡轮发动机。本系列丛书将只包含与这种发动机有关的内容。

现代大型客机均采用大涵道比涡轮风扇发动机,它与用于战斗机的小涵道比发动机有一定区别,特别是前者在低油耗、低噪声、低污染排放、高可靠性、长寿命等方面有更高的要求,但两者的基本工作原理、技术等有很大的共同性,所以除了必须指明外,本系列丛书不再按大小涵道比(或军民用)分类型论述。

航空发动机的特点是工作条件极端恶劣而使用要求又非常之高。航空发动机是在高温、高压、高转速特别是很快的加减速瞬变造成应力和热负荷高低周交变的条件下工作的。以高温为例,目前先进发动机涡轮前燃气温度高达 $1800\sim2000\,\mathrm{K}$,而现代三代单晶高温合金最高耐温为 $1376\,\mathrm{K}$;这 600 多度的温度差距只能靠复杂的叶片冷却技术和隔热涂层技术解决。发动机转速高达 $10\,000\sim60\,000\,\mathrm{r/min}$,对应的离心加速度约为 $100\,000\,\mathrm{g}$ 的量级,承受如此高温的叶片在如此高的离心负荷下要保证安全、可靠、长寿命工作,难度无疑是非常之高的。

航空发动机是多学科交融的高科技产品,涉及气动力学、固体力学、热力学、传热学、燃烧学、机械学、自动控制、材料学、加工制造等多个学科。这些学科的科学问题,经科学家们长期的艰苦探索、研究,已取得很大成就,所建立的理论体系,可以基本反映客观自然规律,并用以指导航空发动机的工程设计研制。这是本系列丛书的基本内容。但是必须指出,由于许多科学问题,至今尚未得到根本解决,有的甚至基本未得到解决,加之多学科交叉,大大增加了问题的复杂性,人们现在还不能完全靠理论解决工程研制问题。以流动问题为例,气流流过风扇、压气机、燃烧室、涡轮等部件,几何边界条件复杂,流动性质为强三维、固有非定常、包含转捩过程的复杂湍流流动,而湍流理论至今基本未得到解决,而且在近期看不见根本解决的前景。其他学科的科学问题也在不同程度上存在类似情况。

由于诸多科学问题还未得到很好解决,而客观上又对发展这种产品有迫切的需求,人们不得不绕开复杂的科学问题,通过大量试验,认识机理,发现规律,获取知识，以基本理论为指导，理论与试验数据结合，总结经验关系，制定各种规范……并以此为基础研制发动机。在认识客观规律的过程中，试验不仅起着揭示现象、探索机理的作用，也是检验理论的最终手段。短短七八十年，航空发动机取得如此惊人的成就，其基本经验和技术途径就是如此。

总之，由于科学问题未得到很好解决，多学科交叉的复杂性，加之工作条件极端恶劣而使用要求又非常之高的特点，使得工程研制的技术难度很大，这些因素决定了航空发动机发展必须遵循以大量试验为支撑的技术途径。

随着计算机和计算数学的发展，计算流体力学、计算固体力学和计算传热学、计算燃烧学等取得了长足的进展，对深入认识发动机内部复杂物理机理、优化设计和加速工程研制进程、逐步减少对试验的依赖起着非常重要的作用。但是由于上述诸多科学问题尚未解决，纯理论的数值计算不能完全准确反映客观真实，因而不能完全据此进行工程研制。目前先进国家的做法，仍是依靠以试验数据为基础建立起来的经验关联关系。在数值技术高度发展的今天，人们正在做出很大的努力，利用试验数据库修正纯理论的数值程序，以期能在工程研制中发挥更大作用。

钱学森先生曾提出技术科学的概念，它是搭建科学与工程之间的桥梁。航空发动机是典型的技术科学，而以试验为支撑的理论、经验关系、设计准则和规范等则是构建此桥梁的水泥砖石。

对于航空发动机的科学、技术与工程之间的关系及其现状的上述认识将反映在本系列丛书中，并希望得到读者的认同和注意。

"发动机系列丛书"涵盖总体性能、叶轮机械、燃烧、传热、结构、固体力学、自动控制、机械传动、试验测试、适航等专业方向，力求达到学科基本理论的系统性，内容的相对完整性，并适当结合工程应用。丛书反映了学科的近期和未来的可能发展，注意包含相对成熟的先进内容。

本系列丛书的编委会由来自高等学校、科研院所和工业部门的教师和科技工作者组成，他们都有很高的学术造诣，丰富的实际经验，掌握全局，了解需求，对于形成系列丛书的指导思想，确定丛书涵盖的范围和内容，审定编写大纲，保证整个丛书质量，发挥了不可替代的重要作用。我对他们接受编委会的工作，并做出了重要贡献表示衷心感谢。

　　本系列丛书的编著者均有很高的学术造诣,理论功底深厚,实际经验丰富,熟悉本领域国内外情况,在业内得到了高度认可,享有很高的声望。我很感谢他们接受邀请,用他们的学识和辛勤劳动完成本系列丛书。在编著中他们融入了自己长期教学科研生涯中获得的经验、发现和创新,形成了本系列丛书的特色,这是难能可贵的。

　　本系列丛书以从事航空发动机专业工作的科技人员、教师和与此专业相关的研究生为主要对象,也可作为本科生的参考书,但不是本科教材。希望本丛书的出版能够有益于航空发动机专业人才的培养,有益于提高行业科学技术水平,有益于航空工业的发展,为中国航空事业做出贡献。

陈懋章

2013 年 10 月

总　序

国务院在 2007 年 2 月底批准了大型飞机研制重大科技专项正式立项,得到全国上下各方面的关注。"大型飞机"工程项目作为创新型国家的标志工程重新燃起我们国家和人民共同承载着"航空报国梦"的巨大热情。对于所有从事航空事业的工作者,这是历史赋予的使命和挑战。

1903 年 12 月 17 日,美国莱特兄弟制作的世界第一架有动力、可操纵、比重大于空气的载人飞行器试飞成功,标志着人类飞行的梦想变成了现实。飞机作为 20 世纪最重大的科技成果之一,是人类科技创新能力与工业化生产形式相结合的产物,也是现代科学技术的集大成者。军事和民生对飞机的需求促进了飞机迅速而不间断的发展和应用,体现了当代科学技术的最新成果;而航空领域的持续探索和不断创新,为诸多学科的发展和相关技术的突破提供了强劲动力。航空工业已经成为知识密集、技术密集、高附加值、低消耗的产业。

从大型飞机工程项目开始论证到确定为《国家中长期科学和技术发展规划纲要》的十六个重大专项之一,直至立项通过,不仅使全国上下重视我国自主航空事业,而且使我们的人民、政府理解了我国航空事业半个多世纪发展的艰辛和成绩。大型飞机重大专项正式立项和启动使我们的民用航空进入新纪元。经过 50 多年的风雨历程,当今中国的航空工业已经步入了科学、理性的发展轨道。大型客机项目产业链长、辐射面宽、对国家综合实力带动性强,在国民经济发展和科学技术进步中发挥着重要作用,我国的航空工业迎来了新的发展机遇。

大型飞机的研制承载着中国几代航空人的梦想,在 2016 年造出与波音公司

B737 和空客公司 A320 改进型一样先进的"国产大飞机"已经成为每个航空人心中奋斗的目标。然而，大型飞机覆盖了机械、电子、材料、冶金、仪器仪表、化工等几乎所有工业门类，集成数学、空气动力学、材料学、人机工程学、自动控制学等多种学科，是一个复杂的科技创新系统。为了迎接新形势下理论、技术和工程等方面的严峻挑战，迫切需要引入、借鉴国外的优秀出版物和数据资料，总结、巩固我们的经验和成果，编著一套以"大飞机"为主题的丛书，借以推动服务"大飞机"作为推动服务整个航空科学的切入点，同时对于促进我国航空事业的发展和加快航空紧缺人才的培养，具有十分重要的现实意义和深远的历史意义。

2008 年 5 月，中国商用飞机有限公司成立之初，上海交通大学出版社就开始酝酿"大飞机出版工程"，这是一项非常适合"大飞机"研制工作时宜的事业。新中国第一位飞机设计宗师——徐舜寿同志在领导我们研制中国第一架喷气式歼击教练机——歼教 1 时，亲自撰写了《飞机性能及算法》，及时编译了第一部《英汉航空工程名词字典》，翻译出版了《飞机构造学》《飞机强度学》，从理论上保证了我们的飞机研制工作。我本人作为航空事业发展 50 多年的见证人，欣然接受上海交通大学出版社的邀请担任该丛书的主编，希望为我国的"大飞机"研制发展出一份力。出版社同时也邀请了王礼恒院士、金德琨研究员、吴光辉总设计师、陈迎春副总设计师等航空领域专家撰写专著、精选书目，承担翻译、审校等工作，以确保这套"大飞机"丛书具有高品质和重大的社会价值，为我国的大飞机研制以及学科发展提供参考和智力支持。

编著这套丛书，一是总结整理 50 多年来航空科学技术的重要成果及宝贵经验；二是优化航空专业技术教材体系，为飞机设计技术人员的培养提供一套系统、全面的教科书，满足人才培养对教材的迫切需求；三是为大飞机研制提供有力的技术保障；四是将许多专家、教授、学者广博的学识见解和丰富的实践经验总结继承下来，旨在从系统性、完整性和实用性角度出发，把丰富的实践经验进一步理论化、科学化，形成具有我国特色的"大飞机"理论与实践相结合的知识体系。

"大飞机出版工程"丛书主要涵盖了总体气动、航空发动机、结构强度、航电、制造等专业方向，知识领域覆盖我国国产大飞机的关键技术。图书类别分为译著、专著、教材、工具书等几个模块；其内容既包括领域内专家们最先进的理论方法和技术成果,也包括来自飞机设计第一线的理论和实践成果。如:2009 年出版的荷兰原福克飞机公司总师撰写的 *Aerodynamic Design of Transport Aircraft*(《运输类飞机的空气动力设计》);由美国堪萨斯大学 2008 年出版的 *Aircraft Propulsion*(《飞机推进》)等国外最新科技的结晶;国内《民用飞机总体设计》等总体阐述之作和《涡量动力学》《民用飞机气动设计》等专业细分的著作;也有《民机设计 1000 问》《英汉航空缩略语词典》等工具类图书。

　　该套图书得到国家出版基金资助,体现了国家对"大型飞机"项目以及"大飞机出版工程"这套丛书的高度重视。这套丛书承担着记载与弘扬科技成就、积累和传播科技知识的使命,凝结了国内外航空领域专业人士的智慧和成果,具有较强的系统性、完整性、实用性和技术前瞻性,既可作为实际工作指导用书,亦可作为相关专业人员的学习参考用书。期望这套丛书能够有益于航空领域里人才的培养,有益于航空工业的发展,有益于大飞机的成功研制。同时,希望能为大飞机工程吸引更多的读者来关心航空、支持航空和热爱航空,并投身于中国航空事业做出一点贡献。

2009 年 12 月 15 日

主要符号表

1. 拉丁字母表

A	面积,指前因子
a	长度
	热扩散系数
AR	二元或矩形通道中的宽高比
B	涵道比
	稳定器后方回流区宽度
	堵塞比
b	宽度
C	碳元素
C_p	定压比热容
C	耗油率
C_v	定容比热容
CLP	燃烧室载荷参数
D	直径
	稳定器当量直径
	射流喷嘴直径
D_0	液滴初始直径
d	直径,火焰稳定器宽度
$\overline{d}$	液滴特征直径
E_a	活化能,kcal/mol
F	推力
	面积
f	油气比
	频率
$f(\lambda)$	气动函数

f_s	化学恰当油气比
G	质量
G_0	燃料的理论空气需要量
H	海拔高度
	通道宽度
H	氢元素
H_l，H_i	焓
H_{reat}	反应物的焓
H_{prod}	生成物的焓
Hu	热值
Hz	赫兹
h	高度
	单位摩尔的焓
K	绝对温标
K	变形位移系数
	收敛度
	常数
k	绝热指数
	导热系数
L	长度
	回流区长度
M	金属代号
M	相对分子质量
m	质量
m_a	空气的质量（流量）
m_f	燃料的质量（流量）
MMD	质量平均直径
Ma	马赫数
N	次数
N	氮元素
n	液滴尺寸分布均匀性指数
O	氧元素
p	静压
P	总压
Pr	普朗特数
Q	热量

q	动量比
R	半径
	气体常数
	推力
	液滴质量(或体积)占液滴总质量(或总体积)的百分数
R_f	平均化学反应率
Re	雷诺数
r	半径
S	熵
	表面积
SMD	索太尔平均直径
s	秒,时间
S_L	层流火焰速度
S_L	湍流火焰速度
T	周期
	温度(K)
T_{ad}	绝热火焰温度
T_f	火焰温度
T_0	初始温度
T_a	空气温度
T_b	液体的饱和蒸气温度(沸点温度)
t	温度(℃)
TBC	热障涂层
U	绝对内能
u	单位摩尔的焓
u_{bo}	火焰的吹熄速度
u'	脉动速度
U_d	相对速度
V	体积、容积、燃烧体积
v	比容
V_1	来流速度
V_2	稳定器混合区边缘处的流动速度
W	分子质量速率
	钝体回流区尾迹宽度
We_g	气流韦伯数
x,y,z	笛卡尔坐标

Y	组分质量分数
Y	横向射流下游的穿透高度

2. 希腊字母符号

α	前坡角
	锥角,锥形孔半锥角
	余气系数
α_g	当量扩张角
β	扩压度
β	蒸发常数
ε	混合度
	火焰稳定器堵塞比
δ_o	主燃烧室出口温度场周向不均匀系数(OTDF)
δ_r	主燃烧室出口温度场径向不均匀系数(RTDF)
δ	壁厚,火焰厚度
η	效率
θ	加温比,加热比,温升比
	角度(后坡角)
	挡头锥角
λ	速度系数
	波长
μ	流量系数
μ_w	水的动力黏性系数
μ_j	液体的动力黏性系数
ξ	流阻系数
π	压比
ρ	密度
σ	总压恢复系数
	面积比
T	时间
	剪切应力
τ_r	特征停留时间
τ_c	特征点火时间(或化学反应时间)
Φ	当量油气比
	直径
ω	角速度

3. 下角标

ab	加力燃烧室
a	空气
abs	绝对
b	燃烧室
bu	熄火
c	喷管的
	冷却的
cm	混合的
d	突扩的
f	燃料
i	局部的
in	内部的
g	燃气
	气相
kp	临界的
m	混合的
max	最大的
min	最小的
n	内涵的
o	总态参数
r	径向的
	参考的(rep)
s	表面的
	静态参数
v	体积,容积
w	壁面的
	外涵的
5	最末级涡轮出口截面
6	混合器或加力燃烧室进口截面
7	发动机尾喷管进口截面
8	发动机尾喷管喉道截面
9	发动机尾喷管出口截面

4. 侧记号

Σ	总和

Δ	绝对增量
	变化量

5. 顶记号

—	相对值
	平均值
	时间平均值

前　　言

　　本书开头即向读者介绍 3 个战例：20 世纪 50 年代中后期，常有从海上飘来的气球骚扰我国大陆。起飞迎猎的米格 19 战斗机却苦于加力推力不够，眼睁睁地看着猎物飘走；60 年代曾有架美制蒋机闯入华东某地我解放军伏击区后蒋机妄图开加力逃跑，无奈加力接不通而被击落；在越南战争中，虽然米格 21 在对阵美机 F4 和 F105 的格斗时有上乘的表现，但美机却击中了米格 21 加力油耗大这个软肋，让越方吃了不少苦头。这 3 个战例说明，航空发动机的加力性能对歼击机的战术性能影响是非常大的。在航展飞行表演时，歼击机从起飞到完成各种高超惊险的特技动作，始终是开着全加力的。现代歼击机的机动性正是以发动机的推重比作为函数设计的。高推重比航空发动机是当今每个航空大国的战略支柱产品。这里所说的"高推重比"都是指发动机加力时的推力，也称为"最大推力"或"作战推力"。先进的高推重比发动机包含着先进的加力技术。本书试图在这个领域介绍一些管窥之见。

　　加力燃烧室与主燃烧室相比，虽同是燃烧器，两者的差别可不一般：首先，进口条件不同。先说涡扇加力，其进口有内外涵冷热两股气流的通道。当飞行状态剧变时，两通道内流量比变化可达数倍之多。这有点与举世闻名的都江堰遇到的岷江径流变化 5～6 倍的情况相似。但是，都江堰河水流动时的分流问题，没有尺寸限制；而涡扇比力是在两股流合流时完成燃烧问题，尺寸受限极严，显见其难度之大。在涡喷单涵加力时遇到的是另一类问题，即仅用百分之几的涡轮后低压燃气去冷却平均排气温度高达 2100K 主流时引起的加力燃烧室热结构稳定性问题。这些都是主燃烧室较少遇到的难题。其次，在组织燃烧上，两者更是大相径庭。前者是直流燃烧；后者通常采用旋流燃烧。再次，加力燃烧室是直接用于产生推力的，它既要确保自身具有良好的燃烧特性又要考虑整机的推力特性。既要在宽广的飞行包线内加力推力连续可调，又要在高空高速时加大推力等要求，使控油调节和油路系统设计变得很复杂。这从密如蛛网的油管布局就可见一斑。最后，加力燃烧室处在涡轮之后、喷管喉道之前的部位。无论是加力状态的调定，还是加力点火、稳定燃烧、燃烧效率和最大加力性能的获得都离不开喷管喉道的协动。至于结构设计，不少机种干脆把两者作为一个单元体或者直接称加力与喷管就是"加力燃烧室"。实际上组织加力燃烧与喷管本来就是一体的。加力燃烧室是采用双喉道系统获得等压工作状态从而进行燃烧的，因此，除了在上游借用涡轮导向器外，在下游还必须有一个喉道可调的排气装置与其相匹配，这才是一个完整的加力燃烧室。

鉴于以上，本书把加力与喷管归在一起，一并介绍给读者，相信读者会理解这点。

早在一二十年前，有人就推测"没有加力"了，这些年来事实已否定了这种断言。尽管航空大国至今还在垄断着崭新的加力技术，但是技术创新是谁也阻挡不了的。科学技术进展已把传统的老式的以 V 形槽不良流线体为表征的加力装置，更新为流道中没有多余突出物的一体化设计新方案。这些新技术包括专用型面支板稳焰器，内置（或隐式）喷油系统，特殊的喷雾器，内锥、支板、涡轮后机匣的混合/扩压器一体化设计，材料、工艺与结构设计的一体化，以及加力燃烧室全部采用内冷却的低红外辐射设计等。

喷管也称为排气装置。同样，为了满足各个机型的不同需求，它几乎如万花筒一样变化发展着。本书将用两章篇幅专门介绍，包括反推力装置、转向喷管、加力偏转喷管、单边膨胀斜面喷管和推力矢量装置等。

回顾从 20 世纪 50 年代加力燃烧室登上航空发动机舞台以来的技术演变是很有意义的。当初歼击机迫切要求获取速度优势突破声障，可是涡轮喷气发动机难以提供克服激波阻力所需的推力突增。在涡轮后方几倍于火焰速度的气流中燃油根本燃烧不起来。冲压发动机本来就是适用于在超声速条件下工作的空气喷气发动机，当然也遇到相同的问题。设计师煞费苦心找到了 V 形火焰稳定器，解决了高速气流中的燃烧问题。这在当时是一项崭新的技术。二代机要求进入飞行马赫数 2 的空域时，需要更大的加力推力。加力的油气比已接近化学恰当比，首要解决的是克服高频燃烧的不稳定性。这时加力燃烧室上采用了防振消音衬套技术。三代机要求在宽广的飞行包线内完成多用途的作战任务,采用高性能的中等涵道比($B=0.6\sim1.0$)涡扇发动机。加力燃烧室上采用了分区分压、软点火、值班火焰稳定器以及为解决低温燃烧的近处匹配燃烧技术。四代机追求歼击机高生存能力,要求有隐身功能。加力燃烧室在极高的燃烧温度下工作,其红外隐身技术崭露头角。现代歼击机用的先进涡扇加力燃烧室的进口流量比变化很大,进口速度场多变,进口温度可由常温变到 1000 ℃甚至更高。燃油供油量和余气系数变化可达数倍。总之,在燃烧条件很恶劣的情况下,要做到点火可靠,燃烧稳定并且有很高的燃烧效率,这都是难度很大的工程技术问题。本书将做全面介绍。

在加力燃烧室及其部件试验研究中,经常会出现燃烧不稳定性或简称振荡燃烧,本书第 5 章及其附录中用较多篇幅专门介绍了这一现象。同时也介绍了其解决方法。这些可供感兴趣的朋友探讨和研究。

喷管技术一直是与加力燃烧室同步发展的。涡轮喷气发动机的喷管最早只是个出口面积固定的收敛喷口。为了能开加力,其出口喉道变成了有级可调。二代机为满足宽广的加力推力可调范围需求,喷管喉道已是连续可调。后来,为了改善飞机的高速性能和冷却加力燃烧室,加装了引射喷管。三代机采用了收敛扩张喷管。同时为降低底阻,进一步把外罩改为浮动式引射器。到了第四代战机,为了改善飞机在低速和零速度时的可操纵性,喷管采用了推力矢量技术等。2018 年的珠海航展上,我国采用全新设计的推力矢量技术的新型歼击机,在飞行表演时充分显示出高超的机动性,获得了观众的普遍好评。其实,早在 20 年前,沈阳发动机设计研究所仅用 3 年时间完成了轴对称推力矢量喷管验证机的试验研究。这是我国发奋图强完全独立自主开发出来的新产品。时任国务院总理朱镕基很高兴,他亲自操作操纵杆让喷管转动起来。该项目获国防科技进步一等奖。

综上所述,可知加力喷管技术是与歼击机的技术发展紧密相连的,始终处于航空技术的风口浪尖之上。喷管在涡轮喷气发动机的几个主要部件(无论是热端或冷端部件)中作用突出,这是因为加力燃烧室与喷管一起构成发动机推进器直接产生推力。简言之,这是其整机性或全局性所导致的结果。

航空科技的发展是永无止境的。加力和喷管技术也不会永远停留在一个水平上。自从20世纪70年代有人驾驶的飞机达到$Ma \geqslant 3.0$后,更高速的飞行计划沉寂了二三十年。近10多年来,飞行马赫数$Ma = 3.0$的更高速飞行再次成为热门。这类飞行器看好的动力推进器是组合发动机(RBCC)和涡轮冲压(TBCC)。其中采用亚燃的TBCC尤为大家所青睐。这种串联式的组合动力首先遇到的技术关键就是涡轮后的加力燃烧室如何兼作冲压发动机的燃烧室问题。简言之,即设计一个双模态工作的加力燃烧室。同时,高Ma数飞行遇到的另一个技术关键是寻找到合适的排气装置。目前歼击机的最大飞行Ma数为2.0~2.3。这已经是机械式收敛扩张喷管的最大应用极限了(喷管落压比$NPR \leqslant 20$)。当飞行马赫数$Ma \geqslant 3.0$时,采用单边膨胀斜面喷管(SERN)已势在必行。因为它允许NPR更高,在60~100下工作,并且与高速飞行器在结构上能良好匹配。这些也都是本书要讨论的内容。

加力是否只用于歼击机?这是个值得探讨的问题。空气喷气发动机靠什么产生强大的推力?按照动量方程,有两种方法:一是借助巨量的空气流量;二是借助喷射出高温高速燃气。前者指的是大涵道比涡扇和涡桨、桨扇这类发动机,后者则是加力式小涵道比涡扇或涡喷发动机。前者这类发动机都有一个共同的特点——耗油率低。在20世纪全球出现能源危机时,它们可是生逢其时。但是它们的迎风面很大,单位迎风面推力很小,更为恼人的是在高亚声速飞行时,更不用说超跨声速飞行时,其阻力会急剧增加。因此,这类动力装置只适合在亚声速条件下工作,其最大飞行速度仅有800~900 km/h,这种状况在航空界已持续了50余年。如今高铁速度已达300~350 km/h,一向以快捷著称的航空运输和战略轰炸机是否有危机感?尤其是在能源危机基本解除的条件下。其实这个问题许多有识之士早就看到了。协和号、图160、B1B等都是飞行马赫数达2.0的大飞机。近年来国际上正在开展的商用超声速运输机计划,如欧盟的远期先进推进概念和技术计划(long term advanced propulsion concepts and technology,LAPCAT)、美国Boom公司的超声速客机研制计划(supersonic airliner)、日本的小型超声速试验机NEXST及欧盟的零排放超声速飞机(zero emission hypersonic transportation,ZEHST)等,其飞行马赫数均大于2.0。此类飞行器的动力无一例外都采用了加力技术。也就是前面所说的第二类动力都采用的技术。这就是说,无论军用或民用飞行器,抑或是歼击机、轰炸机还是运输机,若要想过 $Ma=2.0$ 这道坎,这是标配技术。因为加力让这类动力的迎面推力剧增。

全书共有9章。其中有两三成的篇幅是基础理论,其余则是工程研发。基础理论与工程研发密不可分,工程研发有了坚实的理论基础才会不断出现高水平的新产品和培养锻炼出高素质的技术队伍。加力技术离不开试验研究,它是建立在试验基础上的技术。本书第9章是专门论述试验和测试的。书中第1、4、5、7、8章由季鹤鸣编写;第2、3、6章由刘玉英编写;前言和第9章为两人共同编写;第6章的试验研究先后参加者有硕士研究生马梦颖、吴迪、王海龙、井文明、罗莲军、郭庆波、张文龙、周冠宇、钱佳兴和周春阳等,博士研究生有马文杰、柳阳、刘邓欢、谢奕、刘广海等;第8章中的设计和试验研究有博士生谭杰等;书中部分内容曾经在某些书刊中刊出过,为本书需要采用时做了重新编排。

介绍燃烧技术的书有很多版本,但是大多是讲主燃烧室的,谈到加力燃烧室时,通常只是顺便捎带写点,至今未见独立成书。这与当今快速发展的航空发动机技术极不相称,使得作者越来越强烈地感到应该有一本专著来系统论述先进加力燃烧技术。自从几年前提出写本专著的想法以来,作者先后得到多位领导和同行的大力支持和关心,令人深受鼓舞。本书试图从整机的需求和全局观点出发,综合介绍加力燃烧这门技术的过去、现在和未来,加力技术的关键难点和特殊性以及先进的地方,期望以此投石问路以及为后来者抛砖引玉。

本专著主要面向航空发动机专业的本科生和研究生以及设计研究院所从事本专业的设计和试验人员。书中有相当多的内容也可供从事管理的业内人士参考,相信会有所裨益的。

著书立说从来就是仁者见仁,智者见智,一家独言,难免偏颇。诚挚欢迎读者和同行提出批评,指出错误和不足之处,万望不吝赐教。

本书由中国航空发动机集团沈阳发动机设计研究所主管燃烧的张志学副总师全面审阅并提出宝贵意见,在此表示敬意和衷心感谢。

本书成书过程中邵万仁、白艳坤、邓爱明和孙雨藻等青年朋友曾提出过很好的建议和意见,诚表谢意。感谢《航空知识》期刊摄影师陈肖为本书提供封面照片。

感谢交通大学出版社总编助理钱方针博士的大力支持。感谢本书责任编辑黄丽芬女士的辛勤劳动！

感谢中国航空发动机集团沈阳发动机设计研究所领导和科技委及同仁们的关心支持。这里尤其要感谢严成忠总师的悉心关怀。在本书选题和立项时，他表示全力支持。在本书终稿前夕，他还专门阅读本书，提出了不少好建议，并向上海交通大学出版社大飞机工程出版基金推荐出版本书。

感谢北航仿真中心主任总师金捷研究员的热情支持。

感谢清华大学航天航空学院周力行教授的大力推荐。

感谢西北工业大学严传俊教授的大力推荐。

感谢南京航空航天大学王家骅教授的大力推荐。

感谢中国工程院甘晓华院士的大力推荐。

作者：季鹤鸣
刘玉英

目　　录

第1章 概　　述

1.1　飞机对发动机的要求

　　在讲述飞机对发动机的要求前,必须说清楚两者的关系。归纳起来有 4 种说法:

　　(1) 发动机是飞机的附属系统。

　　(2) 人与心脏的关系。

　　(3) 鸡与蛋的关系。

　　(4) 火车头与车厢的关系。

　　世界上最大的航空发动机制造厂家 P&W 公司则力挺最后一说。笔者认为这种说法最为贴切。没有发动机提供强大的推动力,何谈飞机在长空中翱翔? 其实,早在 1903 年莱特兄弟的"先行者 1 号"上天前就有人试图飞上天。最为有名的是发明机关枪的马克沁制造的飞机在伦敦一家公园里试飞。他采用蒸汽机作为动力。在众目睽睽之下以失败告终。中华人民共和国成立之初,航空教科书全采用苏式教材,书中介绍世界上第一架飞机是俄国海军军官莫扎伊斯基发明的。20 世纪 70 年代,有位苏联科学家在详细分析了莫氏飞机后,结论是采用的蒸汽机功率小,带动飞机的拉力达不到最低起飞速度的需要。莫氏与马氏一样,他们的飞机只能在地面滑行或扑腾! 只有莱特兄弟的飞机采用的是问世不久的汽油机,不仅功率较大,而且用了不止一台发动机,更为重要的是该发动机功率质量比相对蒸汽机高出几倍,结构相对轻巧,所以兄弟俩成功了!

　　现代飞机起飞上天固然要靠发动机。其实,爬升、机动作战更要靠大推力和高推重比发动机。米格-19 原型机狩猎高空气球起初不成功,我国黎明厂的工程技术人员经过艰苦努力,改进和提高了该机的发动机加力状态的推力性能,随后,这些骚扰大陆的气球就在我空军的打击下一个个被消灭,凌空爆炸了。一型飞机服役期通常长达二三十年之久,其间有多次改进改型,大多数是增加了特设和火控,以致引起增重。为了保持原型飞机的基本作战性能,同样要靠发动机最大推力的递增来弥补。事实正是如此,不单是歼击机,轰炸机、运输机也都是如此。其主要性能技术指标均以发动机的最大推力和推重比作为依据来设计的。因此追求发动机的最大推力和高推重比是发动机设计师矢志不渝的首要目标。

　　米格 21 依赖其发动机比较富裕的最大推力和较高的推重比,有着优良的作战技术性能。可是其加力耗油率却大得惊人,大约为非加力时的 2.5 倍。开加力时油量表的指针如径赛时的秒表那样跑得快。越战中的美方正是利用它的留空时间短,尤其是最大推力允许使用时间短的弱点,让越方吃了大亏。我国也引进了米格-21。沈阳航空发动机研究所的科技人员对此进行了卓有成效的工作,改进了发动机的最大状态性能,不仅大幅度降低了全加力时的耗油率,还使加力推力在宽广的范围内连续可调,使飞机性能大为改善。后来,该项技术由其他航空发动机厂所移植到别的发动机上,也取得了很好的效果,并有许多出口订货,经济效益显著。

飞机对发动机的要求,尤其是对加力的要求,远不止上文介绍的这些,还有许多项。图 1-1 列出了对发动机和动力燃烧室的要求。它们是加力设计的主要依据。值得设计人员仔细琢磨。

1.2 发动机的工作状态

航空发动机有两种工作状态:一是稳定工作状态;二是过渡态或称瞬态。前者包括最大状态、巡航状态、中间状态等,后者包括加力接通过程、转速增减过程等。各种工作状态都有不同的衡量指标,用以评判发动机性能之优劣。其中特别是最大状态、中间状态和加力接通过程,这是本书着重探讨的内容,也是现代歼击机及其发动机最为关键的几项指标。

1.2.1 最大状态和最大推力

当发动机处于最高转速条件下,涡轮前温度最高而且喷管排气速度最大,发动机的推力处于最大时的工作状态称为最大状态,也称为"军用或作战状态"。这时的发动机推力称为最大推力。对于歼击机而言,其发动机最大状态就是全加力状态。对于没有加力的运输机和民航机而言,则是发动机的起飞状态。有的发动机设有"训练状态",这是为延长发动机的寿命而采取的一种措施,只在平时训练时使用,但其涡轮前的温度适当调低了。此时发动机的推力只及军用最大推力的 97% 左右,可是发动机寿命却因此延长了许多,严格说这不是最大状态。

1.2.2 推重比和高推重比

航空发动机在最大状态下产生的最大推力与发动机净质量之比称为推重比。各类报章杂志或专业书上出现的"高推重比"都是这个意思。图 1-2 为 20 世纪 50 年代以来航空发动机推重比的发展趋势。60 多年过去了,推重比还在向更高的目标前进。推重比 12～15 的高性能发动机正在孕育之中。在设计发动机时,为了追求高推重比,采用新的加力技术是毋庸置疑的。

1.2.3 巡航状态和中间状态

1) 飞机的巡航状态

飞机的巡航状态有两种方式:一是亚声速巡航状态;二是超声速巡航状态。两

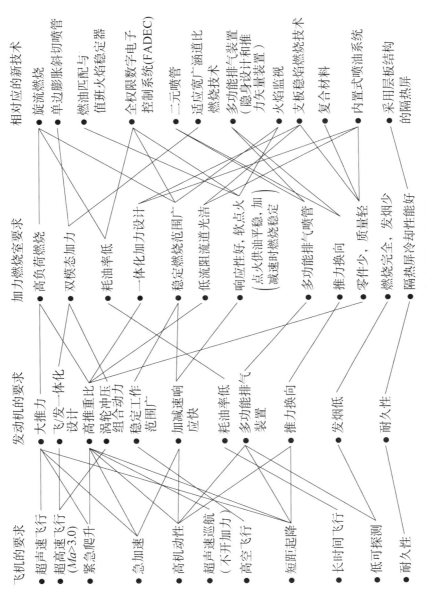

图 1-1 对发动机和加力燃烧室的要求

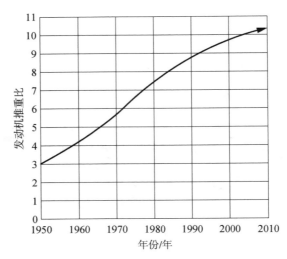

图 1-2 20 世纪 50 年代以来航空发动机推重比的发展趋势

注:本图前半截取自张仁在第三届燃烧会议上的报告,后半截取自
近年入役或即将入役的几型发动机数据,涵盖大约 20 型歼击机发动机

者对发动机的需求是不同的。亚声速巡航采用非加力状态,要求发动机在耗油率尽可能低的状态下工作;超声速巡航采用的是中间状态,要求发动机在非加力时推力最大状态下工作。新一代歼击机采用超声速巡航,主要是为隐身设计的需要。

2)发动机的中间状态

发动机的中间状态是指不开加力时的推力最大状态。它是发动机处于最高转速和主燃烧室最高温度下的工作状态,而且具有最佳的气动性能。有了这些要求才能适应和满足飞机的长期超声速巡航。表面看来该状态不开加力,与加力设计无关,实际上却是关系很大。原因有两点:一是传统的加力燃烧室组织燃烧方案,都采用了大量的密如蛛网的喷杆和喷油环,以及 V 形槽火焰稳定器。这些都会产生气动阻力。早期的加力室其总压恢复系数仅为 0.9,经过半个世纪的改进,提高有限。这一点与超声速巡航的气动要求相悖。二是这些零件全暴露在高温气流之中,会产生大量红外辐射。这是新一代有隐身要求的歼击机发动机所不允许的。

1.3 增加推力的方法

1.3.1 外部增推

采用火箭发动机助推。该方法在航天领域中应用广泛,多级火箭就是。在涡轮喷气发动机装机服役初期,因其推力不足也曾采用这种方法。具体方法就是在飞机机身或两侧捆绑一支或两支固体火箭,如多级火箭的助推级。其实,冲压发动机装机时,为获得起始工作状态,也一直沿用此方法助推。不过,火箭助推方法虽简单,起飞一次就得重装一次,不方便也不经济。

1.3.2 内部增推

这里说的内部助推是指借助发动机自身在短期内增加推力的方法,有如下几种:

1) 超温超转和增加流量

借助于加装喷口调节系统,可以短期内使排气温度增加,同时把流量加大,从而增加推力。但是该方法损害了发动机的寿命和安全可靠性。德国在二战结束前曾在某涡轮喷气发动机上采用过这种技术,其发动机寿命仅为 20 h。另一方法是更换首级低压压气机,加大进气直径,加大进口流量,如我国某甲型机即采用过此种方法。在发动机不做大改条件下,更换了首级压气机。发动机流量骤增几千克,加力推力加大数百千克力①,装机后飞机升限大为增加,因此改进设计很成功。

2) 高温涡轮和级间增温

增加涡轮前的温度有两种工作模式:

(1) 高压涡轮进口。在主燃烧室中增加喷油量,从而提高高压涡轮的进口温度,同时相应提高了排气温度。我国曾对某引进的发动机做了很大改进,其中有一项即是提高涡轮进口温度。其办法是更换高压涡轮叶片,使进口温度提高 100 ℃,同时提高了中间和加力推力并使加力耗油率有所降低。付出的代价是更换涡轮成本高昂,推力增加幅度较小。

(2) 低压涡轮之前。在高低压涡轮之间,增设级间燃烧室,由此提高低压涡轮进口温度,相应提高了排气温度。这与某些涡轴涡桨发动机上,在自由涡轮前加设增功燃烧室的方法是一样的。通常实施方案是利用低压涡轮前的喷嘴环(低压导向器),借此作为支板进行喷油,起到了没有设置加力燃烧室而得到小加力增推的效果,可以满足在发动机中间状态时,飞机可做超声速巡航之需。

3) 喷水加力

也称喷液增功或增推。这种方法最早见于军用活塞发动机上,二战期间应用甚多。其方法是向汽缸内喷进水和甲醇(或乙醇)的混合液,可使发动机短期内功率增加 10%～30%。该方法移植到燃气涡轮发动机上即是喷水加力。在民航发动机上(如"子爵"号上的达特发动机以及斯贝 511、JT3D、JT9D 等)和早期军用发动机上(如 F86 上的 J47 发动机等)都采用过喷水加力。在地面燃气轮机或舰船用燃气轮机上也见应用。

喷水的部位或在进气道里或在主燃烧室内,分别如图 1-3 和图 1-4 所示。当向主燃烧室内喷水时必须采用高压水。水压必须高于主燃烧室内的工作压力。通常由专用的水流量传感器和相应的供水系统来完成。所喷之水都是经过处理的软水。在炎热的夏天向进气道里喷水能显著提高压气机的工作效率并加大发动机的

---

① 千克力,1 kgf = 9.806 65 N。

流量。无论是向进气道里或向主燃烧室里喷入的混合液中的甲醇或乙醇都会参与燃烧,从而进一步增大发动机的功率和推力。甲醇和乙醇的燃烧反应式为

$$甲醇 \quad 2CH_3OH + 3O_2 \longrightarrow 2CO_2 + 4H_2O$$

$$乙醇 \quad C_2H_5OH + 3O_2 \longrightarrow 2CO_2 + 3H_2O$$

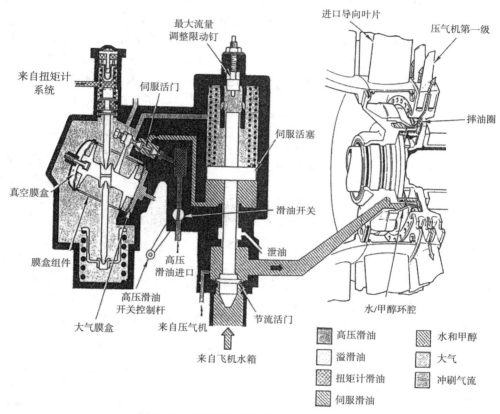

图 1-3　典型的在进气道里喷水加力系统

图 1-5 为喷水时发动机最大推力随大气温度的变化曲线。在 35 ℃时,大约可提高推力 10%。表 1-1 为 JT9D 发动机喷水后推力增加的百分数及有关燃油量的变化。喷水加力不单是要增加一套供水系统而增加了飞行器质量,而且发动机的油量消耗还要增加。推力的增量不过百分之几到 10%。但是这对于质量和尺寸要求限制不严的地面燃气轮机、民航或舰船上用的燃气轮机还是很有意义的。在军机尤其是在歼击机上,大量装备的增推装置是专门设计的加力燃烧室,也称复燃室。不单是军机上,就是民航机如英法合作研制的超声速客机"协和号"上的奥林普斯 593 发动机上,也装有该加力燃烧室。

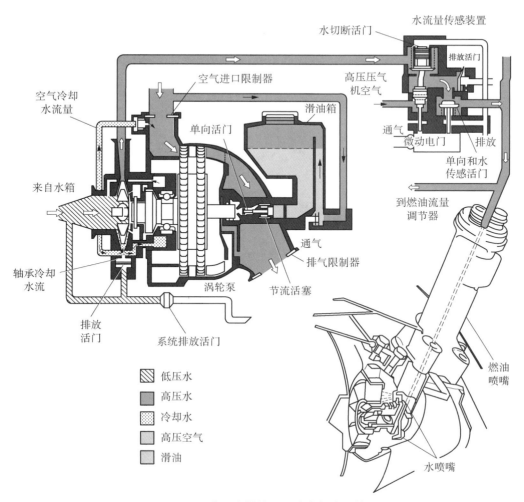

图 1-4　典型向燃烧室里喷水加力系统

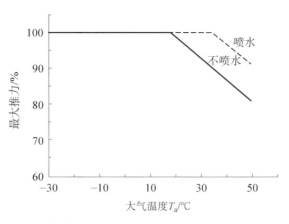

图 1-5　喷水时发动机最大推力随大气温度的变化曲线

表 1-1　JT9D 发动机喷水加力性能

发动机		JT9D-3	JT9D-7
$T_H/℃$		26.7	26.7
$T_a/℃$		1 160	1 204
不喷水	$G_T/(kg/h)$	7 020	7 520
	$R/(daN)$	19 730	20 640
喷水工作	$G_T/(kg/h)$	7 840	8 480
	$G_{H_2O}/(kg/h)$	7 260	9 070
	$R_{H_2O}/(daN)$	20 400	21 300
$G_{T喷水}/G_T/\%$		111.7	112.8
$\Delta R/daN$		670	660
$\Delta R/R/\%$		3.4	3.2

注:1 daN = 10 N。

1.4　加力燃烧室与加力状态

1.4.1　加力燃烧室的历史变迁

　　早在 20 世纪 30 年代,当时的活塞发动机满足不了飞机飞行速度提高时需要的牵引力增长。有位欧洲人坎培尼(S. Campini),他想出了一个增加活塞发动机推力的方法:在活塞式发动机汽缸的排气阀后面加装一段管子,然后把管子中排出的废气引入专门加设的燃烧室里,利用废气中的余氧再行喷油燃烧。复燃后的废气获得增温时,再借助于专门设计的喷管产生推力排向大气。这项发明不仅申请了专利,而且做了装机试验,但结果并不理想。原因是流量太小,产生的推力有限。但是在同时代出现的冲压发动机上却获得了成功,他们采用的都是双喉道等压加热系统,如图 1-6(a)(b)所示。

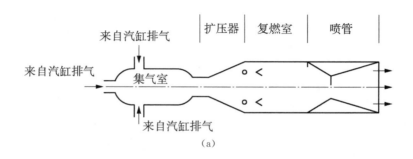

(a)

进气道｜扩压器｜　　燃烧室　　｜　尾喷管｜

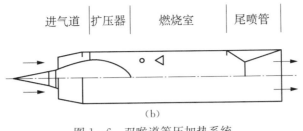

(b)

图 1-6　双喉道等压加热系统

(a) 由活塞发动机数个汽缸排气汇总复燃的加力装置(包括扩压器复燃室和喷管三部分)　(b) 亚燃冲压发动机气动流路

40 年代涡轮喷气发动机问世。它很快带动飞机跨过了时速 900 km,冲到了 1 000 km。这时遇到了跨过声障需要克服激波带来的波阻问题,要求发动机推力大幅增长。于是,人们想起了前述的坎培尼的专利。50 年代英美等国把其移植到涡轮发动机中,对排出废气流进行喷油复燃,从而进一步提高排气速度,增加了发动机的推力。结果非常成功,推力猛增几成,歼击机顺利突破了声障,加力燃烧室诞生。自此以后,在将近 70 年时间里燃气涡轮发动机发展了几代,加力燃烧室也发展了几代。它一直是现代歼击机燃气涡轮发动机三大不可或缺的热端部件之一。

1.4.2　加力原理及其特点

图 1-7 为带加力的涡轮喷气发动机的 $P-v$ 和 $T-S$ 图。从气动热力学的角度说,可以认为它由两种发动机所组成:一是涡轮喷气发动机;二是冲压发动机。加力燃烧室与进气道合在一起也可以看成一台冲压发动机。带加力的涡轮喷气发动机在亚声速范围和超声速飞行条件下其推力特性都很好。它非常适合多状态工作的高性能歼击机的作战需求。

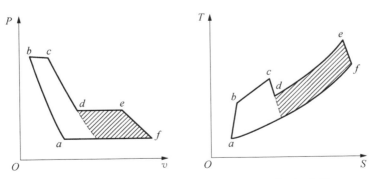

图 1-7　带加力的涡轮喷气发动机的 $P-v$ 和 $T-S$ 图

加力燃烧室通常设置在涡轮的后方。涡轮后的流速很高,必须减速扩压,让气流速度降到可以组织燃烧的水平。在加力燃烧室里,再次喷油燃烧是等压加温过程,燃烧后容积流量要增大。在固定几何尺寸的通道中,为保持燃烧前的工作状态参数恒定,必须要有一个喉道面积可调的喷口。其实,这个特点是加力燃烧室与生俱来的。加力燃烧室这种双喉道节流系统的气动特点在气动计算、结构设计以及模拟试验时,都必须认真考虑(见图1-6)。加力燃烧室的进口喉道是涡轮导向器,出口喉道是可调喷口。

在有些教科书中,将空气喷气发动机分成带压缩机和不带压缩机两类。什么叫"带压缩机"? 这给非专业人士看到会迷茫,如果再问一句,压缩机是何种动力所驱动? 答案是涡轮。这就不言自明:这是涡轮喷气发动机。至于"不带压缩机"的当然是冲压发动机了。

近年来,涡轮冲压组合发动机(TBCC)在航空界出现频率很高,许多人认为这是新的机种。要是说加力式涡扇发动机就不会陌生了。其实这两种发动机从气动原理来说是一样的,甚至结构上的差异都很小。要说差异,就在于两者共用一个加力燃烧室,它承担着"一仆二主"的作用。

1.4.3　加力工作状态

该工作状态包括两项内容:

1) 主发动机工作状态

主发动机必须处于中间状态,即最大热负荷(转速最高、涡轮前温度最高)工作点,并且工作稳定。

2) 加力工作状态

在保持主发动机处在最高热负荷稳定工作状态条件下,再次燃烧。在排气温度和排气速度增高条件下,进入了加力状态。加力工作状态包括如下几种:

(1) 小加力工作状态。在加力供油量处于最少条件下,加力燃烧室仍能稳定工作的状态。

(2) 全加力工作状态。在加力供油量最大时加力燃烧室仍能稳定工作的状态,是发动机最大推力工作状态。

(3) 部分(或称中间)加力工作状态。在小加力至全加力之间的所有加力工作状态都是部分加力工作状态。发动机全状态工作时推力曲线如图1-8所示。

这里有两点必须加以说明:一是无论是主发动机工作状态还是所有3种加力工作状态都依赖于排气喷管喉道面积的协同和调定。二是全加力状态的确定,首先取决于气动热力性能计算和设计确定,但还取决于加力燃烧室的燃烧稳定性及稳定工作裕度。

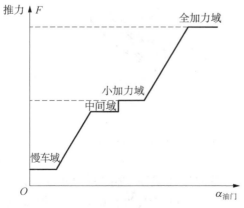

图1-8　发动机全状态工作时推力曲线

关于加力燃烧稳定性。有的发动机

（如斯贝 MK202 发动机）在出厂时要做检查：当发动机达到最大推力后，还要继续推油门把加力推力增高一个数值：$\Delta F = 100\,\mathrm{lbf}(1\,\mathrm{lbf} = 4.448\,\mathrm{N})$，就是加力稳定工作裕度。这是在具体发动机上贯部的实例。

1.5 战术技术要求

根据飞机和发动机总体对加力燃烧室的特殊设计要求（见表 1-1），归结加力设计的战术技术具体要求如下：

1.5.1 加力点火必须迅速可靠平稳

兵贵神速。空战中因加力接不通耽误战机被动挨打的事例很多，这些事故都是在数秒钟内发生的。前言中提到的一个战例就是个典型。因此要求：

（1）接通加力要求在 $1\sim2\,\mathrm{s}$ 内完成。

（2）从慢车进入全加力时间不超过 $4\,\mathrm{s}$。

（3）加力接通的可靠性要求，不低于 10^5。

（4）接通加力时不允许爆燃或放炮。

（5）加力接通时的压力脉动不许超过某个规定值（各型发动机有具体要求）。

1.5.2 加力推力（推重比）要尽可能大

在发动机净质量已定的条件下，加力推力愈大，就是推重比愈大。目前第三代飞机的发动机的推重比为 $7\sim8$，新一代发动机则为 $9\sim10$，在研的发动机推重比为 12 左右（见图 1-1）。

1.5.3 加力稳定工作范围宽，加力推力连续可调

台架状态：涡喷发动机加力比为 $1.10\sim1.50$，涡扇发动机加力比为 $1.05\sim1.70$。个别大涵道比的发动机（如 RB199），因其涵道比大，加力进口含氧量高，加力比可达 2.0。

从飞机使用角度来说，希望加力推力与主发动机中间状态的推力连续衔接。但是这里不仅存在贫油下稳定燃烧问题，而且还有加力供油系统最小供油量问题。通常应权衡折中。故进入加力状态时，既有全加力域平台，还有小加力域平台存在（见图 1-8）。

1.5.4 在任务剖面内开加力无使用限制

在加力燃烧室设计规范中，应保证使用要求，具体要求如下：

（1）一次开加力的连续时间不少于 $15\,\mathrm{min}$。

（2）在发动机总寿命期内，加力的总工作时间不少于 10%。

（3）一次全加力工作时间不少于 $5\,\mathrm{min}$。

1.5.5 加力耗油率要求尽可能低

加力耗油率包括燃油复燃到产生推进功的全过程。包含有燃烧时的热效率和转变成动能推动飞机前进的推进效率两部分。就热效率来说，主燃烧室中的工作压力高达 $20\,\mathrm{atm}$ 甚至大于 $30\,\mathrm{atm}$，而加力燃烧室里的工作压力仅为 $3\sim4\,\mathrm{atm}$。所以加

力耗油率比主燃烧室高出 1 倍左右。从耗油率来说,在涡轮后开加力并不划算,在涡喷和涡扇发动机上开加力也是有差异的。这是因受热力循环参数的影响的。

涡喷发动机:$C_R = 0.95 \sim 1.0\,\text{kg}/(\text{kgf} \cdot \text{h})$ $C_{Rab} = 1.6 \sim 2.3\,\text{kg}/(\text{kgf} \cdot \text{h})$;

涡扇发动机:$C_R = 0.5 \sim 0.8\,\text{kg}/(\text{kgf} \cdot \text{h})$ $C_{Rab} = 1.8 \sim 2.5\,\text{kg}/(\text{kgf} \cdot \text{h})$。

1.5.6　机匣筒体壁温要低,工作可靠性要好

涡喷加力筒体:不超过 750 ℃;

涡扇加力筒体:不超过 350 ℃。

合理选择机匣材料。例如涡扇加力燃烧室的机匣,由于筒体壁温较低,可选用比强度很高的钛合金。

1.5.7　低可探测性要求

包括对红外辐射和雷达两部分的低可探测性。这是产品设计问题,在此不做探讨。

1.5.8　结构质量轻

包括加力燃烧室最大直径和长度的确定,完全取决于加力的进口参数。早期的发动机如 WP5,其加力外形如纺锤。这里的最大直径是指发动机最大流路直径。长度占发动机总长的 2/3。第三代发动机最大流路直径已移至低压风扇进口,长度也大为缩短。新一代及预研中的发动机,可以预期其加力燃烧室会在结构尺寸和质量上作出新的贡献。

1.6　基本气动性能参数分析

1.6.1　加力温度

在主发动机进入中间状态并稳定工作后,发动机的推力大小完全取决于排气温度。故发动机设计师首先追求的就是加力温度。复燃后的燃气直接通过喷口排向大气,其后方没有涡轮那样的转动件,没有温度场的要求,所以加力温度没有限制,当然是愈高愈好。

自 20 世纪 50 年代加力燃烧室装备涡轮喷气发动机以来,先后遇到过 3 个技术问题。

第一个遇到的是在高空高速低压下的稳定燃烧问题。为了解决这个问题,许多国家的工程研发部门进行了大量试验研究。有的采用多个截锥(形如吃的"窝窝头")组成的稳定器。有的利用涡轮盘后的空腔形成的回流区组织燃烧等。其中(美国)国家航空咨询委员会(NACA)做的试验研究最多,在 J35 发动机涡轮后部做了大量试验。最终找到了环形或径向布局的 V 形槽作为火焰稳定器,这才基本解决了火焰稳定问题。苏联也曾做过大量试验研究并取得重大结果。加力温度 T_{ab} 达到了 1 500~1 700 K。比较典型的机种如 BK-1ф($T_{ab} = 1\,650$ K)、J47($T_{ab} = 1\,750$ K)等。

第二个遇到的技术问题是当加力油气比较高($f_{ab} = 0.03 \sim 0.035$)时出现频率为几百到上千赫兹的中高频振荡燃烧。解决的方法是带有各种不同尺寸的小孔的防振屏,这是从声学技术角度采用的方法,比较成功。加力温度很快达到了 1 850~

1950 K。例如：机种 P11φ - 300，T_{ab} =1850 K；机种 P13φ - 300，T_{ab} =1 930 K 等。

第三个问题是在加力油量连续增加时，加力筒体壁温过高。为了解决这一技术问题采用了全长冷却衬套，调整燃油浓度分布，有的发动机还采取了隔热涂层等综合技术。加力温度达到了 2 000～2 080 K。例如：机种 J57，T_{ab} =2 000 K；机种 J79，T_{ab} =2 050 K；机种 P29φ - 300，T_{ab} =2 080 K 等。

20 世纪，加力式涡扇发动机问世。涡扇加力遇到的主要技术问题是点火和低频振荡燃烧问题。经过一段时间的艰苦努力，这些问题得到基本解决。涡扇加力燃烧室的加力温度达到了 2 000～2 100 K。例如：英国的 SpeyMK202，T_{ab} =2 043 K；俄罗斯的 AL31φ，T_{ab} =2 080 K；法国的 M88 - Ⅱ，T_{ab} =2 100 K 等。

图 1 - 9 列出了几种典型发动机的加力温度。可见自 20 世纪 70 年代以来加力温度基本趋向平稳。最高值为 2 150 K。

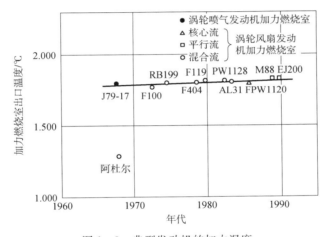

图 1 - 9　典型发动机的加力温度

煤油是多种有机化合物烃类（$C_n H_m$）的混合物，其碳氢比为 86：14。在空气中燃烧时的化学恰当比为 14.7。热值是定值，其理论燃烧温度即是定值。理论计算得到的最高燃烧温度为 2 230～2 250 K。可是在实际的加力燃烧室里的燃烧温度要比理论值低得多。这是为什么？主要原因如下：

（1）加力燃烧在有限尺寸范围内的大面积上进行，难以做到均匀混合。同时还需要 7%～8% 的空气进行冷却，机匣近处的燃烧温度相对较低。

（2）加力燃烧在部分或全部已燃过的污染空气中进行，而且燃烧时的压力远比主燃烧室低。这些都影响真实燃烧温度的提高。

（3）燃气图像分析说明，当总油气比为 0.062～0.063 时，含氧量已低至 2%，故难以复燃。再喷油后，CO 激增，燃烧温度不会再增加，使理论燃烧温度难以达到。

（4）高温（超过 2 000 K）燃烧后的生成物是很复杂的，并不只是 CO_2 和 H_2O，还存在电离现象，有的会存在吸热反应。

在目前的工程设计中,在典型台架状态下加力温度约为 2 100 K。英国 RR 公司在发动机机匣允许条件下,加力温度曾达到过 2 150 K。据俄罗斯有关资料介绍,采用燃气分析所测得的最高温度也是这个量级。我国在现有发动机上采用同样方法测得的加力温度也达到了 2 100～2 134 K,目前加力温度的最高水平:2 080～2 150 K,这是航空发动机的一个设计限制参数。

如何突破这个制约,提高加力温度? 大体有 3 种办法:

一是取消或减少冷却空气气量或采用耐高温的新机匣材料,考虑到未来加力进口总压的提高和内涵温度的提高,加力温度再提高 50 K 或更高的温度,达到或超过 2 150 K 是可能的。

二是在加力燃烧室中喷注含氧的燃料。例如,苏联为让米格 25 获得 $Ma = 3.0$ 一级的加力推力,曾在加力燃烧室中喷入甲醇,甲醇本身含有 50% 的氧,化学恰当比为 6.465,故其燃烧温度更高。还有的喷入 N_2O_4,其含氧量更高,接近 70%。这种方法相当于火箭发动机上带氧化剂的燃烧,可达 3 000 K 或更高都有可能。

三是在燃烧室中喷进热值高的高能燃料或在煤油中加入金属粉末(如铝粉等)。这种方法在某些冲压发动机上采用过。

不过上述这些方法都要额外付出增重和增加成本的代价。

1.6.2　加力燃烧效率

加力燃烧室完全不同于主燃烧室。它有 3 个特点:①采用的是常规直流组织燃烧原理;②燃烧在发动机全通道截面上进行;③油量变化范围宽广。

图 1-10(a)为典型的直流燃烧试验获得的加力油气比与燃烧效率曲线。可见其曲线在余气系数 $\alpha_{ab} = 0.95～1.6$ 范围内有较高的燃烧效率,大体上油气比可变化 1.5～1.6 倍。这是难以满足加力比在宽广范围内可调的需求的。图 1-10(b)为采用分 3 个油区供油的加力燃烧室燃烧效率曲线。其燃烧效率曲线由曲线的 3 个峰值组成。从这里可知其燃烧效率涉及油区的匹配、布局、燃油浓度分布以及相关的结构和气动设计。这是个全局性或整机性的问题。

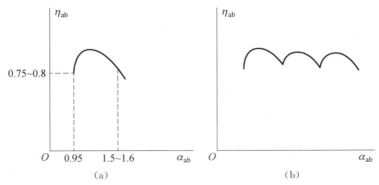

图 1-10　常规直流燃烧条件下加力燃烧效率随余气系数而变化

(a) 不分区　(b) 分 3 个油区

　　早期的加力燃烧效率都在 0.85,主要原因一是与设计水平有关,二是与测试水平有关。目前都可达 0.95～0.98,甚至更高。

　　在冲压发动机燃烧室里有一个术语称为"燃烧完全度",其定义是燃料燃烧的完全程度,此值与燃烧室长度有关。加力燃烧室组织燃烧的原理与冲压发动机相同。因此有一定的燃烧段长度尺寸即可保证燃烧完成。在加力燃烧室方案设计中,当火焰稳定器前的流动马赫数小于 0.2 时,燃烧段长度取 1.2 m,加力燃烧室的燃烧效率 η_{ab} 即可达 0.9,加力燃烧效率大体随燃烧段长度的平方根而增加,当长度达 1.5 m 时 $\eta_{ab} \geqslant 0.95$。不过四代机问世,其进口参数包括总温总压都有大幅度增加,燃烧室里的流动速度可以相应降低。因此,高的燃烧效率不需要那样长的燃烧段即可达到,故可以大幅度降低加力燃烧室的长度。

1.6.3　总压损失

　　总压损失包括冷损失和热阻损失两部分。

　　热阻损失计算公式较为复杂,它取决于加温比 θ 和稳定器前流动马赫数 Ma,通常这两个参数直接由图 1-11 查取。

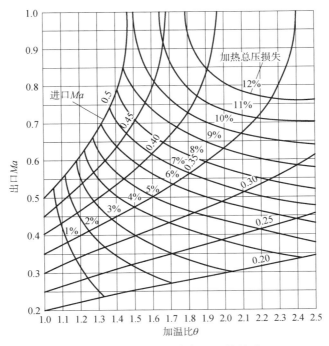

图 1-11　热阻损失与加温比的关系

　　冷损失即流动阻力损失,对发动机气动性能影响很大,必须力争降低。冷损失包括扩压损失、混合损失、摩擦损失、突扩损失和火焰稳定器、喷油系统及其连接件引起的附加损失。这些损失前 4 项都是流道引起的损失,后两项则是组织燃烧附加

引起的损失。所有这些损失都与加力燃烧室里的流动马赫数有直接的关系。冷损失的通用计算公式为

$$\sigma_c = 1 - \frac{k}{k+1}\xi Ma^2 \tag{1-1}$$

式中,ξ 为上述各单项或总的阻力系数,Ma 为流动马赫数。可见损失系数随着流动马赫数的平方和阻力系数的一次方而变化。早期的涡轮喷气发动机因涡轮后排气总压低,都采取加大燃烧室直径的方法,如机型 WP5 的加力燃烧室,即是降低流动马赫数。但过大的直径又受发动机最大迎风面的限制,因此只能考虑燃烧稳定性的要求而无法考虑流动马赫数对冷损失的影响的要求。第三代发动机其涡轮后总压已到达 0.3～0.35 MPa。新一代发动机则更高,超过 0.4 MPa。这时发动机的最大直径移至风扇进口段。所以加力燃烧室的设计流动马赫数可以当作主要选择依据而获得较低值,从而降低冷损失。

除了扩压混合损失外,火焰稳定器的冷损失居加力燃烧室总损失中的第二位。可由图 1-12 选取。图 1-12 中考虑了火焰稳定器的形状和压力损失的影响。在冲压发动机设计火焰稳定器时曾用过专门的公式计算冷损失,其公式可供参考,此处不再赘述。

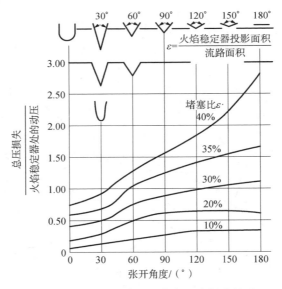

图 1-12　火焰稳定器形状与压力损失关系

早期的加力燃烧室总的冷损失以总压恢复系数计约为 0.9。经过几十年的努力,第三代机已提高到 0.94～0.95。新一代或在研的其值有可能为 0.97～0.98。这是采取加力燃烧室一体化设计取得的新成果。

1.6.4　加力比和加温比

加力的加温比是加力出口平均温度与进口平均温度之比:

$$\theta = \frac{T_{ab}}{T_b(或 T_4)} \tag{1-2}$$

其实,加力温度已知,加温比 θ 即可导出。因有其特殊意义,现做专门介绍。在主机状态不变(涡轮前温度相等),加力比即为加力状态时的推力 F_{ab} 与中间状态推力之比:

$$\overline{F}_{ab} = \frac{F_{ab}}{F} \tag{1-3}$$

如忽略加力时的压力损失,取喷口临界时,由推力公式 $f(\lambda) = 1.25$,很容易导出:

$$\overline{F}_{ab} = \frac{F_{ab}}{F} = \frac{A_{ab}}{A} = \sqrt{\theta} \tag{1-4}$$

故而,加力比直接与加温比的平方根成正比。

加力比与燃烧前的 Ma 有密切关系。加力比与加温比的关系如图 1-13 所示。加力比很大的大涵道比涡扇加力燃烧室应选用较低的流动马赫数。否则即使加进了油量,推力也未必会增加或增加甚微。原因是热阻加大了,这可从热阻与加温比的关系看出来。选用较低的流动马赫数应反映在进气混合扩压器的设计中。

加力比还与飞行马赫数直接相关。图 1-14 所示为加力比与飞行马赫数的关系。当在飞行高度 $H \geqslant 11\ \text{km}$ 时,如台架状态的加力比为 1.5,则当 Ma 为 2.5 时,加力比会达到 2.5,即增加 1.67 倍。这是因为加力式涡轮喷气发动机具有冲压发动机高速飞行时的飞行特性。为了进一步利用和扩大这种效应,有的发动机在超声速飞行时,还专门采取了放大喷口的调节措施。

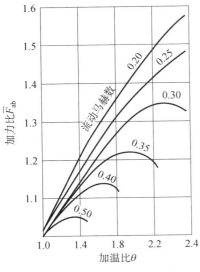

图 1-13 加力比与加温比的关系

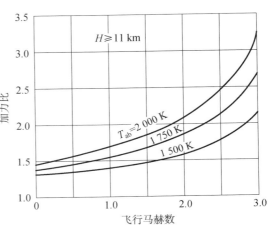

图 1-14 加力比与飞行马赫数的关系

1.7　加力燃烧室的限制参数

1.7.1　燃烧前的流动马赫数

此值在冷损失中有重要作用。但在加力燃烧室中组织燃烧时,稳定器前的流动马赫数更为重要。因为它必须遵照火焰稳定器前的流动速度和火焰速度构成的速度三角形即余弦定律进行设计。通常在冲压发动机燃烧室里和涡扇发动机外涵中来流温度低,火焰速度低。此值相应要选低,防止火焰前锋的交叉拉得很长,影响燃烧完全度,故 $Ma_w < 0.15$。在涡喷加力燃烧室和涡扇加力的内涵中来流温度高,火焰速度相应较高,可选 $Ma_n = 0.2 \sim 0.23$。如是混合流加力,可选 $Ma_{cm} = 0.2$ 左右为宜。总之,要根据具体的涡轮后参数慎重选取。

1.7.2　燃烧后的速度系数

这是指加力燃烧室里最大截面处加力燃烧后的速度系数通常不大于 0.6,过高会影响燃烧效率。

1.7.3　加力燃烧室内的最低工作压力

通常加力燃烧室内的最低工作压力不小于 $0.03\,\mathrm{MPa}$。

因飞机在高空小表速条件下加力燃烧室内可能出现低压,这是针对此状况,为防止出现燃烧不稳定性而提出的低压限制。加力燃烧室是薄壳结构,从强度考虑应考虑内外压差问题。

1.8　加力供油和喷口调节系统

为了确保开加力时主机状态不变,必须要有专门的加力供油调节和喷管出口面积控制系统,以使供油量与喷口面积相协调。无论涡喷还是涡扇,哪种发动机的控制原理都相同:驾驶员推动油门杆,接通加力。火焰检测器确认加力点火成功。p_6 上升,通过 p_3/p_6 压比调节器发出指令给喷口调节器,让喷口面积放大。由于喷口面积放大,p_6 下降,从而使主发动机状态恢复。在发动机状态不变下开成了加力。连续推油门杆,喷口则相应地随之张大。在新的加力工作点下发动机状态仍然不变。图 1-15 所示为加力供油和喷口面积协动的调节关系,这是很典型的控制系统图。

采用先放喷口使加力燃烧室中的 p_6(或 p_4)压力下降,再由 p_3/p_6 压比调节器给加力供油调节系统发出指令,加力供油调节系统供给燃油。加力点火燃烧,再让 p_6 得到恢复。这种供油方案也可以得到同样结果。

上述这两种调节都有采用,前者在涡扇发动机上用得普遍,后者在涡喷发动机上用得较多。两相比较,前者调节精度较高。

新一代加力式涡扇发动机上都采用全权限数字电子控制系统(FADEC)。这种系统灵敏度高、控制精度高,并且改善了发动机性能以及加力点火和推力特性,将普遍采用。

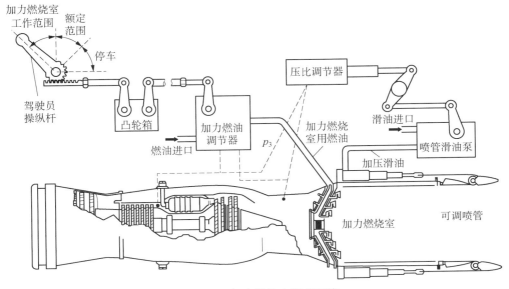

图 1-15 加力燃烧室调节系统

1.9 结构与组成零部件

图 1-16 所示为一台涡轮喷气发动机加力燃烧室。它由扩散器和可调喷管两大件组成并由快卸环连接在一起。英国与欧洲多国合作研制的狂风战斗机上的 RB199 加力燃烧室(见插图)。它由混合扩散器和可调喷管组成,但由机械连接直接组成一体。两台加力燃烧室的主要差别在于进气部分,前者是单流路扩散器;后者采用双流路的混合扩散器。这里要指出的是,插图中的 RB199 加力上还装有反推力装置,这在其他发动机上很少见。该反推力装置是蛤壳形的,借助于两台空气马达驱动蜗轮蜗杆同步系统进行操纵。至于其他零件,如加力点火器、火焰稳定器、燃油喷雾器以及可调喷管控制系统等都大同小异。

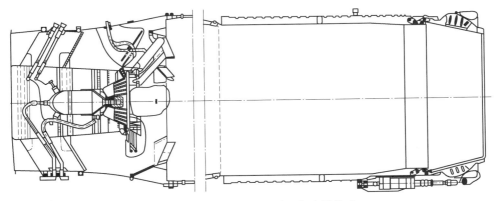

图 1-16 P13-φ300 发动机加力燃烧室

1.9.1   扩散器和混合扩散器

关于涡喷发动机的扩散器和涡扇发动机的混合扩散器将在第 3～5 章分别从气动性能、结构设计和组织燃烧等方面做专门介绍,这里从略。

1.9.2   燃油喷雾器

加力燃烧室中的燃油喷雾器有直射式、离心式、挡板式、缝隙式和针栓式,以及超声喷嘴、气动雾化喷嘴等许多种。超声喷嘴用于点火器;缝隙式是直射式的变种;挡板式是冲击雾化;气动雾化喷嘴是新一代发动机加力上采用的;直射式喷嘴有专门章节讨论。这里只介绍针栓式喷嘴(或称可变面积喷嘴)。该型喷嘴在 F100 加力上采用,如图 1-17 所示。

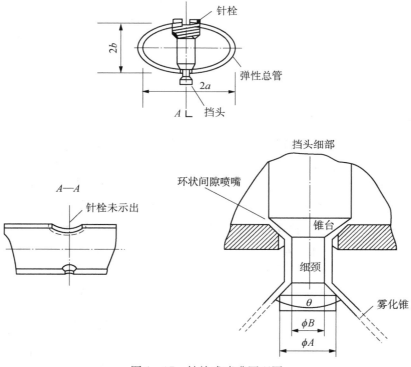

图 1-17   针栓式喷嘴原理图

燃油总管用弹性材料制成。其横截面是椭圆形的,在其短轴方向上沿径向设置带有挡头的针栓。针栓与弹性管之间以锥面相配合。当燃油总管充油时,在燃油压力作用下,弹性总管发生变形,椭圆截面逐渐趋向圆形。这时总管上的锥形孔与针栓的锥台之间将出现环状间隙。油压越高,间隙越大。于是燃油将沿着针栓细颈自环状间隙中喷出,然后经挡头形成雾化锥,喷进加力燃烧室里。

　　针栓式喷雾器的流量特性主要受油压的影响。当燃油压力使弹性总管发生变形时,总管椭圆截面的短半轴即有变形位移 Δb,其值为

$$\Delta b = K \Delta p \qquad (1-5)$$

式中,K 为椭圆管短半轴的弹性变形位移系数,b 为椭圆管短半轴长度。

　　针栓式喷雾器的环状间隙流通面积 A 则为

$$A = 2\pi \Delta b (d - 2\Delta b \sin\alpha \cos\alpha) \sin\alpha \qquad (1-6)$$

式中,d 为锥形孔出口段端直径,α 为锥形孔的半锥角。

　　对于常规尺寸不变的喷嘴的流量 q_{mf},有

$$q_{\mathrm{mf}} = \mu A \sqrt{2g\Delta p / r} \qquad (1-7)$$

故针栓式喷嘴的流量 q_{mf} 为

$$q_{\mathrm{mf}} = \left(2k\pi\mu\sqrt{\frac{2g}{r}}\Delta p^{\frac{3}{2}}\sin\alpha\right)(d - 2k\Delta p \sin\alpha\cos\alpha) \qquad (1-8)$$

　　实际上,式(1-8)中的第二个括号中的第二项是微小的,可以忽略。所以

$$q_{\mathrm{mf}} = D\Delta p^{\frac{3}{2}} \qquad (1-9)$$

式中,$D = 2k\pi\mu d\sqrt{\dfrac{2g}{r}}\sin\alpha$。

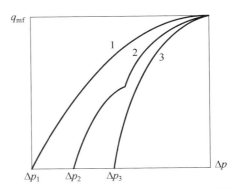

　　由于 d 和 α 都是结构尺寸,除了 μ 以外其他各量都是常数。因而针栓式喷嘴的流量特性与燃油供油压力的 3/2 次方成正比。不仅如此,针栓式喷嘴的流量系数 μ 也是变量。在开始小流量时,μ 较小;而当压力很高时,μ 也随着变大。因此其供油特性曲线非常陡。关于针栓式喷嘴供油特性公式的导出,可参见文献[4]。与固定面积喷嘴相比,它所需供油压力较低,故对供油量的要求较低。在小油量时,因喷嘴面积随油压减小,则可用更高的油压改善喷嘴的燃油

1—单油路喷嘴;2—双油路喷嘴;3—针栓式喷嘴。

图 1-18　3 种喷嘴的喷油特性比较

雾化质量。因此,它非常适合用在供油量变化范围非常宽的涡扇加力燃烧室上。图 1-18 所示为单油路、双油路和针栓式 3 种喷嘴的流量特性,前面两种喷嘴都是压力雾化喷嘴。可见相比前两种,针栓式喷嘴的供油特性最好,故它可以取消分压系统。

　　针栓式喷油的雾化过程如下:当燃油从环状间隙喷出时,形成沿细颈的环状管流。在无挡头时,管流直接冲向空气成为锥角很小的雾化锥。有挡头时,管流在挡头作用下扩张为锥角较大的雾化锥。其锥角决定于挡头的几何尺寸,取决于挡头锥

角 θ、挡头直径 ϕA 和细颈直径 ϕB。雾化锥的起始油膜厚度取决于环状间隙的大小。与一般喷嘴相比,其雾化锥更大。同时,燃油经过挡头溅碎雾化后,还要在高速气流中再次进行雾化,故其雾化质量高。还有个优点是它具有自冲刷能力,从而克服了直射式喷嘴易积炭的缺点。由于雾化质量高而且浓度场比较稳定,故加力燃烧效率和工作稳定性比较理想。

针栓式喷嘴可同时在内涵和外涵气流中使用。用在内涵气流中时,由于环境温度高,必须加专用保护套。它的主要缺点是必须选用弹性模量较高的材料,而且加工工艺要求高,因而成本高;在使用维护性方面也不如常用的直射式喷嘴。

1.9.3　点火器

在加力燃烧室里最为典型且应用甚多的点火器有 5 种,如图 1-19 所示。

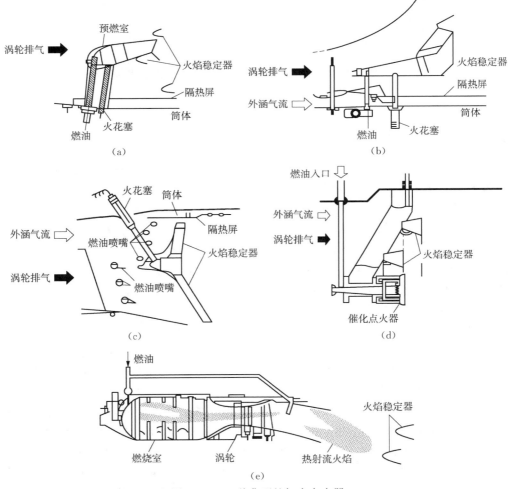

图 1-19　5种典型的加力点火器

(a) 预燃室式点火器　(b) 值班式点火器　(c) 火花式点火器　(d) 催化点火器　(e) 热射流点火器

1.9.3.1 预燃室式点火器

它与冲压发动机上的预燃室点火器基本相同。该点火器可分为单相燃烧和两相燃烧两大类;从安装位置又可分为中心点火和旁路点火两种。预燃室点火可靠性高,但要同时采用单独的油路、气路和电路,相对质量较重。它在早期发动机上应用较多,如图 1-19(a)所示。

1.9.3.2 值班式点火器

这是一个小型环形燃烧室,它也需要单独的油路和气路。只要接通加力即始终在点着状态,故又称长明灯,工作可靠性好,如图 1-19(b)所示。

1.9.3.3 高能电嘴点火器

该点火器也称火花式点火器。它的特点是电火花能量大(单个火花 $N = 3 \sim 18$ J/ 次),频率低($f = 1 \sim 6$ 次 /s)。它只需一条电路,结构简单,质量轻,可用于直接点燃混气,应用很广。缺点是电嘴头部处在回流区高温中,直接接触火焰,寿命受到影响。火花式点火器如图 1-19(c)所示。

1.9.3.4 催化点火器

该点火器工作原理很简单,利用铂铑催化剂让煤油空气混合气在三四百摄氏度下即进行燃烧反应。点火装置很简单,只需引入一股燃油,喷进处在内涵中的点火器即可着火。缺点是催化剂容易中毒和积炭且价格昂贵。还有一种催化点火装置是利用肼(联氨)喷在三氧化二铁(Fe_2O_3)催化剂上,在较低温度($T_H < 200 \, ℃$)即能自燃,由此点燃混气。它工作可靠、结构简单且较经济。缺点是有毒,还要有一套专用密封系统。催化点火器如图 1-19(d)所示。

1.9.3.5 热射流点火器

其工作原理非常简单。在主燃烧室里喷进一股燃油,让火舌穿过涡轮,引燃在涡轮后部的火焰稳定器,点燃加力。热射流点火器早已发展为成熟的加力点火器。表 1-2 列出了热射流点火喷射油量与喷射时间的演变状况。燃油喷射点也由早期在主燃烧室的头部移到了后部。热射流点火器的优点是结构简单、尺寸小。缺点是必须等待主机进入高状态后才能使用。对于大推力发动机,还需要设置"接力棒",即中途增加喷油点。热射流点火器油量比较如图 1-19(e)所示。

表 1-2 热射流点火油量比较

机 型	喷射油量/mL	喷射时间/s
埃汶	250	2
奥林巴斯 22R	250	0.4
RB145	30	0.6
RB168-25R	48	0.3
RB199	20	0.25

上述 5 种点火装置中,高能电火花点火器和热射流点火器应用最广。其他还有供研究用的等离子点火器和光化学点火器等。

1.9.4　火焰稳定器

加力燃烧室中的火焰稳定器装置形形色色有很多种,将在专门章节介绍。这里仅讨论火焰稳定器的布局和堵塞比以及沙丘稳定器。

1) 布局

无论是值班或常规 V 形火焰稳定器剖面均为横放的梯形或横放的等腰三角形。都可以做 3 种布局方案:①环形布局;②径向布局;③环形+径向布局。

这 3 种布局早在 20 世纪 50 年代就有人做过大量试验研究,无所谓哪个先进哪个落后。其中径向稳定器大都当作传焰槽来设计。多排环形或多根辐射状的径向布局都要按火焰扩张角进行设计,也就是按余弦定律设计。环数和径向根数都是按发动机涡轮后的气动参数和最大直径等结构尺寸根据理论计算得出的结果。环形布局可以呈品字或人字(含倒人字)形,这是根据进口流场而决定的。径向布局可以是同一锥角,也可以是相邻之间以长短不一、互相交错来布局。

2) 堵塞比

火焰稳定器在气流流动轴线垂直截面上的总投影面积与加力燃烧室最大通道截面积之比称为堵塞比:

$$\varepsilon = \frac{\sum\limits_{i=1}^{n} A_i}{A_{\max}} \qquad (1-10)$$

堵塞比对加力燃烧室的气动性能有直接影响,可由火焰稳定器的初步布局计算流动阻力系数,然后根据加力进口的状态参数计算总压恢复系数。有了初步的稳定器布局及堵塞比数据,即可做初始的燃油布局并计算燃油载油系数,预估燃烧稳定性和燃烧性能,需反复进行多次。

3) 沙丘火焰稳定器

V 形或梯形的火焰稳定器有常规的更有值班式的,获得了广泛应用,但其终究是不良流线体,尤其在不开加力时纯粹是累赘。我国科学家高歌等发明的沙丘驻涡稳定器就是试图取代上述火焰稳定器的尝试。高歌年轻时曾在我国大西北沙漠地区工作。茫茫沙海,丛丛沙丘,他观察到在大自然的狂风吹袭下,沙丘呈现出奇特的形状:外形大致如峨眉新月且很稳定(见图 1-20)。其前坡角 α 小于安憩角(约 35°),后坡角 θ(约 60°)却大于安憩角。在驻涡作用下结构稳定。在此观察基础上他从空气动力学观点出发,分析出新月形沙丘原来有如下功效:

(1) 沙丘顶向两侧呈点泉发散,产生了横卧于地平面上的龙卷风效应。

(2) 整个沙丘呈涡管弯曲,中间粗两头逐渐变细,两个月牙之间各存在一个转捩点,形成牛角状的拱桥效应。

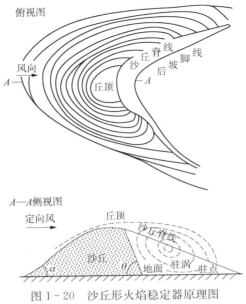

图 1 - 20 沙丘形火焰稳定器原理图

（3）沙丘外形遵循能量消耗最小的自然规律。

高歌等参照沙丘驻涡原理提出沙丘形火焰稳定器取代常规 V 形槽火焰稳定器，用在加力燃烧室上。在同样来流气动条件下，其流动阻力系数可降低一半。该项发明取得了国家专利并获得国家发明奖。该装置已在某型发动机加力燃烧室上应用。在合适的供油系统匹配下，其加力和非加力性能都取得了相当的改进。

1.9.5　防振隔热衬套

这是一个组合件。它具有两项功能：其前段起防振作用，工作部位在稳定器火焰前锋外侧且焰锋未着壁部位；后段供隔热冷却之用，处于火焰着壁之后的高温部位。防振隔热衬套由若干段制成。结构外形上有两种基本形式：一是沿周向呈波浪状而沿轴向直径基本不变，其断面波形又分全波和半波两种；二是沿轴向呈波浪状而沿周向直径基本不变。前段防振屏按声学消音原理设计，要求在其上开出各种不同孔径的消音圆孔；后段冷却衬套有多种冷却方式，参见本书有关章节。有的还采用了隔热或热障涂层（TBC）。

1.9.6　配套成品附件

各型发动机的加力附件是不一样的，尤其是涡扇发动机的加力附件相对较多。加力附件大体上分 3 类：调节控制器、电气附件和测量传感器，如表 1 - 3 所示。发动机正是依靠了这些成品附件（外购）才顺利完成点火、小加力、部分加力和全加力这样一个自动工作过程。这些附件还同时确保加力燃烧室在飞机的整个飞行包线范围内的稳定可靠工作。此外，它们还要在各种高度、速度下担负起监控和协调加力与主机的匹配工作。

表 1 - 3　加力燃烧室附件表

分　类	调节控制器	电气附件	测量传感器
附件名称	加力燃油调节器 加力泵 液压(或气压)泵 喷口调节器 作动筒	点火线圈 点火电嘴 加力控制盒 热射流控制器 伺服阀 转速限制器	加力火焰检测器 T_6 温度传感器 p_6 压力传感器 线位移传感器 角位移传感器 分区供油装置 推力传感器 分压装置

1.10　加力燃烧室的安装与连接(含喷管)

1.10.1　与飞机的连接

从气动设计上说,加力燃烧与喷管处在同一双喉道系统工作。可是从结构设计上说,并非全做成一体,这与飞机和主机的设计有直接关联。因为燃烧段尺寸长而通常与喷管做成一体,把加力燃烧室分成了扩散器和喷管两段,用快卸环把这两部分组合在一起。这是苏式涡喷发动机加力燃烧室普遍采用的一种结构方式。快卸环是一种带轴向活动量的球铰机构,只能承受轴向力。在飞发连接时还要加辅助支点或约束。因此在喷管的某个截面外侧,可采用如下几种结构方案:

(1) 设置一对对称分布的侧向销。

(2) 按角向均匀分布设置 3 个径向销。

(3) 采用两个斜向布置的活动拉杆把喷管吊装在后机身上。

至于涡扇发动机的加力燃烧室通常把喷管与扩散器做成一体(或用螺栓法兰边连接一起),构成主机机匣的一部分。这部分占全机长度的一半多。通常采用在扩散器机匣外侧设置一个加强环,在该环上再设置辅助安装节。由这个辅助安装节与飞机相连接。通常采用轴向销的连接结构,既允许机匣的轴向相对运动,又可传递除轴向载荷以外的其他载荷。后者采用两个斜向拉杆吊装喷管,虽然装拆方便,但很不安全。外场曾不时出现快卸环脱落故障。从结构完整性和可靠性考虑,该方案应予以淘汰。

1.10.2　内涵与外涵机匣的连接

涡扇加力燃烧室的混合/扩散机匣有 3 种传力结构方案。

1.10.2.1　内涵机匣传力结构方案

最典型的结构是图 5 - 5 所示的斯贝 MK202 结构方案。其可调喷管通过混合器机匣直接刚性地连接到涡轮机匣上。所有载荷均由混合器机匣传递。外涵与混合/扩散之间采用滑动密封环连接,密封环空套在混合器机匣上,允许它在外涵之间做相对滑移,但不传力。

1.10.2.2　内涵与外涵机匣混合传力结构方案

典型的结构如图 1－21 所示。它由外涵机匣 2 及其前后安装边(1，8)和内涵机匣 7 及其前安装边 4、波瓣 10 加上后环 9 构成一个盒形结构。后环支承在外涵机匣上，它们之间用径向销连接。销子与销套之间保留有一定的间隙，允许它们之间相对于发动机的轴线方向移动。同时外涵壁上设置带套齿的径向偏心销，在波瓣的外端上则设置环状轴承销套。这样在装配时便于调整和安装，在热态工作时又允许发生径向滑动和少量的角位移。

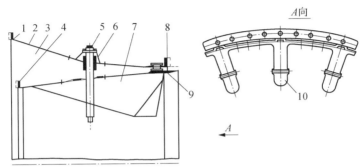

1—外涵前安装边；2—外涵机匣；3—外涵；4—内涵前安装边；5—局部供油管；6—安装座；7—内涵机匣；8—后安装边；9—后环；10—波瓣。

图 1－21　波瓣混合器结构

1.10.2.3　内涵和外涵机匣平行传力结构方案

本方案的特点是内涵和外涵机匣分别传力，故称平行传力。在混合器/扩散器机匣(或涡轮后机匣)之间有 3 种连接结构：

1) A 形框架

如图 1－22 所示，采用一组专门设计的状如 A 字的三角架，从而构成框架结构。A 形框架的 3 个顶端采用球铰加双吊耳的连接方式。在 A 形框架的尖端设置带正反螺纹的可调螺杆，便于安装和调整。

2) 斜杆式结构

如图 1－23 所示，在内涵和外涵机匣之间采用 8 根位于同一锥面内的斜杆组成一个杆系。每根斜杆两端均采用球铰，每两根组成一组，共 4 组。斜杆本身是可调的双头拉杆。该结构方案简单。

3) 径向拉杆结构

这种结构在涡轮后机匣与外涵机匣之间采用 4 根径向斜拉杆互相连接。4 根杆互成 90°，沿周向均匀分布。每根径向杆的端头均采用正反螺纹并借此与球面螺母相连接。球面螺母的球头与拉杆端头相连接。球面螺母的外球窝则装在轴承机匣上。这样拉杆与轴承机匣之间允许发生相对角位移，也便于调整径向距离并利于安装。轴承机匣则通过带加强肋的支板与涡轮后机匣相连。径向拉杆只承受径向力，

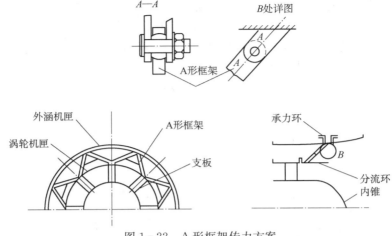

图 1-22　A形框架传力方案

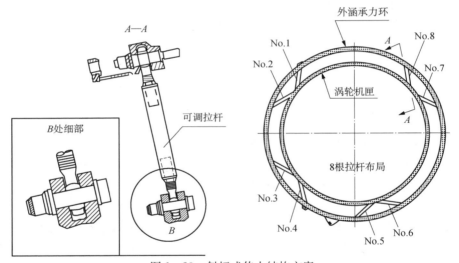

图 1-23　斜杆式传力结构方案

加力燃烧室的主要负荷由混合扩压器的外壁传向主安装节。

1.10.3　加力燃烧室内部件的安装与连接

加力的内部件包括火焰稳定器、喷油系统及其连接件,它们都暴露在高温高速气流之中。挂装的方式归纳有如下几种:

(1) 采用弓形支板。如斯贝 MK202。

(2) 采用空间三角架。如 P29。

(3) 采用吊挂在混合或分流机匣上。如 F110 等。

(4) 采用径向支杆。如 Atar 等。

表 1-4 列出了 19 种典型的加力燃烧室结构。

表 1 - 4　典型加力燃烧室结构

发动机	厂家（国家）	加力型式	喷油方式	喷嘴型式	火焰稳定器型式	点火方式	隔热屏冷却方式	排气喷管	燃油调节器
J79-17	GE（美）	涡喷	上游喷油	喷油杆喷油孔	环形槽（3圈）	预燃室点火	发散冷却＋气膜冷却	收敛扩散喷管	机械液压式
TF30	P&W（美）	涡扇混合进气	上游喷油	喷油环喷油孔	环形槽＋内侧外侧径向槽	热射流点火	—	收敛扩散喷管	—
阿杜尔	RR 透博梅卡（英，法）	涡扇混合进气	内部喷油	喷油杆喷油孔	环形槽（4圈）	催化点火	发散冷却	收敛扩散喷管	机械液压式
飞马	RR（英）	涡扇外涵加力	—	—	—	—	—		机械液压式
阿塔 9K	斯奈克玛（法）	涡喷	上游喷油，槽内喷油	喷油环喷油孔	值班火焰稳定器（3圈）	热射流点火	气膜冷却	收敛扩散喷管	机械液压式
F100	P&W（美）	涡扇混合进气	混合式	喷油环针栓式喷油孔	环形槽＋内侧外侧径向槽	电火花点火	气膜冷却	收敛扩散喷管	机械液压式
J85	GE（美）	涡喷	上游喷油	喷油杆喷油孔	—	值班式点火	气膜冷却	收敛扩散喷管	—
F401	P&W（美）	涡扇混合进气	混合式	—	环形槽＋内侧外侧径向槽	电火花点火	气膜冷却	收敛扩散喷管	—
RB199	涡轮联合（英，西，德，意）	涡扇混合进气	上游喷油＋混合式	喷油环喷油孔	环形槽＋外侧径向槽	热射流点火	发散冷却＋气膜冷却	收敛喷管	机械液压式
M53	斯奈克玛（法）	涡扇混合进气	—	—	环形槽（3圈）	—	气膜冷却	收敛喷管	—
F404	GE（美）	涡扇混合进气	混合式	喷油杆喷油孔	环形槽（2圈）	值班式点火	发散冷却＋气膜冷却	收敛扩散喷管	机械液压式
RM8B	沃尔伏（瑞典）	涡扇混合进气	上游喷油	喷油环喷油孔	环形槽（3圈）＋外侧径向槽	热射流点火	发散冷却	收敛喷管	机械液压式

（续表）

发动机	厂家(国家)	加力型式	喷油方式	喷嘴型式	火焰稳定器型式	点火方式	隔热屏冷却方式	排气喷管	燃油调节器
TFE1042	加雷特,沃尔伏(美,瑞典)	涡扇混合进气	混合式	—	环形槽+内侧外侧径向槽	电火花点火	—	收敛扩散喷管	全数字电子式
F110	GE(美)	涡扇混合进气	上游喷油	喷油杆喷油孔	环形槽(2圈)	—	气膜冷却	收敛扩散喷管	—
PW1128	P&W(美)	涡扇混合进气	混合式	喷油环喷油孔	环形槽+内侧径向槽	电火花点火	气膜冷却	收敛扩散喷管	—
PW1120	P&W(美)	涡扇内涵加力	上游喷油	喷油环喷油孔	环形槽+内侧外侧径向槽	电火花点火	气膜冷却	收敛扩散喷管	—
M88	斯奈克玛(法)	涡扇混合进气	—	喷油杆喷油孔	径向槽(双层)	—	气膜冷却	收敛喷管	数字电调
F119	P&W(美)	涡扇混合进气	支板内供油	内置式喷油系统	支板稳焰	—	—	多功能喷管	数字电调
F120	GE(美)	涡扇混合进气	支板内供油	内置式喷油	支板稳焰	—	—	多功能喷管	数字电调

参 考 文 献

［1］ 罗耳斯·罗伊斯公司. 喷气发动机［M］. 刘树声，王大伟，译. 北京：国防工业出版社，1975.

［2］ 季鹤鸣. 航空发动机加力技术发展［J］. 航空科学技术，1996(3)：17－20.

［3］ Gridley M C，Walker S H. Inlet and nozzle technology for 21st century fighter aircraft［R］. ASME 96－GT－244. 1996.

［4］ 杨茂林，顾善健. 跨流喷射燃油浓度分布计算的轨道扩散法［J］. 工程热物理学报，1983(2)：189－191.

［5］ 陈光，肖陵. 航空燃气轮机结构设计［M］. 北京：科学出版社，1987.

［6］ 宁榥，高歌. 燃烧空气动力学［M］. 2版. 北京：科学出版社，1987.

［7］ 季鹤鸣. 涡扇加力和多功能推力矢量装置［J］. 燃气涡轮试验与研究，2001，14(1)：4－9.

［8］ 周力行. 燃烧理论与化学流体力学［M］. 北京：科学出版社，1986.

［9］ 傅维标，张永康，王清安. 燃烧学［M］. 北京：高等教育出版社，1989.

［10］ 张斌全. 现代航空发动机燃烧室［M］. 北京：北京航空学院出版社，1986.

［11］ 侯晓春，季鹤鸣，刘国庆，等. 高性能燃气轮机燃烧技术［M］. 北京：国防工业出版社，2002：254－359.

［12］ 季鹤鸣，张孝先，王洪卓，等. 热阻塞与燃烧不稳定性问题的试验研究［J］. 航空动力学报，1987(3)：254－255.

［13］ 季鹤鸣. 涡扇发动机加力燃烧室起动问题试验研究［R］. 北京：中国航空科技报告，HJB951462.

［14］ 韩昭沧. 燃料与燃烧［M］. 北京：冶金工业出版社，1984.

［15］ 黄兆祥. 航空燃气涡轮喷气发动机燃烧室：第1分册［M］. 北京：国防工业出版社，1979.

［16］ 赵铭. 空气喷气发动机燃烧室［M］. 北京：北京科学教育编辑室，1962.

［17］ Sotheran A. High performance turbofan afterburner systems［R］. AIAA 87－1830. 1987.

［18］ 顾诵芬，史超礼. 世界航空发展史［M］. 郑州：河南科学技术出版社. 1982.

第 2 章　加力燃烧理论基础

第 1 章中已经提到,当主发动机进入中间状态并稳定工作后,根据加力燃烧室供油量的不同,其工作状态可分为小加力、全加力及中间加力 3 种,同时在加力工作状态下发动机的推力大小完全取决于排气温度,或者说加力温度。显然,对加力燃烧室的油气匹配、加力温度的认识,离不开对燃料的化学恰当燃烧、绝热火焰温度、燃料可燃边界等概念的基本了解。同时,不管对涡喷发动机或涡扇加力燃烧室的内涵高温燃烧,还是对涡扇加力燃烧室的外涵低温燃烧,燃油的蒸发雾化是一个基本问题,因此了解燃油蒸发及燃烧的基本规律至关重要。此外,在加力燃烧室的燃烧组织中,火焰传播与联焰、火焰稳定及燃烧不稳定性均与火焰速度的基本理论有关。基于此,本章主要介绍化学恰当燃烧、燃料的可燃边界、理论燃烧温度、液雾的蒸发与燃烧、火焰速度等相关理论知识,以使读者更好地理解加力燃烧室的油气匹配、工作范围、加力温度及加温比、燃烧效率、火焰传播、燃油雾化、蒸发及自燃等问题。

2.1　化学恰当燃烧相关基本概念

2.1.1　化学恰当燃烧

所谓化学恰当燃烧,一般是指燃料与氧化剂(特指空气)相互混合的比例正好满足燃烧化学反应方程式所要求的混合比例时的燃烧。以 $C_x H_y$ 表示碳氢燃料,以空气中氧气与氮气的质量百分比分别按 21% 和 79% 计,其化学反应配平方程式为

$$C_x H_y + \left(x + \frac{y}{4}\right)\left[O_2 + \frac{79}{21}N_2\right] \longrightarrow x CO_2 + \frac{y}{2}H_2O + \frac{79}{21}\left(x + \frac{y}{4}\right)N_2$$

$$(2-1)$$

则碳氢化合物 $C_x H_y$ 化学恰当燃烧时燃料与空气的质量混合比为 $(12x + y)$: $\left(x + \frac{y}{4}\right)\left(32 + \frac{79}{21} \times 28\right)$, 即 $(12x + y)$: $137\left(x + \frac{y}{4}\right)$, 摩尔混合比为 1 : $\left(x + \frac{y}{4}\right)$。以甲烷(CH$_4$)为例,其化学恰当燃烧时燃料与空气的质量混合比为 16 : 274,摩尔混合比为 1 : 2。

在燃烧理论中,为了衡量上述燃料与空气的混合比例,常用的参数主要有理论

空气需要量、燃料空气比(或称油气比)、当量比和余气系数。其具体定义如下。

1) 理论空气需要量

理论空气需要量是指单位质量(或体积)燃料完全燃烧时所需要的空气量。假定 G_0 表示单位质量燃料的理论空气需要量,则其表示 1 kg 燃料化学恰当燃烧时需要的空气质量。根据式(2-1)有

$$G_0 = \frac{\left(x + \frac{y}{4}\right)\left(32 + \frac{79}{21} \times 28\right)}{(12x + y)} = \frac{137\left(x + \frac{y}{4}\right)}{(12x + y)} \tag{2-2}$$

以甲烷为例,由式(2-2)可得其理论空气需要量为 17 kg。

2) 燃料空气比

燃料空气比在液体燃料燃烧中常称为油气比,是指混合物中的燃料和空气的质量(流量)比,常用 f 表示。

$$f = \frac{\dot{m}_f}{\dot{m}_a} \tag{2-3}$$

式中,$\dot{m}_{fuel}$ 为燃料的质量(流量),$\dot{m}_a$ 为空气的质量(流量),下标 f 和 a 分别表示燃料与空气。当混合比例为化学恰当比时,对应的油气比称为化学恰当燃料空气比或化学恰当油气比,表示为 f_s,下标 s 表示化学恰当燃烧,满足:

$$f_s = \frac{1}{G_0} \tag{2-4}$$

即化学恰当燃料空气比 f_s 为燃料理论空气需要量 G_0 的倒数。同样以甲烷为例,则其化学恰当油气比为 0.059。

3) 当量比

当量比是指实际油气比与化学恰当油气比之比,也可定义为实际燃料量与理论燃料量之比:

$$\phi = \frac{f}{f_s} \tag{2-5}$$

由当量比定义可知,在化学恰当燃烧时,当量比 $\phi = 1$。

4) 余气系数

余气系数也称过剩空气系数,是指实际供应的空气量与燃料完全燃烧所需的理论空气需要量之比,也可按单位质量燃料换算,即实际按每单位质量燃料供应的空气量与该燃料的理论空气需要量之比。以 α 表示余气系数,则根据其定义有

$$\alpha = \frac{\dot{m}_a}{G_0} \tag{2-6}$$

同样,由余气系数的定义可知,在化学恰当燃烧时余气系数 $\alpha = 1$。

5）燃料与空气的混合比例参数的相互关系

根据理论空气需要量、油气比、当量比及余气系数的定义式（2-2）～式（2-6）可以得出如下关系式

$$\phi = \frac{1}{\alpha} \tag{2-7}$$

$$f \alpha G_0 = 1 \tag{2-8}$$

对航空煤油而言，其典型的通用分子式为 $C_{12}H_{23}$，即当 $x=12$ 和 $y=23$ 时，根据式（2-2）可求得其理论空气需要量 G_0 为 $14.56\,\mathrm{kg}$，根据式（2-4）可进一步求得其化学恰当油气比为 0.068。可以看出，航空煤油的化学恰当油气比远低于 1，化学恰当燃烧时，燃油流量与空气流量相比非常小，因此在一些加力燃烧的性能计算中，常用空气流量来代表燃料和空气混合物质量进行简化计算。此外，有资料也将航空煤油的化学式表示为 $C_{10.1}H_{20.4}$，按照该分子式，同样可确定航空煤油的理论空气需要量为 $14.78\,\mathrm{kg}$，化学恰当油气比为 0.068。

2.1.2　非化学恰当燃烧

在航空发动机加力燃烧室的实际燃烧中，很难实现真正的化学恰当燃烧。当燃料与空气的混合物偏离化学恰当燃烧时，即出现了通常所说的"富油"和"贫油"问题，此时实际的当量比或余气系数均不为 1，实际的油气比也偏离了化学恰当油气比。根据前述油气比、当量比及余气系数的基本概念，这个变量均可以作为判定混合物的贫富燃料状态的参数。

1）采用油气比判定贫油与富油

当 $f > f_s$ 时，称为富燃料（油）混合物；当 $f < f_s$ 时，称为贫燃料（油）混合物。

2）采用当量比判定贫油与富油

当 $\phi > 1$ 时，为富油；当 $\phi < 1$ 时，为贫油。

3）采用余气系数判定贫油与富油

当 $\alpha > 1$ 时，为贫油；当 $\alpha < 1$ 时，为富油。

显然，由于每种燃料的化学恰当油气比不同，采用油气比作为判定混合物贫油或者富油的参数时往往不够直观。相比之下，由于不同种类的燃料在化学恰当燃烧时其当量比或余气系数均为 1，采用当量比或余气系数作为判定混合物贫油或富油的参数更为直观，因此也更为常用。

2.2　可燃边界

可燃边界也常称为燃料的可燃性。通俗地讲，燃料的可燃边界是衡量燃料在偏离化学恰当燃烧时的一个浓度边界。可燃边界与安全生产及燃烧设备的可靠运行有关。在加力燃烧室的燃烧组织与稳定器设计中，可燃边界与其稳定工作边界有关，是一个需要特别注意的基本概念。

可燃边界分为贫油可燃性边界和富油可燃性边界。对于特定的环境和特定的燃料，都存在某种浓度边界。当燃料浓度小于该边界值时，燃料不能点燃，该边界值就称为贫油可燃性边界；当燃料浓度大于该边界值时，燃料也不能点燃，该边界值就称为富油可燃性边界。表 2-1 给出了不同燃料在标准状态下的可燃极限（1 atm，25℃）。航空煤油由于其成分的复杂性，其可燃极限很难给出确定的值，参考正十二烷，在标准状态下其贫油可燃边界当量比为 0.54。根据相关文献报道，大多数燃料（特别是碳氢燃料）的贫油和富油可燃边界当量比 Φ 在 0.5～3 之间，因此可作为航空煤油可燃边界的参考值。

表 2-1　不同燃料的可燃极限

燃　　料	可燃性边界		化学恰当空气-燃料质量比
	ϕ_{min}（贫油可燃性边界）	ϕ_{max}（富油可燃性边界）	
乙炔 C_2H_2	0.19	∞	13.3
一氧化碳 CO	0.34	6.76	2.46
正癸烷 $C_{10}H_{22}$	0.36	3.92	15.0
乙烷 C_2H_6	0.50	2.72	16.0
乙烯 C_2H_4	0.41	>6.1	14.8
氢气 H_2	0.14	2.54	34.5
甲烷 CH_4	0.46	1.64	17.2
甲醇 CH_3OH	0.48	4.08	6.46
正辛烷 C_8H_{18}	0.51	4.25	15.1
丙烷 C_3H_8	0.51	2.83	15.6

需要注意的是，燃料的贫油和富油可燃性边界与系统的温度、压力、来流速度等有关。一般来说，随着系统温度升高，可燃性边界拓宽；当系统的压力升高时，可燃边界也会拓宽，特别是富油可燃边界的拓宽更加显著；但是随着来流速度的增加，燃料的可燃边界会变窄。对航空发动机加力燃烧室而言，来流的温度、压力及气流速度的变化范围较大，因此对燃烧边界的影响也非常重要。

2.3　燃烧温度

加力温度与加温比是加力燃烧室的重要性能参数，加力温度与航空发动机的推力密切相关，因此加力燃烧温度是航空发动机设计中的一个重要限制参数。了解燃烧温度的基本概念及其影响因素，对认识加力燃烧室的燃烧组织特点、进一步提高加力温度的基本措施等具有重要意义。

2.3.1　绝热火焰温度

燃烧温度是指燃料燃烧时放出的热量使燃烧产物所能达到的温度，包括燃料燃烧理论上所能达到的最高温度,即绝热火焰温度 T_{ad} 和实际火焰温度 T_f 两个概念。

通常,绝热火焰温度 T_{ad} 是指在一定的温度及压力初始条件下,燃料与氧化剂的混合物在绝热条件下完全燃烧时燃烧产物所能达到的最终温度,也称理论燃烧温度。在实际燃烧过程中,火焰的热量常常会有一部分以热辐射和对流的方式损失掉,因此实际的火焰温度 T_f 总是小于理论燃烧温度 T_{ad},所以绝热火焰温度也常称为燃烧最大温度。

从能量平衡的观点看,对一个燃烧系统而言,进入系统的能量包括燃料与空气的物理热及燃料本身的化学热,而燃烧系统出口的能量包括燃烧产物及未燃反应物的能量,因此可以推断,火焰的理论燃烧温度与燃料及空气的初始状态有关,如与初始温度、压力、燃料种类或热值、当量比以及氧浓度等因素有关。

2.3.2　绝热火焰温度的分类及计算

根据燃烧系统是定压系统或定容系统,绝热火焰温度可分别定义为定压绝热火焰温度及定容绝热火焰温度。火焰温度的计算可以大体分为工程近似估算、不考虑离解的火焰温度计算以及考虑离解的火焰温度计算 3 种,其中工程近似估算最为简单,考虑离解的计算最为准确。火焰温度计算需要用到的热力学参数可通过查询热力学数据得到,目前国际上通用的热力学数据库称为 JANAF(joint army, navy and air force)表,此表在燃烧理论的相关专著中均能找到,本书从略。

2.3.2.1　定压绝热火焰温度

当燃料和氧化剂的混合物在定压条件下进行绝热燃烧时,反应物在初始状态的绝对焓等于产物在终了状态时的绝对焓,即满足

$$H_{react}(T_{init}, P) = H_{prod}(T_{ad}, P) \qquad (2-9a)$$

或者以单位质量计为

$$h_{react}(T_{init}, P) = h_{prod}(T_{ad}, P) \qquad (2-9b)$$

式中,H(或 h)表示绝对焓,P 表示压力,T 表示温度;下标 react 表示反应物,prod 表示产物,init 表示初始值;T_{init} 表示反应物初始温度。

航空发动机的燃烧室和加力燃烧属于定压燃烧,其燃烧温度的计算根据式(2-9)展开。

2.3.2.2　定容绝热火焰温度

当燃料和氧化剂的混合物在定容条件下燃烧时,根据在初始状态的绝对内能等于产物在终了状态时的绝对内能,即满足

$$U_{react}(T_{init}, P_{init}) = U_{prod}(T_{ad}, P_{final}) \qquad (2-10a)$$

或者以单位质量计为

$$u_{react}(T_{init}, P_{init}) = u_{prod}(T_{ad}, P_{final}) \qquad (2-10b)$$

式中,U(或 u)表示绝对内能,P 表示压力,T 表示温度;下标 react、prod 和 init 分别表示反应物、生成物和初始状态,与式(2 - 9)相同;下标 final 表示燃烧后状态;P_{init} 和 P_{final} 分别表示系统燃烧前的初始压力和燃烧后的压力。考虑大部分热力学参数表中给出的是焓 H(或 h)而不是内能 U(或 u),式(2 - 10b)还可写成

$$H_{react}(T_{init}, P_{init}) - P_{init} \cdot V = H_{prod}(T_{ad}, P_{final}) - P_{final} \cdot V \quad (2 - 10c)$$

式中,V 表示定容系统的体积。进一步,根据理想气体定律,式(2 - 10c)还可写成

$$H_{react} - H_{prod} - R_u(n_{react} T_{init} - n_{prod} T_{ad}) = 0 \quad (2 - 10d)$$

式中,R_u 为理想气体常数,n 表示反应物或产物的摩尔数。一般来说,内燃机的燃烧属于定容燃烧,其燃烧温度的计算根据式(2 - 10)展开。

2.3.2.3　绝热火焰温度的计算

绝热火焰温度的计算是燃烧热力学中的重要内容。火焰温度的工程近似估算,主要根据燃料燃烧的放热量用于燃烧产物温度升高这一关系进行,即采用燃料热值与燃料质量首先估算出燃料放热量,然后以空气量近似作为燃烧产物量来估计其温升,这种近似估算方法尽管存在较大误差,但由于其简单便捷而在工程上具有重要意义。当不考虑高温条件下燃烧产物的离解时,火焰温度的计算主要依据热力学第一定律进行,即根据式(2 - 9)或式(2 - 10)直接计算,这两个公式中仅有绝热火焰温度 T_{ad} 一个变量。

当考虑高温条件下燃烧产物的离解时,火焰温度的计算需要借助热力学第一定律和热力学第二定律相结合进行。这是因为当考虑燃烧产物的高温离解时,燃烧产物的离解程度是未知数,因此燃烧产物的组成成分难以确定,其对应的绝对焓或绝对内能就无法确定,即式(2 - 9)或式(2 - 10)中又增加了离解程度这一未知量,此时绝热火焰温度已不能仅依靠热力学第一定律进行求解。根据热力学第二定律,燃烧化学反应的进行方向可用熵或吉布斯函数的增加或减小量来判定。当燃烧系统达到化学平衡时,系统内各组分浓度不随时间变化。因此,燃烧产物的组成取决于化学平衡条件,即燃烧系统的熵增为零或吉布斯函数的减小为零。当仅考虑一种产物的离解时,绝热火焰温度可由热力学第一定律和热力学第二定律结合人工手算进行求解。但是,在实际中,二氧化碳的离解程度与水蒸气的离解程度不同,因此绝热火焰温度的准确计算很难采用手算完成,需要借助热力学计算软件进行计算。目前,常用的绝热火焰温度计算软件包括 NASA - CEA、CHEMKIN、STAN JAN 及 GASEQ 等。

2.3.2.4　绝热火焰温度的影响因素分析

前已述及,火焰的理论燃烧温度与初始温度、压力、燃料种类或热值、当量比、氧浓度等有关。图 2 - 1～图 2 - 3 给出了上述影响因素对绝热火焰温度影响的基本规律。由图 2 - 1～图 2 - 3 可以看出,不同燃料的绝热火焰温度不同,且燃料的碳氢比越高,燃烧温度越高;当燃料与空气混合物以化学恰当当量比混合燃烧时,绝热火焰

温度达到峰值,贫油或富油均会引起绝热火焰温度的下降,这是因为过量的空气或燃料会带走热量;压力增大会引起绝热火焰温度升高,这是由压力增大不利于吸热的燃烧产物离解反应发生而引起的。此外,空气中的氧浓度升高,绝热火焰温度上升,这是因为提高空气中的氧含量会引起氮气量减少,即燃烧产物生成量减少,燃烧放热用来加热氮气所需的热量减小引起的。

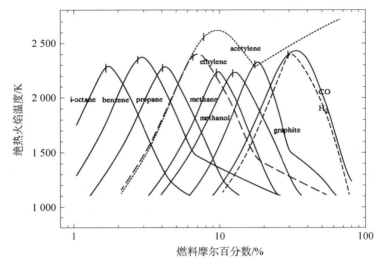

图 2-1　绝热火焰温度随燃料摩尔百分数的变化(标准状态)

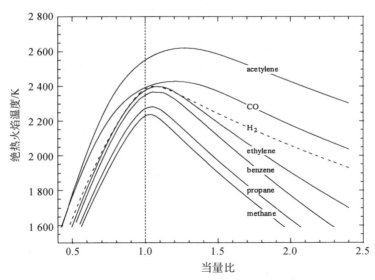

图 2-2　绝热火焰温度随当量比的变化(标准状态,竖线表示化学恰
　　　　当燃料浓度)

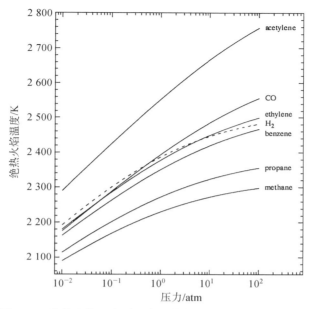

图 2-3　绝热火焰温度随压力的变化(化学恰当燃烧,298 K)

2.3.2.5　航空煤油的绝热火焰温度

图 2-4 所示为航空煤油(JP-5)的绝热火焰温度(低位热值,43.08 MJ/kg)计算值。可以看出,随着初始温度 T_0 升高,绝热火焰温度值增大;同样,随着压力增大,火焰温度也有一定程度的升高,且压力的作用在高温化学恰当燃烧区更为明显。

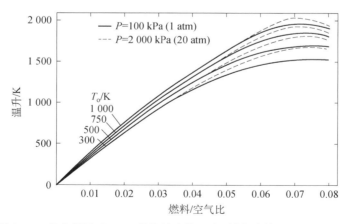

图 2-4　航空煤油(JP-5)的绝热火焰温度(低位热值,43.08 MJ/kg)

图 2-5 所示为采用 CHEMKIN 软件计算得到的正十二烷($C_{12}H_{24}$)及 JET-A 的理论燃烧温度。可以看出,在压力为 $1\sim20$ atm、初始温度为 $300\sim800$ K 及化学

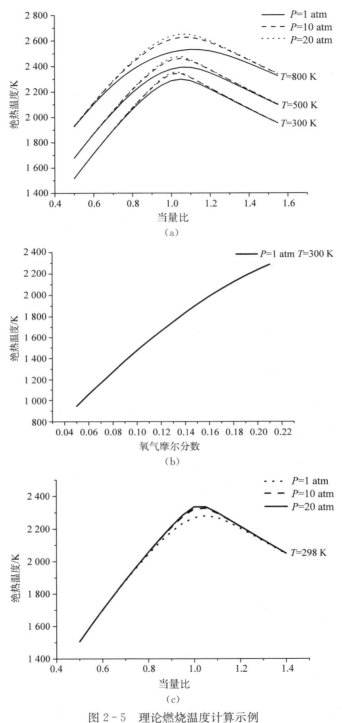

图 2-5　理论燃烧温度计算示例

(a) $C_{12}H_{24}$ (当量比)　(b) $C_{12}H_{24}$ (氧气摩尔分数)　(c) JET-A (当量比)

恰当油气比条件下,两者的理论燃烧温度可达 $2\,200\sim2\,600\,\mathrm{K}$。目前,加力燃烧室的加力温度极限为 $2\,300\,\mathrm{K}$ 左右,要提高航空发动机的推力,可通过增加氧浓度(如增加含氧燃料)、采用高热值燃料或增强混合以实现接近化学恰当燃烧等方式来实现。

2.4　火焰速度

火焰速度是针对预混火焰提出的基本概念。在传统的加力燃烧室中,尽管燃油喷射前未与来流空气混合,但燃油在高温下雾化蒸发后,经过足够长的距离,才到达加力燃烧截面,一般可假定燃油蒸气与空气发生燃烧前已经混合均匀。因此,火焰速度的概念同样适用于加力燃烧室的设计与分析。具体而言,加力燃烧室的火焰稳定与联焰问题均与火焰速度密切相关。

尽管在工程实际中的燃烧问题均为湍流燃烧问题,但考虑到湍流自身的复杂性以及湍流火焰速度与层流火焰速度的关联性,了解层流火焰速度仍然非常重要。

2.4.1　层流火焰速度

以一圆管或球形容器为例,当其中充满均匀混合气时,一旦混合气受到局部加热或点火而形成火焰后,则火焰的热量会通过导热作用传至未燃混合物,进而点燃未燃烧的混合气,即新鲜的混合气会依次着火。在这一过程中,燃烧化学反应区由已燃区向未燃混合气传播,形成了所谓的火焰传播。化学反应区很薄,常称为火焰前沿或者火焰锋面。由于它把未燃的新鲜燃料和燃烧产物分开,因此火焰传播即是火焰面的传播。

层流火焰速度(S_{L})也称为燃烧速度,是指反应区(火焰锋面)相对于未燃混合气的移动速度,其方向垂直于火焰面并指向未燃混合物。图 2-6 为典型圆形通道内的火焰传播示意图,图中变量 T 表示温度,HRR 表示放热率,x 表示坐标位置,δ 表示火焰厚度;下标 L 表示层流,ig 表示点火,r 表示反应物,p 表示产物,f 表示火焰。圆形通道的左侧为燃料与空气的未燃混合物,右侧为燃烧产物,S_{L} 垂直于化学反应区且向左指向未燃物。在未燃混合物与燃烧产物之间的预热区内,反应物温度 T_{r} 逐渐升高至燃料的着火温度 T_{ig},反应物逐渐向反应区扩散,浓度降低;在反应区内,混合物着火后化学反应速率

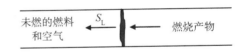

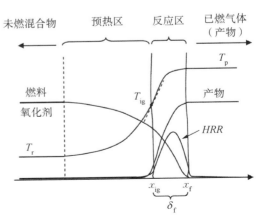

图 2-6　圆形通道中预混火焰传播示意图

迅速增加,然后随着燃料和氧化剂的消耗以及产物的产生而降低,相应地放热率也先增大后减小,同时产物浓度升高,温度升高至 T_p。图中的反应区位置由 x_{ig} 到 x_f,常称为火焰厚度,火焰速度越快,火焰厚度越薄。

根据层流火焰速度的分区近似法理论,认为预热区不发生化学反应,反应区没有对流或扩散,可得到火焰速度的表达式

$$S_L = \sqrt{\frac{2a(1+G_0)RR}{\rho_\infty}} \qquad (2-11)$$

式中,$a = \lambda/(\rho_\infty C_p)$,为热扩散系数,其中 λ 为燃料导热系数,ρ_∞ 为反应物密度,C_p 为定容比热容,RR 为平均化学反应速率,G_0 为燃料的理论空气需要量。可以看出,火焰速度首先与燃料的种类有关,如与导温系数 a、密度 ρ 和理论空气需要量 G_0 有关,并与化学反应速率 RR 密切相关。

根据燃烧学基本理论可知,燃烧化学反应速率由质量作用定律和阿伦尼乌斯公式决定,对化学反应 $cC + dD \longrightarrow eE + fF$,其化学反应速率为

$$RR = A[C]^c[D]^d \exp\left(-\frac{E_a}{R_u T}\right) \qquad (2-12)$$

式中,$[C]$ 和 $[D]$ 分别表示燃料与氧化剂的浓度,A 为指前因子,E_a 为活化能(kcal/mol),c 和 d 由实验给出,表 2-2 给出了部分燃料的化学反应速率计算参数。

表 2-2 部分燃料的化学反应速率计算参数

燃 料	A(指前因子)	$E_a/$(kcal/mol)	c	d
CH_4	8.3×10^5	30	-0.3	1.3
C_2H_6	1.1×10^{12}	30	0.1	1.65
C_3H_8	8.6×10^{11}	30	0.1	1.65
C_4H_{10}	7.4×10^{11}	30	0.15	1.6
C_8H_{18}	4.6×10^{11}	30	0.25	1.5
C_9H_{20}	4.2×10^{11}	30	0.25	1.5
$C_{10}H_{22}$	3.8×10^{11}	30	0.25	1.5
C_2H_5OH	1.5×10^{12}	30	0.15	1.6

可以看出,火焰速度 S_L 与燃烧化学反应速率 RR 有关,因此其与燃烧温度密切相关,在 2.3.2.4 节中有关火焰温度的影响因素均与火焰速度有关。

2.4.2 火焰速度的大小及其影响因素

层流火焰的速度有很多种测量方法,图 2-7 所示为甲烷-空气混合物的层流火焰速度测量值研究发展变化情况。可以看出,随着测量技术的进步,近年来,层流火焰速度的测量已经越来越准确。在化学恰当燃烧、初始温度为标准状态时,碳氢燃料层流火焰速度为 0.3~0.4 m/s,氢气的层流火焰速度为碳氢燃料的 8~10 倍,为

3～4 m/s。以下分别探讨层流火焰速度的影响因素，以便读者后续理解加力燃烧室
中火焰稳定问题所面临的实质所在。

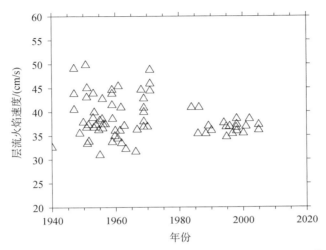

图 2-7　甲烷-空气混合物层流火焰速度测量值研究发展变化情况

2.4.2.1　燃料种类、当量比及火焰温度的影响

图 2-8～图 2-11 给出了不同燃料的层流火焰速度随当量比的变化情况及其
对应的绝热火焰温度。可以看出，燃料种类不同，火焰速度不同，且火焰速度随当量
比的增加先增大，后减小，在接近化学恰当比时达到最大值，同时火焰速度随当量比
的变化与绝热火焰温度的变化规律相似，这也可由式（2-11）和式（2-12）解释，即
火焰温度影响化学反应速率，进而影响火焰速度。

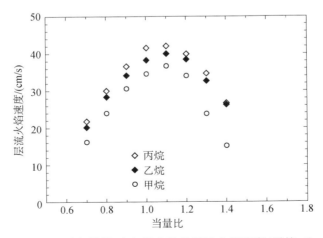

图 2-8　碳氢燃料-空气混合物的层流火焰速度（甲烷、乙
烷和丙烷）

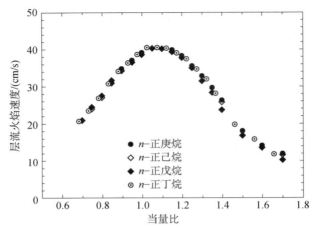

图 2-9　碳氢燃料-空气混合物的层流火焰速度（正丁烷、
正戊烷、正己烷和正庚烷）

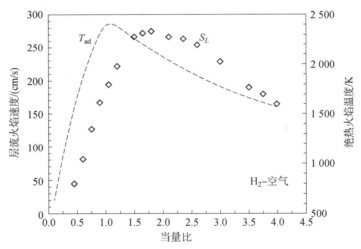

图 2-10　大气条件下氢气-空气混合物的层流火焰速度测量值及其绝热火焰温度计算值

2.4.2.2　压力的影响

图 2-12 给出了不同燃料的层流火焰速度随压力的变化情况。由图可以看出，甲烷和氢气的火焰速度随着压力增加而减小。这是因为，压力对火焰速度的影响规律满足 $S_L \propto p^{\frac{n}{2}-1}$，其中 n 为化学反应级数。因此，对于一级反应来说，当 p 增加时，S_L 下降；对于二级反应，S_L 与压力无关。图 2-13 还给出了甲烷和氢气的总反应级数随压力和当量比的变化，可以看出反应级数随压力增加先减小后增加，同时与当量比有关，其值可能为负，但基本均小于 2。有关压力对火焰速度的影响规律主要从化学反应机理出发进行的，有兴趣的读者可参考相关文献。

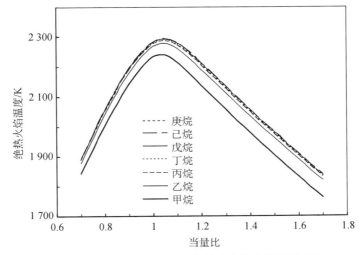

图 2-11　不同烷烃-空气混合物的绝热火焰温度对比

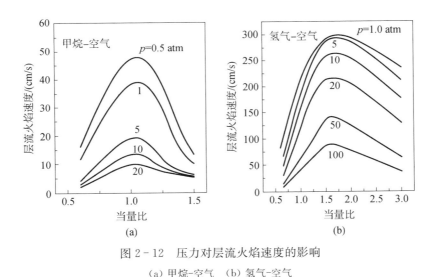

图 2-12　压力对层流火焰速度的影响

（a）甲烷-空气　（b）氢气-空气

2.4.2.3　初始温度的影响

随着初始温度增加,绝热火焰温度增加,化学反应速率也增加,最终导致层流火焰速度增加。图 2-14 给出了丙烷-空气混合物在 1 atm 化学恰当燃烧时火焰速度随初始温度的变化。

2.4.2.4　氧气浓度的影响

氧气浓度增加,会明显地增大层流火焰速度,这主要是由于氧气浓度增大引起火焰温度升高,进而提高了化学反应速率引起的。图 2-15 给出了氧浓度对甲烷燃烧的层流火焰速度影响示例。

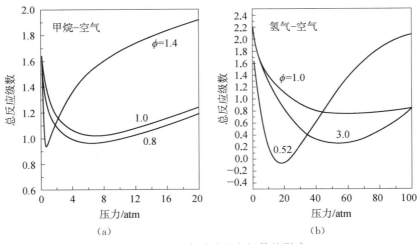

图 2-13　压力对总反应级数的影响

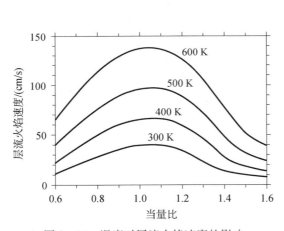

图 2-14　温度对层流火焰速度的影响

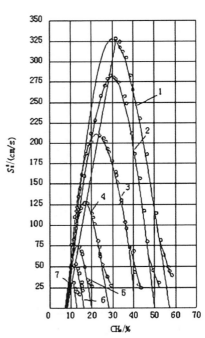

1—1.5% N_2＋98.5% O_2；2—20% N_2＋80% O_2；3—40% N_2＋60% O_2；4—60% N_2＋40% O_2；5—70% N_2＋30% O_2；6—75% N_2＋25% O_2；7—79% N_2＋21% O_2。

图 2-15　甲烷火焰速度随浓度及含氧量的变化

2.4.3　湍流火焰速度

层流火焰速度很小,标准状态(1 atm,25℃)下碳氢燃料化学恰当燃烧时的层流火焰速度仅为 0.3～0.4 m/s。但是,湍流会显著增大火焰速度。例如,在航空发动机中,湍流火焰速度很快,但有关其增大程度及如何增强目前仍未有明显的结论,一般认为湍流燃烧速度很大,是层流火焰速度的几倍甚至几十倍或上百倍。例如,在主燃烧室中,参考速度一般选择 30 m/s 左右,这一速度值几乎是层流火焰速度的100 倍。

有关湍流燃烧速度的相关研究很多,以下给出部分结论供参考。以 S_T 表示湍流火焰速度,u' 表示脉动速度的均方根,

1) Damköhler 给出的湍流火焰速度

$$S_T = S_L + u' \tag{2-13}$$

2) Schelkin 给出的湍流火焰速度

$$S_T = S_L \left[1 + B \left(\frac{u'}{S_L} \right)^2 \right]^{0.5} \tag{2-14}$$

式中,B 为常数。式(2-13)和式(2-14)在湍流速度非常大时有

$$S_T = u' \tag{2-15}$$

3) Lefebvre 等人给出的湍流火焰速度

通过实验得到了不同强度湍流脉动时的湍流火焰速度,并给出了如图 2-16 所示的火焰图像,相关结论如下:

(1) 当湍流脉动较小时($u' < 2S_L$)的湍流火焰速度为

$$\left(\frac{S_T}{S_L} \right)^2 = 1 + 0.03 \left(\frac{u'L}{S_L \delta_L} \right)^2 \tag{2-16}$$

式中,δ_L 为层流火焰厚度。

(2) 当湍流强度非常高时,湍流火焰速度的计算公式为

$$\frac{S_T}{S_L} = 0.5 \frac{u' \delta_L}{S_L \eta} \tag{2-17}$$

式中,η 为湍流 Kolmogoroff 尺度。显然,湍流火焰速度的估算可参考式(2-13)～式(2-17)的相关结论展开。

2.5　燃油蒸发及雾化

燃油的蒸发及雾化是航空发动机加力燃烧室的重要问题,涉及加力燃烧中的点火、联焰、熄火、火焰稳定、燃烧效率等问题,与喷雾距离、油气匹配、火焰稳定器设计密切相关。在涡喷发动机或涡扇加力燃烧室的内涵高温加力燃烧中,燃油蒸发迅

速,因此燃油布置可能会受到喷雾自燃的限制;在涡扇加力燃烧室的外涵低温燃烧中,燃油的蒸发受限,因此其组织燃烧困难,需要进一步采取措施。因此,了解燃油的蒸发及雾化对加力燃烧室的燃烧组织技术研究具有重要意义。

(a)

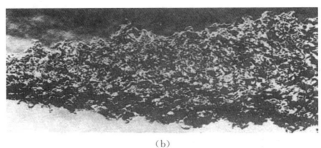

(b)

图 2-16　化学恰当燃烧时的丙烷火焰照片

(a) $u' = 3.1 \, \text{m/s}$　(b) $u' = 30.5 \, \text{m/s}$

实验观察表明,液体燃料的燃烧过程是一个先蒸发后燃烧的过程,其本质上是扩散燃烧,其燃烧速度取决于液滴蒸发的快慢;在加力燃烧室的燃烧组织设计中,工程师们更关心经喷嘴形成的液雾基本特点及参数。因此本节主要讲解液滴蒸发及燃烧的直径平方定律及液雾参数。

2.5.1　液滴蒸发与燃烧的直径平方定律

直径平方定律也常称为 D^2 定律,其中 D 泛指液滴直径。D^2 定律本质上是关于液滴蒸发或燃烧所需时间的定律,是衡量液滴蒸发或燃烧快慢的基本依据。D^2 定律的推导过程可从燃烧物理学基本控制方程得到,需要注意的是其边界条件由于气液两相的存在会用到斯蒂芬流,具体可参考燃烧理论相关书籍。

2.5.1.1　液滴蒸发的 D^2 定律

在静止空气中,液滴蒸发快慢或液滴的蒸发时间满足直径平方定律,或称 D^2 定律,即

$$D^2 = D_0^2 - \beta_0 t \tag{2-18}$$

式中，D 表示某时刻 t 的液滴直径，D_0 表示液滴初始直径，β_0 为蒸发常数，且满足

$$\beta_0 \equiv \frac{4k(T_a - T_b)}{\rho_1 h_{fg} C_1}$$

式中，k 为导热系数，T_a 为周围空气温度，T_b 为液体的饱和蒸汽温度（沸点温度），h_{fg} 为 T_b 时的蒸发热，C_1 为常数，一般取 0.5。

根据式(2-18)，当令 $D=0$ 时，则可得到液滴的蒸发寿命为

$$t_{life} = \frac{D_0^2}{\beta_0} \tag{2-19}$$

如图 2-17 给出了 D^2 定律的示意图，由图可以看出，一般液滴蒸发中还有一段加热段，加热段内液滴直径随时间并未明显减小，有时甚至会因加热膨胀而出现短暂的液滴直径增大。

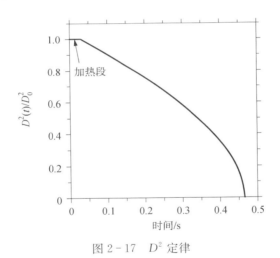

图 2-17　D^2 定律

在对流环境中，液滴蒸发的 D^2 定律可写为

$$D^2 = D_0^2 - 2C_1 \beta_0 t - \beta t \tag{2-20}$$

$$\beta \equiv \frac{1.6k Re_D^{1/2} Pr^{1/3}(T_a - T_b)}{\rho_1 h_{fg}} \tag{2-21}$$

式中，Re_D 数是以液滴相对于空气的相对速度，u_d 和液滴初始直径 D_0 定义的。

$$\overline{Re_D} \approx \rho_a D_0 u_d / (2\mu_a) \tag{2-22}$$

ρ_a 和 μ_a 分别表示空气的密度和动黏度，下标 a 表示空气，Pr 为普朗克数。

图 2-18 给出了对流条件下乙醇液滴蒸发率随相对速度的变化，可以看出，对流引起液滴蒸发加快。

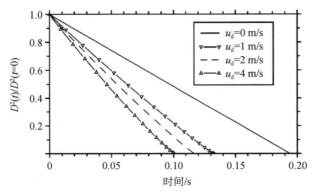

图 2-18 对流条件下乙醇液滴蒸发率随相对速度的变化
（$P = 1\,\text{atm}$，$T_a = 600\,\text{K}$，$D_0 = 150\,\mu\text{m}$）

2.5.1.2 液滴燃烧的 D^2 定律

液滴燃烧与液滴蒸发类似，其燃烧速率或寿命同样满足 D^2 定律。在静止空气中和对流环境下其表征为

$$D^2 = D_0^2 - \beta_0' t \tag{2-23}$$

$$\beta_0' \equiv \frac{4k(T_f - T_b)}{\rho_1 h_{fg} C_2} \tag{2-24}$$

在对流环境条件下：

$$D^2 = D_0^2 - 2C_2\beta_0' t - \beta' t \tag{2-25}$$

$$\beta' \equiv \frac{1.6k\overline{Re}_D^{1/2} Pr^{1/3}(T_f - T_b)}{\rho_1 h_{fg}} \tag{2-26}$$

式（2-23）～式（2-26）与式（2-18）～式（2-22）相比，主要不同在于空气温度 T_a 被火焰温度 T_f 代替。C_2 也为常数，同样取 0.5。

2.5.1.3 液滴蒸发与燃烧的影响因素

研究表明，液滴蒸发时间在静止空气中的量级为 200 ms 左右，在对流空气中约为 100 ms，液滴在静止空气中的燃烧时间约为 5 ms，在对流空气中的燃烧时间小于 5 ms，蒸发及燃烧的预热时间约占 1 ms 。因此，液滴蒸发是液滴燃烧中的主导因素。无论是液滴的蒸发还是液滴的燃烧，来流参数是其主要影响因素，在加力燃烧室中更是如此。

当来流空气温度增加，根据 D^2 定律可知，液滴的蒸发及燃烧速率增大。图 2-19 给出了对流条件下乙醇液滴寿命随空气温度的变化，可以看出温度增加，蒸发寿命减小。

来流压力增加时，首先会减小温差（$T_a - T_b$）和蒸发热 h_{fg}，但会通过密度的变化而增加 Re_D。因此，压力对蒸发的影响可能增大也可能减小，比较复杂。图 2-20

为静止空气中乙醇液滴寿命随压力的变化曲线,由图可以看出压力增加,蒸发寿命增大;图 2 - 21 给出了对流条件下乙醇液滴寿命随压力的变化,可以看出此时压力增加,液滴蒸发寿命减小。

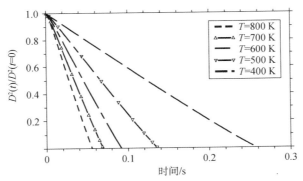

图 2 - 19　对流条件下乙醇液滴寿命随空气温度的变化
（$P = 1\,atm$, $U_d = 1\,m/s$, $T_a = 500\,K$, $D_0 = 100\,\mu m$）

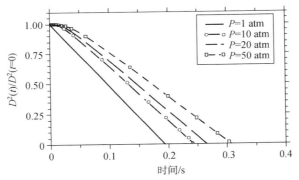

图 2 - 20　静止空气中乙醇液滴寿命随压力的变化
（$U_d = 0\,m/s$, $T_a = 500\,K$, $D_0 = 100\,\mu m$）

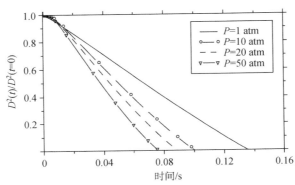

图 2 - 21　对流条件下乙醇液滴寿命随压力的变化
（$U_d = 1\,m/s$, $T_a = 500\,K$, $D_0 = 100\,\mu m$）

此外,对于典型的航空煤油,在热态环境中(如 1800 K 温度环境)其蒸发常数大约为 $1\,\text{mm}^2/\text{s}$。

2.5.2 雾化参数

液体燃料经过喷嘴雾化后,会形成液滴尺寸各不相同的液滴群,即所谓液雾,液雾质量对于加力燃烧室的性能具有重要影响。评价液体雾化质量好坏的参数很多,除了液雾平均直径之外,还包括液滴的尺寸分布、雾化均匀度、液雾代表性直径,以及与喷嘴结构密切相关的喷雾锥角、流量特性及液雾的周向或径向分布等。以下主要介绍液雾参数,与喷嘴相关的参数不做详细展开。

2.5.2.1 液雾平均直径

根据 D^2 定律,液滴的燃烧速度主要与液滴的蒸发面积有关。因此,在组织液体燃料燃烧时,一般都希望液雾越细越好。由此可知,雾化细度是衡量液雾最重要的指标之一。由于燃油从喷嘴喷射出以后,形成许多尺寸各不相同的雾滴组。不同的雾滴尺寸大小不一,最大和最小的相差 $50\sim100$ 倍。因此,一般用液滴平均直径概念来表示液滴群的雾化细度。根据不同的平均方法,可以得到不同的平均直径。但不管采用什么平均方法,都是将实际液雾等效为某个尺寸单一的液雾,只不过做等效分析时的标准不同而已。

根据不同等效原则,液雾平均直径有算术平均直径 D_{10}、面积平均直径 D_{20}、体积平均直径 D_{30} 和体积面积平均直径 D_{32} 等,其中体积面积平均直径最为常用。液雾的体积面积平均直径,也称为索太尔平均直径(Sauter mean diameter,SMD)。SMD 的等效原则是,假定一群大小相同的油珠,其总表面积和体积与真实液雾的总表面积和体积相同,而油珠数目可以不同,则这群油珠的直径即为索太尔平均直径。

根据等效原则,可得

$$n\pi\overline{d}^{\,2} = \sum_{i=1}^{m} n_i\pi d_i^2 \qquad (2-27\text{a})$$

$$n\,\frac{\pi}{6}\overline{d}^{\,3} = \sum_{i=1}^{m} n_i\,\frac{\pi}{6}d_i^3 \qquad (2-27\text{b})$$

由此得到索太尔平均直径的表达式为

$$\overline{d} = \frac{\displaystyle\sum_{i=1}^{m} n_i d_i^3}{\displaystyle\sum_{i=1}^{m} n_i d_i^2} = SMD \qquad (2-28)$$

式中,n_i 表示液滴直径为 d_i 的液滴数量;n 表示液滴直径为 $\overline{d}$ 的均匀液滴的总数量,$n \neq \sum n_i$。

根据上述索太尔平均直径的等效原则可以看出,这种平均方法同时考虑了液雾总体积与总表面积的等效性。其中,液雾总体积反映了燃料质量,与燃料的发热量关联;而液雾总表面积则反映了液雾蒸发的快慢,与液雾燃烧的快慢关联。显然,索太尔平均直径最能反映真实液雾的燃烧属性,这也是在燃烧学中其被广泛应用的原因所在。

2.5.2.2　液雾尺寸分布

经过雾化后的液滴尺寸相差悬殊,分布很不均匀。因此,液滴尺寸分布常常用来描述液滴尺寸之间的差异。液滴尺寸分布主要有微分分布和积分分布两种。

所谓液滴尺寸微分分布是指单位尺寸变化(如直径 $d \sim d + \Delta d$,且 $\Delta d \to 0$)内的液滴占总量的比例的分布。液滴尺寸微分分布又分为数量微分分布和体积(质量)微分分布两种。其中,数量微分分布是指单位尺寸变化内的液滴数量占总液滴数量比例的分布,而体积(质量)微分分布是指单位尺寸变化内的液滴体积(质量)占总体积(质量)的比例的分布。典型液雾的微分分布如图 2-22 所示。

图 2-22(a) 的柱状图直观地统计出了液雾在一定尺寸范围内的液滴数量,图 2-22(b) 则采用一定尺寸范围内液滴数量占总滴数量的比例进行表征。

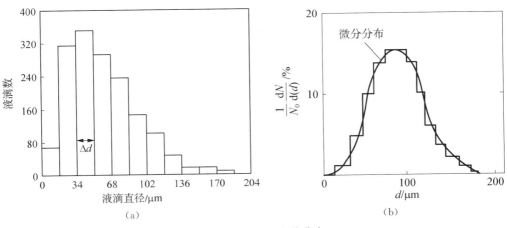

(a)　　　　　　　　　　　　　　(b)

图 2-22　液滴的微分分布

所谓积分分布是指液滴中小于给定直径 d_i 的液滴数 N(或液滴质量 M)占液滴总数 N_0(或总质量 M_0)的百分数,用 N/N_0(或 M/M_0)表示。典型的液雾积分分布如图 2-23 所示。

在理论研究的基础上,人们通过实验建立起了用数学函数关系表示的液滴尺寸表达方式。最常用的罗森-罗姆勒(Rosin-Rammler)分布(以下简称"R-R 分布")满足:

$$R = 1 - \exp\left[-\left(\frac{d_i}{\bar{d}} \right)^n \right] \tag{2-29}$$

式中，R 为液滴直径小于 d_i 的液滴质量（或体积）占液滴总质量（或总体积）的百分数；d_i 为与 R 相应的液滴直径；$\overline{d}$ 为液滴特征直径，当 $d_i = \overline{d}$ 时，则 $R = 0.632$，即对应 63.2% 累积质量（或体积）的液滴直径为特征直径；n 为液滴尺寸分布指数，表明液滴尺寸分布的均匀性，通常 $1.8 \leqslant n \leqslant 4$。

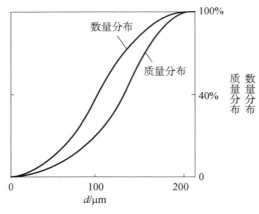

图 2-23　典型的液雾积分分布

图 2-24 是液滴 R-R 分布的曲线。

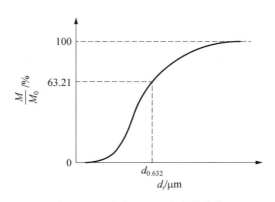

图 2-24　液滴 R-R 分布的曲线

2.5.2.3　液雾代表性直径

液雾代表直径是一类基于液滴积分分布的液滴直径表示方法，其定义对应于小于某一直径的液滴所占的质量（或体积）百分数。如常用的质量中间直径（Mass Median Diameter，MMD）是指小于这个直径的液滴的质量（或体积）各占 50%。常用的 $D_{0.999}$ 则代表最大直径 $D_{\max}$，其物理意义表示小于 $D_{\max}$ 的液滴占总液滴的 99.9%；图 2-25 给出了 MMD 及 $D_{\max}$ 的示意图。类似地，前述 RR 分布图 2-24 中的特征直径。图 2-24 中 RR 分布的特征直径 $d_{0.632}$ 同样表示了液雾中小于其值

的液滴质量占 63.2%。

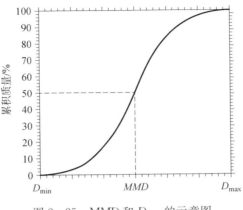

图 2 - 25　MMD 和 $D_{\max}$ 的示意图

2.5.2.4　液滴均匀度

经过雾化后的液滴尺寸相差悬殊，分布很不均匀。以液滴尺寸的 R - R 分布为例，n 为液滴尺寸分布指数，表征液滴尺寸分布的均匀性。不同的喷嘴形成的液雾 n 是不同的。n 值越大，液雾的尺寸分布越均匀，如图 2 - 26 所示。

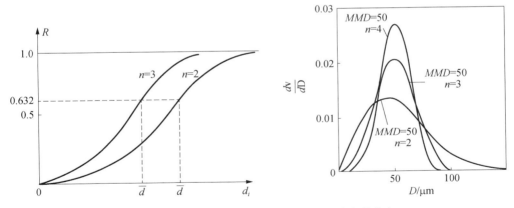

图 2 - 26　均匀度指数不同时液滴的微分或积分分布

2.5.3　雾化方法

在航空燃气涡轮发动机中，无论是主燃烧室，还是加力燃烧室，其燃油喷嘴的基本功能和要求类似，需满足：

（1）在宽广的流量范围内提供良好的雾化。

（2）快速响应燃油流量变化。

（3）与流动的不稳定性无关。

（4）耗能小。

（5）可以缩放设计,提供设计的灵活性。

（6）低成本、轻质量、维护容易、拆装容易。

（7）对制造和安装过程中的轻微损伤不敏感。

（8）燃油受到污染和喷嘴表面积碳时不易堵塞。

（9）受热时不易结焦。

（10）均匀的径向和周向燃油浓度分布。

在航发燃烧室或加力燃烧室中,传统的燃油的雾化方法主要有两类,其一为借助燃油压力进行雾化的压力式喷嘴,其二为借助来流空气进行雾化的空气雾化喷嘴,具体包括离心喷嘴、直射式喷嘴、直射式气动雾化喷嘴、预膜式空气雾化喷嘴等。但是,在加力燃烧室中,燃油雾化常用简单的直射式喷嘴,此外还有诸如可变面积喷嘴、针栓式喷嘴等。

参 考 文 献

[1] 黄勇. 燃烧与燃烧室[M]. 北京:北京航空航天大学出版社,2009.

[2] Lefebvre A H, Ballal D R. Gas turbine combustion alternative fuels and emissions [M]. 3rd ed. Florida：Taylor and Francis Group Boca Rator,2010.

[3] Law C K. Combustion physics [M]. New York：Cambridge University Press,2006.

[4] Borman G L, Ragland K W. Combustion engineering [M]. New York：McGraw-Hill Press, 1998.

[5] 侯晓春,季鹤鸣,刘庆国,等. 高性能航空燃气轮机燃烧技术[M]. 北京:国防工业出版社,2002.

[6] McAllister S, Chen J Y, Fernandez-Pello C A. Fundamentals of combustion processes [M]. New York：Springer,2011.

第 3 章　加力燃烧室的燃烧组织原理

加力燃烧室的燃烧组织与其进口来流条件及性能要求密切相关,涉及空气流动、内外涵气流混合、液体燃料雾化、燃油布局、油气混合、火焰稳定、火焰传播、联焰以及降低流动损失等多个方面,非常复杂。

与主燃室相比,加力燃烧室进口来流具有温度高、氧含量低、速度高以及压力较低的特点,表 3-1 给出了文献公开报道的加力燃烧室和主燃烧室典型进口参数所示。对涡扇发动机加力燃烧室而言,其外涵还具有来流温度相对较低、来流速度也相对较低的特点。相应地,加力燃烧室的性能要求其能够实现宽工作范围内的稳定、高效和低阻燃烧,尽可能降低非加力损失,推力连续可调,最高出口温度接近化学恰当燃烧时的理论燃烧温度,同时要求加力燃烧室的长度短、质量轻并考虑红外隐身。

表 3-1　加力燃烧室与主燃烧室典型进口来流参数对比

进口流动条件	主燃烧室	加力燃烧室
进口温度/K	623~329	923~1323
进口压力/atm	10~30	0.5~6
进口速度/(m/s)	30~60	150~250
进口氧浓度/%	21	12~17

3.1　加力燃烧室燃烧组织特点

根据上述加力燃烧室的进口来流条件以及性能设计要求,加力燃烧室的燃烧组织具有如下特点:

首先,与主燃烧室相比,加力燃烧室的进口燃气具有压力更低、密度更小的特点,其横截面积需要相应地扩大。但是,由于加力燃烧室的直径不能过大,导致其进口必然具有较高的气流速度,因此可以说,加力燃烧室进口的显著特点之一是进口气流速度高。气流速度的增加不仅会导致总压损失的增加,还会引起燃烧组织的困难。涡轮后气流速度可达 300~400 m/s 量级,降低气流速度,确保加力燃烧室的火焰稳定和火焰传播是加力燃烧室燃烧组织的第一步,是燃烧前的流场准备工作,需要通过扩压完成。

其次,在涡扇加力燃烧室中,其内外涵的进口速度场及温度场存在一定的梯度,若内外涵气流不经过混合直接燃烧,除了难以组织外涵的低温燃烧之外,同时还会增大流阻损失、降低燃烧效率和燃烧稳定性。因此,加力燃烧室中的混合与扩压类似,可为其燃烧组织准备更好的流场、温度场及氧气浓度场。

再次,尽管加力燃烧入口的高速气流经过扩压降低到150~200 m/s量级,但仍远远大于湍流火焰速度,在如此高的气流里实现火焰稳定燃烧,还需采取火焰稳定的措施。火焰稳定问题是加力燃烧室燃烧组织的关键所在,与流动损失、燃烧效率等密切相关,是燃烧组织中的关键问题。

最后,尽管加力燃烧室入口处具有更高的气体温度,燃料的蒸发和可燃混合物准备任务相对容易,但是为了提高燃烧效率,确保燃料充分燃烧,其燃烧组织还需要合理的燃油布局,使油气混合物更加均匀。燃油布局首先取决于喷嘴的性能,与喷雾有关;其次还取决于火焰扩张角的大小,与火焰传播有关。油气匹配是加力燃烧室燃烧组织的难点。

此外,加力燃烧室往往追求尽可能在接近化学恰当比附近燃烧,其燃烧温度接近航空煤油的理论燃烧温度,受火焰筒与喷管材料的限制,加力燃烧室需要对火焰筒壁面进行冷却。同时,考虑到加力燃烧室要求推力可调、宽范围火焰稳定、减小燃烧不定性,加力燃烧室的燃油供应一般还需要分级分区供入。

图3-1和图3-2分别给出了典型的加力燃烧室燃烧组织示意图及结构示意图,可以看出,加力燃烧室的燃烧组织是由中心锥、扩压/混合器、燃油喷嘴、火焰稳定器、隔热防振屏及加力筒体等部件组成。其中,扩压器可以降低来流速度,混合器强化内外涵气流的掺混,喷嘴对燃油进行良好的雾化,稳定器形成回流区稳定火焰,并通过合理的油气匹配实现焰锋搭接,火焰在整个加力燃烧室截面上传播,最后实现高效稳定的液雾燃烧。隔热防振屏利用冷却空气实现对加力筒体的保护并有效抑制加力燃烧室的不稳定性。

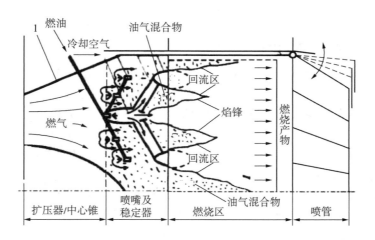

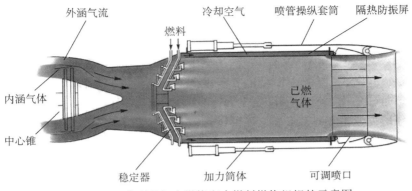

图 3-1　典型的加力燃烧室中燃料燃烧组织的示意图

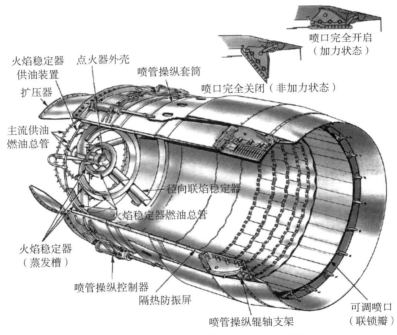

图 3-2　典型的加力燃烧室结构示意图

3.2　加力燃烧室的扩压与混合

　　为了减小压力损失、缩短加力燃烧室长度、减轻加力燃烧室质量,保证火焰稳定及高效燃烧,同时考虑加力燃烧的加温比要求,航空燃气轮机加力燃烧室首先需要对涡轮出口的高速气流进行扩压降速,同时还需要强化内外涵冷热气流的混合。在涡扇发动机加力燃烧室中,扩压器与混合器可以视为独立的部件,也可以进行一体化设计,扩压混合后的气流直接进入燃烧段。

3.2.1 加力燃烧室的扩压流动

加力燃烧室的扩压器设计与发动机总体最大外径、火焰稳定器前最高流动马赫数、加温比及总压损失等有关。加力燃烧室中的扩压器与主燃烧室类似,其基本要求如下:长度应尽量短以减小发动机的长度和质量,压力损失低,减小流动分离,出口气流均匀且在所有工况下运行稳定。一般地,主燃烧室的扩压流动由前置扩压段及突扩扩压段两部分组成,其中前置扩压段基本为直壁扩压;加力燃烧室的扩压一般采用基于直壁扩压原理的曲壁造型实现,当中心锥采用截锥造型时,同样包括突扩扩压。因此,可以说加力燃烧室的扩压流动与主燃烧室扩压流动基本原理类似。

扩压器设计需要兼顾扩压损失与扩压效率,即在较小的流动损失下高效扩压。以直壁扩压器为例,扩压效率定义为实际静压恢复系数与理想静压恢复系数之比,总压损失系数定义为进出口总压差与进口动压之比。在气流的减速扩压过程中,扩压器的损失一般来源于两部分,一部分是摩擦损失,一部分是边界层分离导致的损失,损失大小与扩张角大小和扩张通道长度有关,如图 3-3 所示。一般来说,扩张角增大,扩张通道长度变短,但分离损失增加;扩张角越小扩张通道长度越长,则摩擦损失越大。采用扩张角小且长度长的扩张通道,分离损失小,但是摩擦损失会增加;采用短且扩张角大的扩张通道,摩擦损失减小,但是分离损失增加。因此,选择合适的扩张角度对直壁扩压器来说非常重要,一般在 12°~18°范围内时其扩张效率较高。Kline 和 Reueau 等人通过试验研究给出的如图 3-4 和图 3-5 所示的二元扩压通道进出口面积比和长高比变化对扩压器流动模式和扩压效率的影响规律,为扩压器设计奠定了良好的基础。

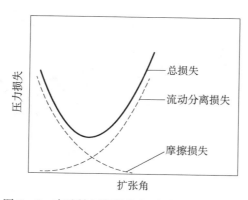

图 3-3 直壁扩压器扩张角对压力损失的影响

加力燃烧室的扩压器设计不仅需要考虑内外壁的造型影响,还需考虑扩压器前后的支板倾角、稠度、堵塞面积比、火焰稳定器堵塞比、扩压器内的喷油系统、点火器和连杆等对扩压通道面积的改变,一般要求扩压器长度尽可能短且其内部不发生流动分离,采用相对较大的扩张角以减小火焰稳定器以及燃油喷射系统产生的流动阻

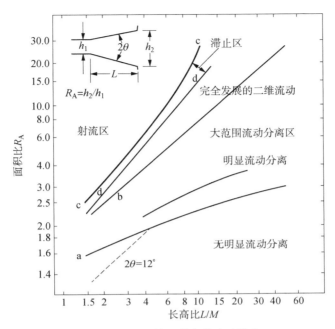

图 3-4　二元扩压器内的流动模态

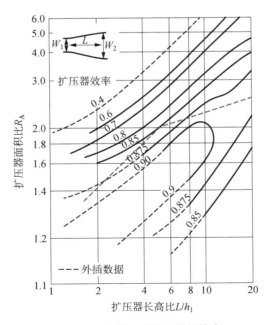

图 3-5　直壁二元扩压器的效率

塞。直壁扩压流动要有效降低来流速度需要通过更长的结构实现较大的扩张角度，因此在加力燃烧室中一般采用曲壁扩压造型，即扩压度是逐级改变的。其基本思想是，根据扩压器的进口马赫数比出口马赫数高的特点，随着马赫数的减小逐渐增大扩张角，即采用沿流程不同的当量扩张角，特别是后段当量扩张角加大至 25°～26°，获得最佳的扩压特性而结构长度却有效缩短。现代高性能发动机加力燃烧室普遍采用的扩压器造型方法为等压力梯度造型法，这是中心锥常用的造型设计方法，详细可参考相关设计手册。当加力燃烧室扩压流动采用中心锥为截锥时，其突扩扩压流动设计，可参考主燃烧室突扩扩压器相关知识。

3.2.2　加力燃烧室的内外涵混合

涡扇发动机加力燃烧室的外涵风扇流温度较低且流速较小，而内涵来流温度高且速度快，因此其进口速度场和温度场存在很大的梯度。外涵的低温空气虽然有利于冷却，但不利于燃油的雾化与蒸发，会造成组织燃烧的困难，而且容易引起振荡燃烧。因此，涡扇发动机加力燃烧室的一个设计关键是外涵风扇温度较低的冷流与内涵温度很高的热流的混合问题。

加力燃烧室的内外涵混合既要与涡轮出口以及外涵气流相协调，又要与加力燃烧室的复燃相衔接，起到承上启下的作用，为组织燃烧做好准备，其主要功能如下：①使内外涵气流混合；②使气流扩压减速利于组织燃烧；③改善进口流场；④提升推力及提高推进效率；⑤连接和支撑内、外涵机匣。从航空发动机的发展历程来看，加力燃烧室的内外涵混合方法因发动机不同而具有明显的个性化特征。

加力燃烧室内外涵冷热气流的强化混合问题最早在 TF30 发动机通过引入环形混合器开始，之后混合器的结构设计不断发展创新，如 F110 发动机的回旋式混合器，F404 发动机的花瓣混合器，F110、RD－33 和 AL－31F 发动机的波瓣形混合器等。这些混合器从气动上均属于外涵（次流）和内涵（主流）的强迫混合，只是结构有所不同。自第三代涡轮风扇发动机开始研制时，加力燃烧室采用的内外涵混合方法主要是环形混合器以及波瓣混合器。由于波瓣混合器的混合性能优越并能改善加力性能，成为第三代涡扇发动机加力燃烧室主要进气方案。第四代涡扇发动机为了得到较好的超声速巡航性能，继续使用波瓣混合器，但是因为第四代发动机的涵道比小，外涵空气除了用于冷却加力燃烧室外所剩不多，采取最多的方案是直接安装环形混合器或环形与波瓣混合器并存。

波瓣混合器由于具有在低混合损失条件下能提升推力增益和降低排气噪声的优点，成为 1979 年 NASA 资助的高效能源发动机的项目之一，并于此后获得了快速发展。波瓣混合器通过将尾缘的薄壁曲折呈周期波瓣的形状，在主、次流之间产生流向涡、正交涡和马蹄涡等复杂的涡结构来增强混合。其中主流指内涵热流，次流指外涵冷流，如图 3－6 所示。除此之外，在同样出口界面面积的条件下，波瓣混合器大大增加了出口边界的周长，使得两股流体的接触边界周长增加，从而提高了依靠速度差形成的主、次流之间的黏性剪切型混合。

环形混合器的内、外涵为平行进气,由于内、外涵冷热气流的混合与射流的剪切作用影响,混合均匀性较差,因此出现了基于环形混合器的小突片结构及锯齿冠状结构等强化混合的方法。

目前,发展中的串联式涡轮基组合循环发动机加力燃烧室、变循环发动机加力燃烧室等由于具有内外涵涵道比变化大的特点,其混合问题突出。

图 3 - 6　波瓣混合器的主流和次流示意图

加力燃烧室内、外涵混合性能的衡量指标很多,且与混合器结构密切相关,如常用的温度、速度或压力的混合均匀度、总压损失系数、热混合效率以及动量混合系数等,详细可参考相关文献。

3.3　加力燃烧室的火焰稳定

3.3.1　加力燃烧室的火焰稳定方法概述

由表 3 - 1 可以看出,加力燃烧室进口的气流速度远远大于湍流火焰速度,因此需采取火焰稳定措施实现稳定燃烧。与主燃烧室类似,加力燃烧室中高速气流的火焰稳定的基本思想同样是构造低速回流区。在传统加力燃烧室中,常常借助钝体结构的尾迹分离形成回流区。图 3 - 7 给出了几种能够产生分离尾迹的钝体结构,其中 V 形钝体应用最广。图 3 - 8 为加力燃烧室中典型的 V 形钝体火焰稳定器结构。此外,广泛应用于加力燃烧室的火焰稳定器还包括蒸发式值班火焰稳定器以及我国具有自主知识产权的沙丘驻涡稳定器,如图 3 - 9 和图 3 - 10 所示。

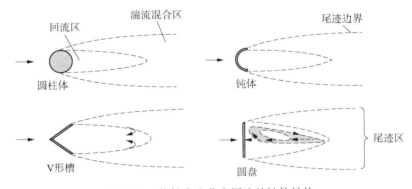

图 3 - 7　能够产生分离尾迹的钝体结构

与主燃烧室广泛采用的旋流火焰稳定器相比,加力燃烧室中的 V 形火焰稳定器在保证稳定燃烧的前提下,具有流动阻塞低、总压损失小、结构简单以及质量轻的优点,因此在加力燃烧室的整个发展历程中一直具有不可替代的地位。值班火焰稳定器则是为了更好地实现软点火、传焰及抑制振荡燃烧而提出的一种特殊结构的火焰稳定器,与传统 V 形火焰稳定器结构以及供油方式相比,其结构更复杂,主要特

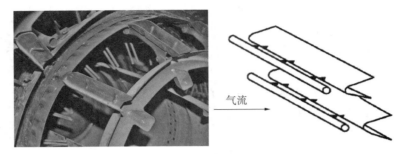

气流

图 3-8　典型的 V 形钝体火焰稳定器结构

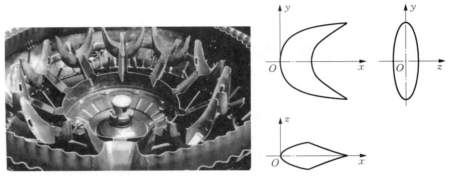

图 3-9　沙丘驻涡稳定器

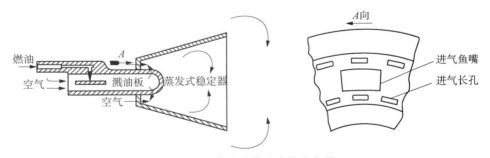

燃油
空气
溅油板
蒸发式稳定器
空气
A向
进气鱼嘴
进气长孔

图 3-10　蒸发式值班火焰稳定器

点在于头部开缝或孔,从而实现稳定器头部进入少量的空气,同时采用局部供油的方式(直射式喷嘴雾化、溅板雾化以及喷油环雾化等)向值班火焰稳定器后方低速回流区供油,以拓宽贫油工作边界。值班火焰稳定器的结构形式五花八门,除了图3-10所示已经成功应用于斯贝发动机上的蒸发式稳定器之外,还包括吸入式火焰稳定器、薄膜蒸发式火焰稳定器、凹腔驻涡稳定器等。例如,吸入式火焰稳定器是一类在 V 形火焰稳定器上开缝或孔,从而使气流进入稳定器内部形成值班火焰以拓宽火焰稳定边界的稳定器,如图 3-11～图 3-14 所示。图 3-15 为文献报道的针对美国涡轮加速器(RTA)计划提出的驻涡加力燃烧室模型示意图,其中的凹腔结构在高速来流条件下具有良好的火焰稳定性。

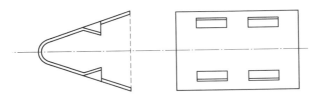

图 3-11　吸入式火焰稳定器结构示意图

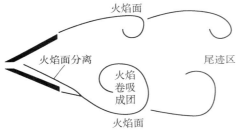

图 3-12　开缝式火焰稳定器工作示意图

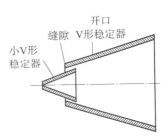

图 3-13　缝隙 V 形火焰稳定器结构示意图

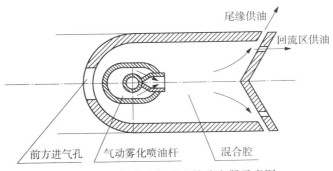

图 3-14　尾缘吹气式火焰稳定器示意图

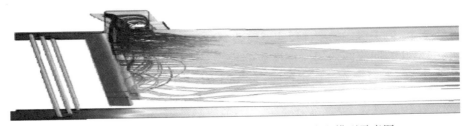

图 3-15　针对 RTA 计划提出的驻涡加力燃烧室模型示意图

随着航空发动机推重比的显著提高,先进加力燃烧室进口温度显著提高,同时氧浓度进一步降低,来流速度也进一步提高,因此其火焰稳定器的设计将面临诸如燃油高温自燃、喷油稳定系统的积碳结焦和烧蚀、进一步减小流动损失、缩短长度和减轻质量等问题,需要将火焰稳定及燃油喷射耦合设计,同时发展新的先进加力燃烧组织方法,这将在第6章展开讨论,本章不做特别介绍。

3.3.2 钝体火焰稳定器的火焰稳定性模型

在过去的几十年里,对加力燃烧室火焰稳定性的分析主要基于预混燃烧系统的试验和分析,忽略了燃油雾化、蒸发和混合的影响,同时主要围绕火焰的时均特性展开。例如,早期以 DeZubay、Longwell、Zukoski 等人为代表的火焰稳定边界预测,都是基于预混燃烧假设且采用特征停留时间和化学反应时间进行分析。近年来,随着以 Kiel、Lieuwen 等人为代表的火焰动力学相关研究工作的逐步开展,人们对火焰稳定性的认识更加深入与细致。正如 3.3.1 节所提及的那样,随着加力燃烧技术的不断发展,当火焰稳定及燃油喷射系统耦合或近距匹配时,现有的火焰稳定性模型可能不再适用,需要进一步研究与发展。

在现代加力燃烧室的设计中,火焰稳定是通过一系列钝体火焰稳定器产生的回流区来点燃燃料空气混合物实现的。稳定器的排列要保证燃烧均匀性,同时兼顾降低流动阻塞和压力损失。稳定器后方火焰的稳定性,也称为火焰稳定器的静态稳定性,或称为熄火边界。当燃油和空气混合物太贫或太富,稳定有效的燃烧就会被破坏,从而出现吹熄现象。对给定的燃料空气混合物,改变来流速度可得到吹熄速度;在一定的来流速度下,改变燃料空气比可以得到贫油及富油熄火边界。吹熄速度与稳定器的几何结构参数及运行工况有关。因此,火焰稳定性常常可以用油气比(或当量比)与来流速度(实质为吹熄速度,或者空气质量流量)的关系曲线来表征,即所谓稳定性曲线。DeZubay 早在20世纪50年代通过实验研究指出,碳氢燃料圆盘钝体火焰稳定器的熄火油气比是来流速度、当地压力以及稳定器尺寸的函数,图 3-16 给出了该研究工作对不同尺度稳定器在不同压力条件下得到的火焰稳定性曲线。可以看出,当压力和稳定器尺寸越大时,吹熄速度越大,火焰越稳定,在化学恰当比附近达到最大。图 3-17 进一步给出了碳氢燃料空气混合物在不同直径圆柱形钝体后、1 atm 及 60 ℃时的稳定性曲线,可以看出吹熄速度与稳定器大小和油气比密切相关。针对钝体火焰的稳定性,Longwell 提出了回流区均匀搅拌反应器模型,而 Zukoski 等人则提出了回流区点火模型。

3.3.2.1 回流区均匀搅拌反应器模型

Longwell 的回流区均匀搅拌反应器模型认为,反应物和产物以无限快的速度混合,即当新鲜混合物流过稳定器时,会与回流区内的已燃气体快速混合,被卷吸进回流区,并在回流区内发生燃烧反应,该模型判断钝体火焰是否稳定存在的标志是回流区内是否熄火,如图 3-18 所示。根据熄火理论,当回流区向外散热增加最终会导致熄火发生。根据均匀搅拌反应器理论得到的钝体火焰贫油熄火准则为

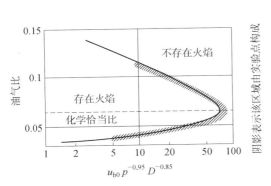

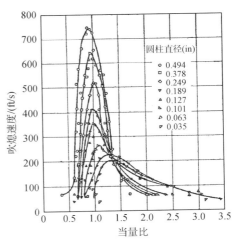

图 3-16　DeZuby 碳氢燃料钝体火焰熄火试验
　　　　 的稳定性曲线

注：u_{bo} 单位英尺/秒①（ft/s），p 单位磅/平方英寸（lbf/in²），D 为挡板直径，单位英寸②（in）De Zubay 的熄火数据

图 3-17　圆柱钝体碳氢燃料火焰稳定性
　　　　 曲线（1 atm，60 ℃）

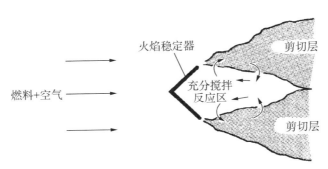

图 3-18　完全搅拌反应器模型的物理过程示意图

$$\frac{u_{bo}}{p^{n-1}D} = f(\phi_{bo}) \tag{3-1}$$

式中，u_{bo} 为钝体火焰的吹熄速度，D 为钝体的特征尺寸，P 为环境压力，ϕ_{bo} 为熄火当量比。可以看出，钝体火焰稳定性与钝体的特征尺寸成正比，与环境压力成正比。此外，Lefebvre 基于均匀搅拌器理论，进一步采用实验与理论推导相结合的方法开展了钝体贫熄性能分析，并考虑了燃油蒸发的影响，还得到了液体燃料燃烧的贫油

---

① 1 ft＝0.304 8 mm。

② 1 in＝2.54 cm。

熄火预测经验关系式,详细可参见相关文献。

3.3.2.2　回流区点火模型

Zukoski 的回流区点火模型认为,回流区并不是主要的燃烧反应区,随着吹熄状态的接近,回流区内的燃气温度基本不变。回流区内的高温燃气具有稳定点火源的作用,当新鲜混合气绕过钝体时,在回流区边缘与高温燃气接触混合,然后再进入下游主流中。如果接触混合时间足够长,高温燃气能够点燃新鲜混合气,则表示钝体火焰能稳定存在;如果接触混合时间内不能点燃新鲜混合气,则说明火焰将被吹熄。根据这一思想,火焰能够稳定存在的临界条件是点火延迟时间等于接触混合时间。根据回流区点火模型得到的钝体火焰贫油熄火准则为

$$\frac{u_{\mathrm{bo}}}{PD} = f(\phi_{\mathrm{bo}}) \tag{3-2}$$

可以看出,回流区均匀搅拌反应器模型和回流区点火模型得到的钝体火焰稳定性预测模型基本相同。

3.3.2.3　燃烧室负荷参数

当加力燃烧室中钝体尾迹用充分搅拌反应器模型模拟时,其火焰稳定性也常以空气流量 m、燃烧体积 V 以及压力 P 定义的燃烧室负荷参数(combustor loading parameter,CLP)来表征,即

$$CLP = \frac{m}{V \cdot P^n} \tag{3-3}$$

式中,压力指数 n 对于简单的双分子反应为 $1.8 \sim 2$,在高压条件下 $n=1$。 式中的 m 与空气吹熄速度关联,V 与钝体几何尺寸关联,因此式(3-1)~式(3-3)的本质相同。利用 CLP 定义,图 3-16 的稳定性曲线也可进一步用图 3-19 表示。

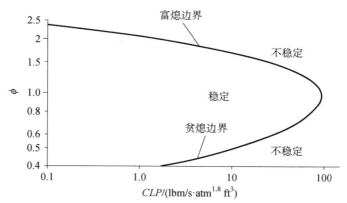

图 3-19　以燃烧负荷参数表征的 DeZubay 钝体火焰熄火试验
　　　　　稳定性曲线

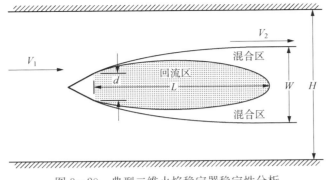

图 3 - 20　典型二维火焰稳定器稳定性分析

3.3.3　基于特征时间模型的钝体火焰稳定性分析

以图 3 - 20 所示的二维稳定器为例,图中 V_1 为来流速度,V_2 为混合区边缘处的流动速度,d 为火焰稳定器宽度,L 为回流区长度,W 为尾迹宽度,H 为通道宽度。根据 Zukoski 的回流区点火模型,钝体火焰稳定器的尾迹可划分成两个区域,即回流区和混合区。其中,回流区以强烈的回流、非常低的反应速率和温度接近于来流油气比对应的绝热火焰温度为特征,混合区以强烈的剪切作用、较大的温度梯度和强烈的化学反应为特征。混合区中稳定火焰的建立是通过未燃气体的连续进入和已燃气体的热量和质量交换的平衡完成的。在混合区中燃气的停留时间决定了能否建立稳定的火焰或者熄火。

定义未燃气体的特征停留时间 τ_r 为

$$\tau_r \approx \frac{L}{V_2} \tag{3-4}$$

定义特征点火时间为 τ_c(或化学反应时间),τ_c 与油气比、燃料类型、进口温度、氧浓度、压力等有关,与稳定器几何形状、尺寸、气体速度等无关,τ_c 在化学恰当比附近约为 0.3 ms,在贫油和富油边界附近约为 1.5 ms,如图 3 - 21 和表 3 - 2 所示。

表 3 - 2　化学恰当比碳氢燃料空气混合物的点火时间与稳定器结构及来流速度的关系

稳定器几何尺寸	D 或 d/in	特征点火时间 $\tau_c/10^{-4}$ s
	1/8	3.09
D	3/16	2.85
	1/4	2.80
D（14个筛网）	1/4	3.00

（续表）

稳定器几何尺寸	D 或 d/in	特征点火时间 τ_c/10^{-4} s
	1/4	2.38
	3/8	2.70
	1/2	2.65
	3/4	2.58
	1/4	3.46
	3/8	3.12
	1/2	3.05
	3/4	3.03
	3/4	3.05
	3/4	2.70

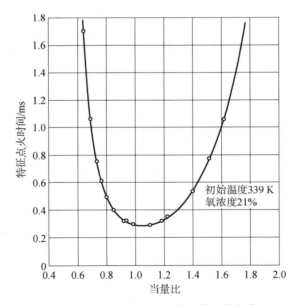

图 3 - 21 特征点火时间随当量比的变化

当特征停留时间 τ_r 大于特征点火时间 τ_c 时，火焰才能稳定，否则火焰熄灭。即当 $\tau_r = \tau_c$ 时为火焰熄灭的临界状态，即

$$\left(\frac{\tau_c V_2}{L}\right)_{b0} = 1 \tag{3-5}$$

式中,下标 b0 表示熄火。对式(3-5)变形,并将来流速度 V_2 表示为吹熄时对应的速度 V_{2c},同时将来流速度表示为吹熄速度 V_{1c},则有

$$\tau_c = \frac{L}{V_{2c}} \tag{3-6}$$

将式(3-6)两边乘以 $\dfrac{V_{1c}}{H}$,得

$$\tau_c \frac{V_{1c}}{H} = \frac{L}{V_{2c}} \cdot \frac{V_1}{H} = \frac{L}{H} \cdot \frac{V_{1c}}{V_{2c}} = \frac{L}{H} \cdot \frac{V_{1c}}{V_{2c}} \cdot \frac{W}{W} = \frac{V_{1c}}{V_{2c}} \cdot \frac{L}{W} \cdot \frac{W}{H} \tag{3-7}$$

其中回流区长度与尾迹宽度比 L/W 约为 4,即

$$\frac{L}{W} = 4 \tag{3-8}$$

对不可压缩流,用连续方程近似得到 $\dfrac{V_{1c}}{V_{2c}}$ 的值为

$$\frac{V_{1c}}{V_{2c}} = \frac{H-W}{H} = 1 - \frac{W}{H} \tag{3-9}$$

将式(3-8)和式(3-9)代入式(3-7),可得

$$\tau_c \frac{V_{1c}}{H} = 4 \frac{V_{1c}}{V_{2c}} \cdot \frac{W}{H} = 4 \frac{W}{H}\left(1 - \frac{W}{H}\right) \tag{3-10}$$

式(3-10)中点火时间 τ_c 可由表 3-2 得到,对于给定的火焰稳定器形状和通道尺寸,吹熄速度 V_{1c} 可以根据式(3-10)进行求解。

定义堵塞比 $B = d/H$,根据 Cornell 的试验研究结果,Mattingley 采用曲线拟合的方法给出了 $\dfrac{W}{H}$ 与堵塞比 B 的近似关系式为:

$$\frac{W}{H} \cong B + (1 - \sqrt{B})\sqrt{B\sin(\theta/2)} \tag{3-11}$$

因此,式(3-10)可用于矩形管道内不同数目和不同排列组合稳定器的稳定性分析。

表 3-3 给出了矩形通道中 V 形槽楔形半角为 15°和 90°的稳定器堵塞比和稳定性参数 $\dfrac{V_{1c}}{V_{2c}} \cdot \dfrac{W}{H}$ 的关系。可以看出,随着堵塞比增加,火焰稳定性增强,吹熄速度增加。

此外,式(3-10)在 $\dfrac{W}{H} = 0.5$ 时吹熄速度可以达到最大值,这表明最优的尾迹宽度是管道高度的 50%。对轴对称圆形通道,堵塞比定义为 $B = \left(\dfrac{d}{D}\right)^2$,则式(3-10)

变成

$$\tau_c \frac{V_{1c}}{D} = 4\sqrt{B}(1-B) \qquad (3-12)$$

则其在 $B=1/3$ 时具有最大吹熄速度,也即稳定性最好。

表 3-3　尾迹宽度、尾缘速度和稳定性参数对堵塞比及楔形稳定器半角的关系

$\frac{d}{H}$	$\alpha=15°$			$\alpha=90°$		
	$\frac{W}{d}$	$\frac{V_2}{V_1}$	$\left(\frac{W}{H}\right)\left(\frac{V_1}{V_2}\right)$	$\frac{W}{d}$	$\frac{V_2}{V_1}$	$\left(\frac{W}{H}\right)\left(\frac{V_1}{V_2}\right)$
0.05	2.6	1.15	0.11	4.0	1.25	0.16
0.10	1.9	1.23	0.15	3.0	1.43	0.21
0.20	1.5	1.42	0.20	2.2	1.75	0.248
0.30	1.3	1.62	0.23	1.7	2.09	0.250
0.40	1.2	1.90	0.25	1.6	2.50	0.248
0.50	1.2	2.3	0.25	1.4	3.16	0.22

3.3.4　钝体火焰稳定器火焰稳定性的非定常分析

钝体的流场结构非常复杂,主要包括如图 3-22 所示的边界层、剪切层和尾迹三部分。Lieuwen 指出,当来流雷诺数小于 20 万时,钝体流场动力学仅与剪切层与尾迹有关,与边界层无关。在上述雷诺数范围内,流动存在两种不稳定性,即开尔文-亥姆霍兹不稳定性(Kelvin-Helmholtz instability,简称 KH 不稳定性)和尾迹不稳定性(Bénard/von Kármán instability,简称 BVK 不稳定性),如图 3-23 所示。KH 不稳定性是指由于在钝体产生涡街向下游对流,但是该涡与钝体一直相连,即其由钝体脱落,又由钝体连续产生,向下游对流且卷起,因此有时也称为对称涡。BVK 不稳定性是指尾迹的不稳定性引起涡的脱落,与 KH 涡不同,BVK 涡是大尺度的非对称涡,有时也称为卡门涡。近年来,大量研究工作表明,钝体预混火焰稳定时主要受 KH 对称涡的影响,其原因在于高温升比条件下火焰面剪切层产生的速度、温度、浓度、压力梯度会产生斜压作用从而抑制卡门涡街的脱落;而在熄火点附近,温升降低,卡门涡(非对称涡)强度大,导致火焰不稳定以至于熄火。例如,Mehta、Keil 等人对比研究了不同钝体结构丙烷预混火焰在化学恰当比及熄火点附近的火焰结构,如图 3-24 给出了圆柱形、方柱形及 V 形钝体在 $Re=40000$、当量比为 1 及近熄火处时由高速摄影仪拍到的火焰照片。可以看出,钝体预混火焰在化学恰当当量比时,火焰稳定在边界层,此时由于温升产生的斜扭矩抑制了卡门涡的产生,火焰稳定;而在熄火当量比附近,火焰出现了大尺度的波动,这是由于火焰温度降低导致斜压作用对非对称大尺度卡门涡的抑制作用减弱,且最终火焰中的大涡运

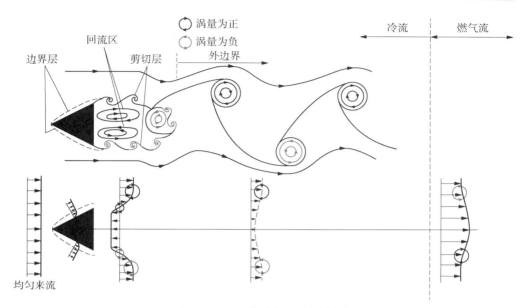

图 3 - 22　钝体流场结构示意图

图 3 - 23　钝体流动不稳定性示意图

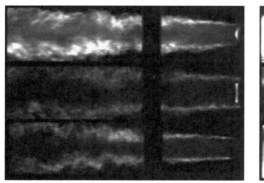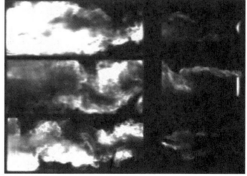

图 3 - 24　不同当量比下的火焰瞬态照片,左右分别为 1.0 和熄火附近

动会导致火焰锋面拉伸率变大进而熄火,钝体火焰的稳定机理与火焰动力学密切相关。

3.3.5　钝体火焰稳定器的总压损失

第1章已经介绍,加力燃烧室的总压损失包括扩压器、混合器、稳定器、喷射系统及其他连接件等引起的分离损失、摩擦损失、混合损失等冷态总压损失以及加热引起的热损失,其大小与来流马赫数的平方成正比。火焰稳定器由于会生成大量的分离尾迹,因此会造成较大的总压损失,特别是冷态总压损失。钝体火焰稳定器的冷态总压损失,与流动马赫数的平方成正比。在相同来流马赫数情况下,由前述火焰稳定性分析模型可以看出,钝体火焰稳定器的堵塞比越大,火焰越稳定。但是,钝体火焰稳定器的堵塞比增大,会在稳定器平面产生较高的流动速度,导致更大的流动损失。火焰稳定器的冷态阻力系数在低马赫数来流条件下,仅与几何形状和结构有关。在如图3-20所示的稳焰分析中,稳定器阻力系数为

$$C_D = \frac{H}{d}\left(\frac{W}{H-W}\right)^2 \tag{3-13}$$

总压损失系数为

$$\left(\frac{\Delta P_t}{q_1}\right) = (\tau_{AB} - 1) + C_D B \tag{3-14}$$

式中,τ_{AB} 为加力燃烧室加温比,定义为加力燃烧室出口温度与进口温度之比;q_1 为加力燃烧室进口静压;ΔP_t 为总压损失。显然,阻塞比越大,总压损失越大,加温比越高,总压损失越大。例如,假定 $W/H=0.5$,则根据式(3-11)可得 $B=0.417$,由式(3-13)得到相对应的阻力系数 $C_D=2.4$。假定 $W/H=0.4$,则根据式(3-11)可得 $B=0.314$,由式(3-13)得到相对应的阻力系数 $C_D=1.4$。可以看出,当 W/H 从 0.5 变到 0.4 时,冷态总压损失系数从 1 减到 0.444,冷态总压损失减少 55%,仅仅减少 4% 的火焰稳定性,这是加力燃烧室设计中需要折中考虑的重要问题。

3.4　加力燃烧室的火焰传播

在加力燃烧室的结构设计中,稳定器的火焰传播性能与燃烧室长度和燃烧室效率密切相关,因此非常重要。这是因为,加力燃烧室长度包含稳定器后方尾迹区、火焰传播区以及反应区,燃烧过程中,火焰向着周围传播,增大火焰扩张角有利于加力燃烧在整个截面实现良好的联焰,提高效率,并减少整个加力燃烧室长度。

3.4.1　加力燃烧室的火焰扩张角

在加力燃烧室的燃烧组织工程设计中,火焰传播常用火焰扩张角的概念表征,也有文献称为火焰扩张角。火焰扩张角一般定义为火焰前峰与稳定器中心线的夹角,如图3-25(a)所示。可燃预混气流经火焰稳定器,被回流区中的高温燃气点燃而燃烧起来,形成了火焰峰面,火焰稳定器充当点火源。火焰稳定器两侧各有一支

相互对称的火焰峰面,如图 3-25(b)所示,图中 w_m 是未燃预混气的流速,w_f 是与火焰锋面垂直的火焰速度,那么当火焰稳定时,必然有未燃混合气速度 w_m 在火焰面法向上的分量 w_n 等于 w_f,这是火焰锋面稳定的必要条件,即 $w_f = w_m \cdot \cos\theta$,这一关系式也常被称为余弦定理。可以看出,在一定来流工况下,测得火焰扩张角,即可获得火焰速度。火焰扩张角可以认为是火焰速度与气流速度的动态平衡角。所有影响火焰速度的参数都会影响火焰扩张角,如来流温度、余气系数及来流氧含量等。由于火焰速度一般未知,且是基于预混火焰提出的基本概念,因此在加力燃烧室的设计研发中,常常更关注火焰扩张角。

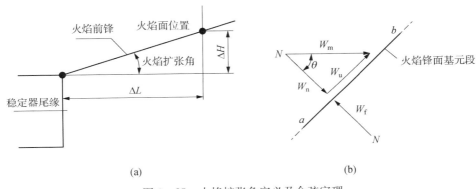

图 3-25　火焰扩张角定义及余弦定理

在涡喷或者涡扇发动机的内涵气流中,火焰扩张角大约为 10° 或更大,在涡扇发动机的外涵气流中其大约为几度,它可以在很宽的范围内变化。典型的火焰前锋形状是火焰由稳定器尾缘向外伸展。火焰前锋扩张角在根部与稳定器半顶角相近,随着火焰向后扩展,火焰前锋扩张角逐渐减小,过了回流区之后又开始增大。火焰这种变化是由来流速度决定的,在稳定器尾缘,流线受到回流区的影响而弯曲,使得火焰前锋的扩张角逐渐减小。过了回流区后,回流区对流线的影响减小,流线逐渐恢复到受稳定器扰动前的流态,此时火焰前锋的扩张角也逐渐变大,火焰向外扩展。流线与轴线平行后,火焰扩张角不再有大的变化。当然,火焰并不是无止境地发展下去,当火焰发展到油气比超出了贫富油熄火极限时,火焰即终止传播。

3.4.2　火焰扩张角的测量方法

火焰扩张角的测量常常通过测量稳定器下游一定距离处的火焰宽度或火焰扩张角度进行表征,常用的测量方法为照相法、纹影照相法或温度测量法。例如,Thurston 利用纹影法测量了圆柱形火焰稳定器下游的火焰宽度,以此来探讨油气比、稳定器形状及来流速度对火焰传播的影响,指出在该预混火焰中火焰宽度随油气比的变化很小。Wright 采用纹影法研究了钝体稳定器后方的火焰传播性能,该研究中定义火焰的瞬态纹影照片中明亮的区域代表剧烈的燃烧反应区,研究结果指出该湍流预混火焰的火焰面与气流速度方向夹角很小,而且几乎不随油气比及燃料类型变化。Hasegawa 采用测量进出口温度的方法测量了钝体稳定器的火焰传播性能,进而优化其结构,指出火焰扩张角可以加热周围的空气,较大的火焰扩张会使周围空气温度提高,有利于化学反应速率的提高并提高燃烧效率,较快的火焰传播会直接影响稳定器周围流场及化学反应,进而影响燃烧效率等参数。杨茂林等采用光学照相方法研究了二元 V 形稳定器的火焰扩张角,定义火焰照片中与主气流分界明暗清晰的亮白色区域为焰峰,指出当来流温度增大时,火焰扩张角增大。Baxter 在研究高速预混来流条件下钝体稳定器后方的火焰传播性能时,采用了测量稳定器下游温度变化包线的方法,同时定义了某一特定温度值作为探测火焰扩张角的阈值,研究表明在该湍流预混火焰中,增大湍流强度与进口温度均可以增大火焰扩张角。可以看出,火焰稳定器后方的火焰传播性能与来流温度、来流速度、油气比、稳定器结构尺寸等多种因素有关,因此非常复杂。火焰扩张角的测量研究中,最为关键的一点即为定义火焰峰面。在上述研究工作中,纹影法将照片中较亮的区域定义为燃烧区域,明暗交界处定义为火焰峰面;温度测量法将某一特征温度值或特征温度梯度定义为火焰峰面。

随着近年来光学测量技术的进步,基于离子浓度测量的离子探针法、基于火焰中自发辐射的化学发光法和基于 $OH\cdot$、$CH\cdot$ 等自由基团的平面激光诱导荧光法等也广泛应用于火焰峰面的研究中。在高分子复杂碳氢燃料燃烧过程中,由于湍流与化学反应作用相互耦合,其本质十分复杂,Fueno 指出在燃烧过程的开始阶段,一般饱和碳氢燃料或者大分子非饱和碳氢燃料首先分解为乙炔。De Jaegere 以及 Knewstubb 的研究发现,在乙炔燃烧反应中生成的中间离子 H_3O^+ 浓度很高,甚至可以达到 80%。Marques 通过对乙炔反应进行详细的机理研究表明,乙炔燃烧反应中虽然会进行 106 步主要反应,产生 37 种离子,但是数值模拟和实验结果都发现 OH^-、CH^+ 以及 CHO^+ 等少数几种离子浓度较高,证明这几种离子主要参与乙炔反应。Marques 和 Calcote 的研究也表明,在碳氢燃料燃烧过程中只有火焰存在时才能检测到 CH^+、OH^- 等离子,不存在火焰时检测不到上述离子。Nguyen 采用 PLIF 方法测量火焰时指出,测量 CH 基团代表燃烧反应当中短时间存在的中间产物,可清楚地显示火焰峰面,测量 OH 基团则代表燃烧反应中长时间存在的燃烧产物,并将某一个特定的测量值或测量值梯度定义为火焰峰面。经过对圆柱稳定器后方层流甲烷空气预混火焰研究表明,CH 基团和 OH 基团都可以作为研究火焰结构的对象,相对而言,CH 基团更能体现火焰瞬态形状结构。Buschmann 通过研究湍流甲烷空气本生灯预混火焰,将温度或 OH 基团浓度最大梯度处定义为火焰峰面。Ikeda 在研究湍流预混甲烷火焰反应区时认定,当 OH^- 或 CH^+ 离子强度大于某一基准时即判定此时火焰存在。Roby 在实验研究中分别探讨了所测火焰的 OH 基团浓度为最高浓度的 10%、50%、90% 和 100% 作为火焰存在的判定标准,结果表明 50% 最大浓度作为火焰面存在标志是有意义的。

3.4.3　火焰扩张角测量的离子探针法

碳氢燃料的燃烧反应大多属于多级反应,燃烧火焰除了发出光和放出热以外,还显现出强烈的离子化,中间反应中会有大量的带电离子出现。在一个大气压下,离子浓度高达 $10^{10} \sim 10^{13}$ 个/cm^3。燃气中的高离子浓度区域仅局限于火焰面这个狭窄的反应区域内。离子探针法的基本原理是:在探针两极加载偏置电压,电极两极附近的离子和自由电子在偏置电压的作用下发生定向移动而产生离子电流,电流的大小取决于探针附近的离子浓度和偏置电压大小,通过一定实验装置可以捕获到这种离子电流。

图 3-26 给出了北京航空航天大学刘玉英、金捷等人针对稳定器火焰扩张角测量开发的一种典型的火焰离子探针系统,图 3-27 为该离子探针测量系统的典型探针测量信号,对已知尾缘尺寸的火焰稳定器,通过记录如图 3-27 所示的探针进入

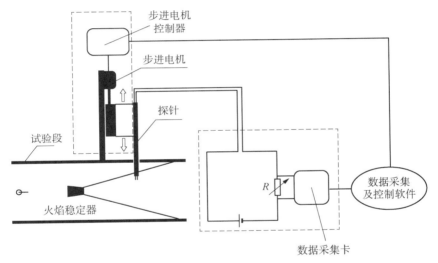

图 3-26　典型的火焰离子探针测量系统

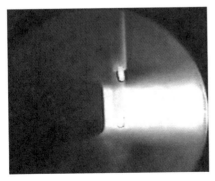
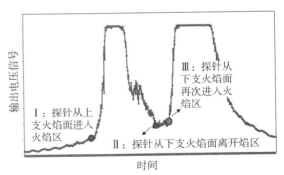

图 3-27　典型探针测量信号

上火焰面及离开下火焰面的电信号信息及其时间信息,可计算出稳定器尾缘的上、下两支火焰面的间距,最终得到火焰扩张角 $\alpha = \arctan \dfrac{\Delta H_2 - \Delta H_1}{2\Delta L}$,如图 3-28 所示。

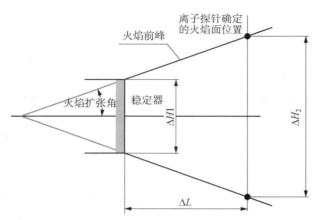

图 3-28　典型的火焰扩张角离子探针测量方法示意图

3.5　加力燃烧室的燃油喷射

针对加力燃烧室设计要求其推力可调、稳定工作边界宽、燃料分布均匀、燃烧效率高、冷态损失小、质量轻等特点,其燃油喷射的显著特点是结构简单、多点喷射且分级分区供油。传统加力燃烧室在追求质量、价格和非加力损失最小化的同时,其燃油常常通过喷油环或具有大量燃油喷射点的喷油杆在稳定器上游很远的位置分级分区喷入,燃料在到达稳定器之前与来流空气有充分的混合时间,能够较好地确保加力燃烧室的燃料分布均匀性和预混性,实现高效稳定燃烧。例如,图 3-2 典型加力燃烧室的供油方式即为多点且分级分区供油。

加力燃烧室常用的燃油喷射方式是侧喷,即燃油喷射方向与来流方向垂直,因此也称为横向射流。在加力燃烧室中,横向射流的射流轨迹、穿透深度及液滴大小直接影响燃油分布及油气混合,影响燃油雾化和蒸发,对加力燃烧室的燃油组织、工程设计、CFD 代码验证等均具有非常重要的意义。

3.5.1　横向射流的破碎机理及射流轨迹

在加力燃烧室中,燃料射流的射流轨迹与穿透深度随运行条件改变而不同,与火焰稳定器的局部供油、喷点布置、火焰传播、燃烧效率及火焰稳定性密切相关,因此非常重要。

横向射流的破碎模式,最早以 Wu 等人的研究工作为代表,根据表面波理论,认为横向射流的破碎模式分为柱状破碎和表面破碎(也称剪切破碎),且主要取决于油气动量比和气体韦伯数。图 3-29 为 Wu 根据实验研究结果给出的油气动量比和气体韦伯数变化对破碎模式的影响规律,图 3-30 给出了 Tambe 在不同韦伯数 We 和油气动量比 q 条件下采用 JET-A 实验研究横向射流时观察到的射流破碎模式,在较低的韦伯数和动量比条件下,柱状破碎占主导地位,表面破碎发生在较高的韦伯数条件下且随着内部液体湍流度增强而增强。

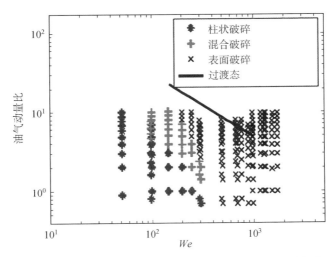

图 3-29　油气动量比及气体韦伯数对破碎模式的影响规律

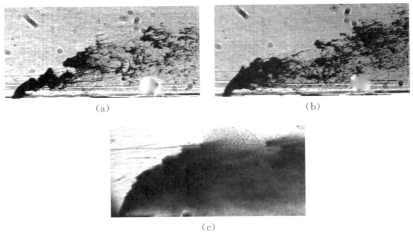

图 3-30　横向射流破碎模式实验结果

（a）柱状破碎（$We = 99$，$q = 3.1$）　（b）混合模式（$We = 99$，$q = 3.9$）　（c）表面破碎（$We = 1170$，$q = 4.9$）

　　横向射流轨迹及穿透深度的理论模型有圆柱基元堆叠法（即拉格朗日法）和圆柱控制体法（即欧拉法）,但大量研究工作是基于实验研究,并根据半经验公式进行射流轨迹拟合。目前,常用的半经验关系式包括幂函数型、对数函数型及指数函数型 3 种,这些半经验公式主要考虑动量比、喷嘴直径 D 和下游距离等参数。

$$\frac{y}{D} = aq^b \left(\frac{x}{D}\right)^c \tag{3-15}$$

$$\frac{y}{D} = aq^b \ln\left[1 + \mathrm{d}\left(\frac{x}{D}\right)\right] \tag{3-16}$$

$$\frac{y}{D} = aq^b \left\{1 - e\exp\left[\frac{-(x/D)}{f}\right]\right\} \tag{3-17}$$

式中,q 为动量比;D 为射流喷嘴直径;y 为横向射流下游轴向位置 x 处的穿透高度;系数 a、b、c、d、e、f 分别为常数,由于各研究者的试验工况、测试手段、液体介质等的不同,这些系数会存在不同程度的差异。表 3-4 给出了不同研究者在常温常压条件下针对不同工况提出的射流轨迹半经验公式,表中 We_g 指横向气体韦伯数,μ_w 是水的动力黏性系数,μ_j 是液体的动力黏性系数,d_j 是射流喷口直径。可以看出,在已有的研究工作中,基于实验数据的穿透深度半经验公式系数存在较大差异,同时除了油气动量比之外,气体韦伯数 We_g、液体介质黏性系数等也与射流穿透深度相关。

表 3-4　常温常压条件下针对不同工况提出的射流轨迹半经验公式

关　系　式	q	We_g	x/d_j
$z/d_j = 1.37q^{0.5}(x/d_j)^{0.5}$	3.4~185	57~1 180	0~12
$z/d_j = 4.3q^{0.33}(x/d_j)^{0.33}$	4.9~48.8	55~647	50~500
$z/d_j = 3.17q^{0.33}(x/d_j)^{0.4}$	0.5~12	40~475	0~200
$z/d_j = 2.42q^{0.48}(x/d_j)^{0.24}$	2~40	40~475	0~90
$z/d_j = 2.898q^{0.43}(x/d_j)^{0.384}We_g^{-0.11}(\mu_j/\mu_w)^{-0.108}$	18~36	1.3~106.2	0~100
$z/d_j = 5.38q^{0.467}(x/d_j)^{0.281}We_g^{-0.119}$	1.95~71.23	97.83~905.34	0~45
$z/d_j = 1.55\ln[1.66(x/d_j)+1]q^{0.53}$	0.7~10.2	50.5~1 725.1	0~30
$z/d_j = 1.297q^{0.491}(x/d_j)^{0.509}$	23	<60	0~12
$z/d_j = 2.45q^{0.5}(x/d_j)^{0.33}We_g^{-0.061}$	0.8~22	97~573	0~30
$z/d_j = 1.997q^{0.444}(x/d_j)^{0.444}$	8.3~726	9.3~159	0~63.5
$z/d_j = 3.688q^{0.43}(x/d_j)^{0.384}We_g^{-0.11}(\mu_j/\mu_w)^{-0.108}$	9~18	0.9~164.3	0~100
$z/d_j = 1.627q^{0.47}(x/d_j)^{0.45}(\mu_j/\mu_w)^{0.079}$	8.3~726	9.3~159	0~40
$z/d_j = 1.52\left[\dfrac{q}{(0.84)^2}\right]^{0.5}(x/d_j)^{0.33}$	11~37	84.7~665	0~50
$z/d_j = \ln[1.46(x/d_j)+3.3]q^{0.5}We_g^{-0.05}$	1~54	9~345	0~10

（续表）

关 系 式	q	We_g	x/d_j
$z/d_j = \ln[1.46(x/d_j)+1.5]q^{0.5}We_g^{-0.05}$	$1\sim54$	$9\sim345$	$0\sim10$
$z/d_j = 2.39q^{0.46}(x/d_j)^{0.6}We_g^{-0.2}$	$10\sim50$	$4\sim16$	$0\sim20$
$z/d_j = 2.291q^{0.417}(x/d_j)^{0.429}$	$2.0\sim29.1$	$5.3\sim47.9$	$0\sim27$
$z/d_j = 3.688q^{0.43}(x/d_j)^{0.384}We_g^{-0.085}(\mu_j/\mu_w)^{-0.222}$	$10\sim135$	$28\sim82$	$0\sim50$
$z/d_j = 1.997q^{0.43}(x/d_j)^{0.45}$	38 136	17 145	$0\sim70$

　　射流轨迹和穿透深度的主要影响因素为动量比,此外还与介质物性参数等有关。例如,Stenzler 采用 MIE 散射照片研究了动量比、韦伯数和液体黏度对穿透深度的影响,发现增加动量比增大穿透深度,增加韦伯数减小液滴粒度,因为更小的液滴速度降低得更快,总的穿透度降低。一般地,射流初始速度越大,动量比越大,穿透深度越大,喷嘴直径越大,穿透深度越大,这是因为气动力需要更多的时间让射流弯曲,在更多的时间里射流穿透就越深。横向射流的穿透深度依赖于远离喷嘴的液滴穿透,也依赖于接近喷嘴的液柱穿透。

　　横向射流穿透深度与横向射流的破碎机理或模式密切相关。当横向射流破碎期间产生的液滴较大,则喷雾穿透深度增大,这是由于较大液滴具有更大的体积/表面(惯性/阻力)比,故其比小液滴穿透更远;喷雾穿透深度也与液柱的轨迹、液柱破碎时液滴产生的初始位置相关。图 3-31 为 Mohsen 等人根据破碎机理绘制的液雾轨迹示意图,该图形象地给出了圆柱破碎和表面破碎的差别,即圆柱破碎是从液柱断裂处剥离出大液带,而表面破碎则发生在液柱断裂前,且剥离出细小的液滴。同时,从该图也可以看出,横向射流的轨迹和穿透深度与射流破碎模式有关,不同的破碎模式中,液雾轨迹在射流破碎的近场区、远场区有所不同,正如图中的实线与虚线所示。

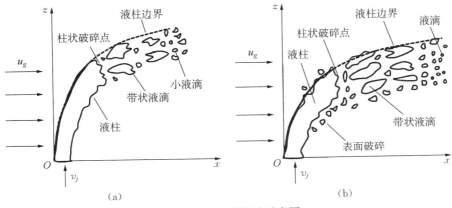

图 3-31　液雾轨迹示意图

(a) 圆柱破碎　(b) 表面破碎

3.5.2 高温来流条件下的燃油喷射

目前,国内外在两相流领域针对横向射流开展的工作大部分是在常温常压条件下进行的,包括上一节所介绍的已有研究工作。针对加力燃烧室的高温进口来流条件,横向射流燃油雾化涉及液滴蒸发、介质物性参数改变和气液的传热等,来流温度会影响横向射流液雾远场的粒径大小,进而影响液雾穿透以及液滴与空气的混合,与常温条件不同。这一点从表 3-4 也可以看出,当来流温度改变时,会引起气体与液体物性参数的改变,进而影响横向射流的轨迹及穿透深度。

有关来流温度对横向射流雾化特性的相关研究工作并不太多,且尚未形成统一认识。例如,早在 1983 年,Schetz 和 Hewitt 等人将冷的氟利昂横向喷入大气温度风洞中模拟燃料喷入热流体,采用电花影图、纹影摄影及衍射散射光法分别研究射流破碎过程、穿透深度及液滴尺度分布,研究了射流沿程温度变化引起的燃料蒸发对横向射流燃料喷射的影响。结果表明,引入蒸发及加热的影响,引起喷雾平均粒径减小,但是其基本的射流结构与破碎机理不变,穿透深度与不加温相比有所降低。Bunce 采用米氏照相法在 650 ℃高速横向射流中研究了动量比为 18 时的燃油雾化性能,结果显示高温条件下横向射流的穿透深度总是小于常温实验时的穿透深度,并指出由于来流温度升高引起空气的黏度增大,因此使其阻力也增大,从而减小横向射流的穿透深度。同样,Eslamian 采用 PDPA 和 PIV 测试技术,以水作为横向射流介质,分别研究了在动量比 $q = 10 \sim 80$、来流温度为 298~573 K 及来流压力为 30~75 psia 条件下的射流液雾特性,指出由于来流高温引起的蒸发作用,使得射流横向穿透深度降低。但是,关于温度对横向射流穿透深度的影响规律,也有研究者得出了相反的结论。例如,Inamura 以冲压燃烧室液体燃料的喷射为研究背景,用拍照法实验研究了 RJ-1J 燃料的圆形射流横向喷入热的来流气体中时液雾的穿透深度,在油气动量比为 7.1 和 7.6、来流空气温度为 600~900 K 条件下,研究结果表明空气温度增加引起了射流穿透深度的显著增加,如图 3-32 所示,在 50 倍射流直

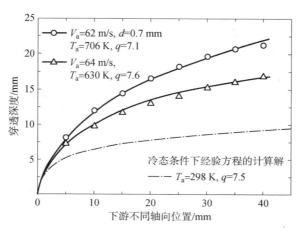

图 3-32　温度对横向射流穿透深度的影响

径下游,相同气液比及 1 atm 条件下,射流喷雾穿透深度在高温空气中比在室温空气条件下增大约 2 倍之多。Stenzler 在实验中也发现,当动量比与来流速度不变时,增加来流温度会使射流穿透深度增大,并指出由于温度升高减小了气体密度,从而减小了气体的韦伯数,大液滴使其穿透更远。显然,在高温来流条件下,横向射流的射流轨迹与穿透深度随温度的变化情况比较复杂,其基本影响规律及影响机理仍有待进一步探讨。

此外,随着航空发动机推重比的不断提高,加力燃烧室的进口温度显著提高(最高可达 1 300 K),受燃油自燃,喷油系统的冷却、结焦、积碳、烧蚀以及加力燃烧室长度更短、质量更轻等限制及设计需求的影响,加力燃烧室的燃油喷射可能会迎来许多新的挑战,例如喷油系统与稳定器的近距或耦合匹配,这可能会引起燃料在到达稳定器截面处并未蒸发完全、较短的油气混合距离使燃油均匀分布性和预混性下降甚至出现液雾与火焰的相互作用,从而影响火焰稳定性及燃烧效率,因此需要不断探索新的燃油喷射方法、解决传统燃油喷射方法所面临的新问题。

3.6　本章小结

本章从加力燃烧室的组织特点出发,分别探讨了现代传统加力燃烧室燃烧组织中的扩压与混合、火焰稳定、火焰传播及燃油喷射问题,同时提出了未来先进加力燃烧室燃烧组织中可能面临的新问题,具体将在第 6 章中介绍。

参 考 文 献

[1] Jeffery A L,Torence P B,Derk S P. Development needs for advanced afterburner designs [C]. 40th AIAA/ASME/SAE/ASEE Joint Propulsion Conference and Exhibit 11 – 14 July 2004,Fort Lauderdale,Florida,AIAA 2004 – 4192.

[2] Чигрин В С,Белова С Е. Конструкция камер сгорания и выходных устройств авиационных ГТД/. -Учебное пособие. -Рыбинск,РГАТА,2006.

[3] Rolls-Royce plc. The Jet Engine [M]. 5th ed. Derby: the Technical Publications Department Rolls-Royce plc,1996.

[4] 黄勇. 燃烧与燃烧室[M]. 北京:北京航空航天大学出版社,2009.

[5] 季鹤鸣. 第四代歼击机发动机加力燃烧室的技术特点[J]. 航空发动机,1996(4):3 – 12.

[6] Kline S J,Abbott D E,Fox R W. Optimum design of straight-walled diffuser [J]. Journal of Basic Engineering,1959(81):321 – 331.

[7] Reneau L R,Johnston J P,Kline S J. Performance and Design of Straight,Two-dimensional diffusers [J]. Journal of Basic Engineering,1967(95):141 – 150.

[8] 杨开田,张孝先. 航空发动机设计手册:第 11 册　加力燃烧室[M]. 北京:航空工业出版社,2001.

[9] Kozlowski H,Kraft G. Experimental evaluation of exhaust mixers for an energy efficient engine [C]. AIAA 80 – 0188.

[10] 李立国,张靖周. 航空用引射混合器[M]. 北京:国防工业大学出版社,2007.

[11] 谢翌,刘友宏.瓣高宽比对波瓣强迫混合排气系统性能影响[J].航空动力学报,2010,25(12):2787-2794.

[12] 刘友宏,谢翌.菊花形混合器混合效率理论计算[J].航空动力学报,2009,24(4):740-745.

[13] Farokhi S. Aircraft propulsion [M]. 2nd ed. New York: Wiley, 2014.

[14] Mattingly J D, William H Heiser, P David T. Aircraft engine design [M]. New York: American Institute of Aeronautics and Astronautics Inc, 1987.

[15] 刘大响.航空发动机——飞机的心脏[M].北京:航空工业出版社,2003.

[16] 高歌,宁晃.沙丘驻涡火焰稳定性的理论及实验研究[J].工程热物理学报,1982,1(3):89-95.

[17] 侯晓春,季鹤鸣,刘庆国,等.高性能航空燃气轮机燃烧技术[M].北京:国防工业出版社,2002.

[18] 徐旭常,周力行.燃烧技术手册[M].北京:化学工业出版社,2008:1023-1084.

[19] 付藻群.吸入式稳定器设计研究与试验[J].航空发动机,1998(3):28-32.

[20] Yang J T, Yen C W. Reacting flow over a non-traditional flame stabilizer [J]. Combustion science and technology, 1996,112(1):95-116.

[21] Yang J T, Yen C W, Tsai G L. Flame stabilization in the wake flow behind a slit V-gutter [J]. Combustion and flame, 1994,99(2):288-294.

[22] 杜一庆,钱壬章,王键夫,等.开缝V形火焰稳定器的冷态实验研究[J].华中科技大学学报(自然科学版),2004,32(2):67-69.

[23] 张孝春,李江宁,徐兴平,等.加力燃烧室中缝式稳定器技术研究[J].航空动力学报,2007,22(6):881-887.

[24] 张洪滨,王纪根.双V型火焰稳定器的研制和应用[J].推进技术,1994(3):38-43.

[25] 马文杰,杨阳,柳杨,等.尾缘吹气稳定器与前方溅板式喷油匹配试验[J].航空动力学报,2007,22(12):1977-1983.

[26] 程晓军,范育新,王家骅.薄膜蒸发稳定器在超级燃烧室内贫油点熄火特性[J].推进技术,2015,36(2):246-252.

[27] Ebrahimi H B. An Overview of computational fluid dynamics for application to advanced propulsion systems [C]. 37th AIAA Thermophysics Conference, 28 June-1 July 2004, Portland, Oregon, AIAA 2004-2370.

[28] McNelis N, Bartolotta P. Revolutionary Turbine Accelerator (RTA) Demonstrator [C]. AIAA/CIRA 13th International Space Planes and Hypersonics Systems and Technologies, AIAA 2005-3250

[29] DeZubay E A. Characteristics of disk-controlled flames [J]. Aero Digest, 1950,61(1):54-56.

[30] Longwell J P, Frost E E, Weiss M A. Flame stability in bluff body recirculation zones [J]. Industrial & Engineering Chemistry. 1953,45(8):1629-1633.

[31] Zukoski E E, Marble F E. Experiments concerning the mechanism of flame blowoff from bluff bodies [C]. Proceedings of the Gas Dynamics Symposium on Aerothermochemistry. Evanston, Illinois. 1956:205-210.

[32] Kiel B, Garwick K, Lynch A, et al. Non-reacting and combusting flow investigation of bluff bodies in cross flow [C]. AIAA/ASME/SAE/ASEE Joint Propulsion Conference9-12 July, 2006, Sacramento, California, AIAA 2006-5234.

[33] Lieuwen T, Shanbhogue S. Dynamics of bluff odBy flames near blowoff [C]. 45th AIAA

Aerospace Sciences Meeting and Exhibit, 8 - 11 January 2007, Reno, Nevada, AIAA 2007 - 169.

[34] Leiuwen T C. Unsteady comubustor physics [M]. New York: Cambridge university press, 2012.

[35] Spalding D B. Combustion and mass transfer [M]. Oxford: Pergamon Press, 1979.

[36] Zukoski E E. Afterburners [M]. The Aerothermodynamics of Gas Turbine Engines. 3rd ed. 1978.

[37] Ballal D R, Lefebvre A H. Weak extinction limits of turbulent flowing mixtures [J]. Journal of Engineering for Power, 1979,101(3):343 - 348.

[38] Lefebvre A H. Fuel Effects on gas turbine combustion-ignition, stability, and combustion efficiency [J]. Journal of Engineering for Gas Turbines and Power, 1985,107(1):24 - 37.

[39] Cornell W G. The flow in a vee-gutter cascade [C]. Transactions of the ASME, 1956,78:573 - 580.

[40] Khosla S, Leach T T, Smith C E. Flame Stabilization and Role of von Karman Vortex Shedding Behind Bluff Body Flameholders [C]. 43rd AIAA/ASME/SAE/ASEE Joint Propulsion Conference & Exhibit, 8 - 11 July 2007, Cincinnati, OH, AIAA 2007 - 5653.

[41] Shanbhogue S J, Husain S, Lieuwen T. Lean blowoff of bluff body stabilized flames: Scaling and dynamics [J]. Progress in Energy and Combustion Science, 2009(35):98 - 120.

[42] Erickson R R, Soteriou M C, Mehta P G. The influence of temperature ratio on the dynamics of bluff body stabilized flames [C]. 44th AIAA Aerospace Sciences Meeting and Exhibit, 9 - 12 January 2006, Reno, Nevada, AIAA 2006 - 75.

[43] Baxter M R, Lefebvre A H, Chin J S. Studies on the effect of eurbulence on the Sepreading rates of bluff-body stabilized flames [J]. International Journal of Turbo and Jet Engines, 1992,9(3):183 - 190.

[44] Thurston D W. An experimental investigation of flame spreading from bluff body flameholders [D]. California: California Institute of Technology, 1958.

[45] Wright F H, Zukoski E E. Flame spreading from bluff-body flameholders [J]. Symposium (International) on Combustion, 1961,8(1):933 - 943.

[46] Hasegawa H, Shimada Y, Kashikawa I, et al. Experimental study of compact ram combustor with double-staged flameholders for ATR engine [C]//37th Joint Propulsion Conference and Exhibit. 2001:3292.

[47] 杨茂林,黄勇. 燃油分布对 V 形稳定器后燃烧的影响[J]. 航空动力学报,1996,11(1):48 - 52.

[48] Roby R J, Hamer A J, Johnson E L, et al. Improved method for flame detection in combustion turbines [J]. Journal of Engineering for Gas Turbines and Power, 1995,117(2):332 - 340.

[49] Fueno T, Mukherjee N R, Ree T, et al. Mechanism of ion formation in high-temperature flames [J]. Symposium (International) on Combustion, 1961,8(1):222 - 230.

[50] De J S, Deckers J, Van T A. Identity of the most abundant ions in some flames [J]. Symposium (International) on Combustion, 1961,8(1):155 - 160.

[51] Knewstubb P F, Sugden T M. Mass spectrometry of the ions present in hydrocarbon flames [J]. Symposium (International) on Combustion, 1958,7(1):247 - 253.

[52] Marques C S T, Benvenutti L H, Bertran C A. Kinetic modeling for chemiluminescent

radicals in acetylene combustion [J]. Journal of the Brazilian Chemical Society，2006，17(2)：302 - 315.

[53] Calcote H F. Ion production and recombination in flames [J]. Symposium (International) on Combustion. Elsevier，1961，8(1)：184 - 199.

[54] Nguyen Q V，Dibble R W，Carter C D，et al. Raman-LIF measurements of temperature，major species，OH，and NO in a methane-air bunsen flame [J]. Combustion and Flame，1996，105(4)：499 - 510.

[55] Buschmann A，Dinkelacker F，Schäfer T，et al. Measurement of the instantaneous detailed flame structure in turbulent premixed combustion [J]. Symposium (International) on Combustion，1996，26(1)：437 - 445.

[56] Ikeda Y，Kojima J，Nakajima T，et al. Measurement of the local flamefront structure of turbulent premixed flames by local chemiluminescence [J]. Proceedings of the Combustion Institute，2000，28(1)：343 - 350.

[57] 张容珲，刘玉英，谢奕，等. 燃油喷射方式对凹腔支板稳定器火焰传播性能的影响[J]. 推进技术，2017，38(9)：2046 - 2654.

[58] Wu P K，Kevin A. Kirkendall. Breakup Processes of Liquid Jets in Subsonic Crossflows [J]. Journal of Propulsion and Power，1997(13)：64 - 72.

[59] Tambe S B，Jeng S M，Mongia H，et al. Liquid Jets in Subsonic Crossflows [C]. 43rd AIAA Aerospace Sciences Meeting and Exhibit，AIAA 2005 - 0731.

[60] Broumand M，Birouk M. Liquid jet in a subsonic gaseous crossflow：Recent progress and remaining challenges [J]. Prog. Energy Combust. Sci.，2016，57：1 - 29.

[61] Stenzler J N，Lee J G，Santavicca D A，et al. Penetration of liquid jets in a cross-flow [J]. Atomizat Sprays，2006，16：887 - 906.

[62] Mohsen Broumand，Madjid Birouk. Two-zone model for predicting the trajectory of liquid jet in gaseous crossflow [J]. AIAA Journal，2016，54(5)：1499 - 1511

[63] Schetz J A，Situ M，Hewitt P W. Transverse jet breakup and atomization with rapid vaporization alongthe trajectory [J]. AIAA Journal，1985，23(4)：596 - 603.

[64] Bunce K，Lee J G，Santavicca D A. Characterization of liquid jets-in-crossflow under high temperature，high velocity non-oscillating and oscillating flow conditions [C]//44th AIAA Aerospace Sciences Meeting and Exhibit. 2006：2006 - 1225.

[65] Eslamian M，Amighi A，Ashgriz N. Atomization of liquid jet in high-pressure and high-temperature subsonic crossflow [J]. AIAA Journal，2014，52(7)：1374 - 1385.

[66] Inamura T，Takahashi M，Kumakawa A. Combustion characteristics of a liquid-fueled ramjet combustor [J]. Journal of Propulsion and Power，2001，17(4)：860 - 868.

[67] Stenzler J，Lee J，Santavicca D. Penetration of liquid jets in a crossflow [C]. 41st Aerospace Science Meeting & Exhibit，6 - 9 January 2003，Reno，Nevada，2003，AIAA 2003 - 132.

[68] 金捷，陈敏，刘玉英，等，涡轮基组合循环发动机[M]. 北京：国防工业出版社，2019.

第 4 章 高温加力燃烧室

4.1 定义说明

高温加力燃烧室的特点是其进口温度很高,出口温度更高,由此定义。满足这种定义的当属涡轮喷气发动机加力燃烧室。

加力式涡喷发动机各国都停止研发了,为何还要专门介绍它呢?其实,现在还有大量的加力式涡喷发动机在服役,而且因它是首先装备在涡喷发动机上的加力燃烧室,有许多技术值得后来者借鉴,更为重要的是目前正在研制的先进涡扇发动机的加力燃烧室上采用了许多高温加力技术。因此了解"高温加力燃烧室"的相关知识,既能涵盖以往的涡喷加力,又能为未来先进的加力技术铺平道路。

4.2 技术基础

20 世纪 50 年代初,诞生了后燃室(after burner)或称加力燃烧室(augmenter)。在后燃室诞生前,第 1 章中已介绍了两种燃烧装置:一是 20 世纪初法国人勒杜克发明的冲压发动机燃烧室;二是意大利人坎培尼发明的在活塞发动机的排气管后方接以复燃装置。这两者的气动热力循环与本章所述的装在涡轮后方的加力燃烧室是基本相同的。而且三者的结构也大体相同,由扩压器、燃烧器和带有喉道的喷管三大组件组成。

与此同时,许多航空大国还开展了与高速气流中点火、稳定火焰以及火焰传播及传播角等相关的大量实验。此外,对高速气流中进行稳定燃烧的装置也做了大量的基础研究,包括 V 形槽火焰稳定器断面几何形状、尺寸、最佳堵塞比等;对 V 形槽火焰稳定器在加力燃烧室里的周向和径向布局及相互匹配也做了多项实验研究。在本书前几章中已有详尽介绍,这些都为加力燃烧室的装机打下了良好的技术基础。

4.3 推力增量与可调喷管

设定加力燃烧室进口温度 $T_5 = 850\,\text{K}$。按当时的技术水平,加力出口温度 $T_{ab} = 1\,700\,\text{K}$。采用式(1-2)与式(1-4):

温升比:$\theta = \dfrac{T_{ab}}{T_5} = 2.0$

加力比：$\overline{F}_{ab} = \sqrt{\dfrac{T_{ab}}{T_5}} = \sqrt{\theta} = \sqrt{2} = 1.41$

由此可见，在涡喷发动机的燃气发生器不做大改前提下，加装加力燃烧室后推力将猛增 4 成。这使得装备涡喷发动机的歼击机很容易跨过声速。美国的 J47 发动机最初装在 F86 上，当在第 21 批次上改装加力后称 F86F，一下就跨过声速，效果显著。

这里有一点应特别指出：加力比并非是加力与中间状态时的推力简单之比，而是加力时的加力温度与加力时的进口温度之比的平方根。例如，我国某厂生产的某型涡喷发动机其全加力时的推力与中间状态时的推力之比高达 1.6。看起来加力增量很大，实际上全加力时温升比 θ 仅为 2 倍，加力比真实值为 1.4 或稍大。该发动机做这样的安排是为了降低发动机中间状态的热负荷，从而延长热端部件的寿命。

开加力时，由于通过喷管喉道的容积流量大大增加，因此有

$$\overline{F}_{ab} = \sqrt{\theta} = \frac{A_{ab}}{A_5}$$

喷管的排气面积必须相应增大，原来固定几何面积的喷口必须改为几何尺寸可调的喷口。加力和可调喷口同时出现在涡喷发动机上。没有可调喷口是开不了加力的，主机状态无法保证。同时，为了确保开加力时主机稳定工作和加力安全可靠点火燃烧，以及喷管的正确协动，必须新增一套自动调节器。该自动系统的出现，是加力式涡喷发动机的另一大特点。

4.4 设计特点与技术关键

表 4-1 是在地面台架状态下，涡喷加力燃烧室与主燃烧室的主要气动数据和设计要求的比较。由此可以看出涡喷加力燃烧室主要有两大关键技术难题：一是在高速高温气流中进行高强度（余气系数为 1.0）稳定燃烧问题；二是在高温条件下的结构可靠性问题，其中包括系统的冷却和热结构稳定性等一系列问题。第一个技术关键在加力燃烧室的早期研发中出现较多，已基本解决；第二个问题正是本章要重点介绍的内容。

表 4-1 涡喷加力燃烧室与主燃烧室的主要气动数据和设计要求的比较

气动参数性能及设计要求	主燃烧室	加力燃烧室
进口总压/MPa	0.8～3.0	0.25～0.40
进口总温/K	550～800	1 000～1 200
进口速度系数	0.2～0.3	0.40～0.55
含氧量/%	21	14～17（内涵）

（续表）

气动参数性能及设计要求	主燃烧室	加力燃烧室
出口总温/K	$1650\sim1850$	$1950\sim2150$
出口温度分布	按 δ_0 和 δ_r 严格要求	无严格要求
燃烧效率	$0.98\sim0.99$（或 1.0）	$0.95\sim0.98$
总压损失	$0.90\sim0.95$	$0.96\sim0.98$
油气比工作范围	$0.002\sim0.035$	$0.002\sim0.067$
点火高度/km	$\leqslant8$	$15\sim18$
不稳定燃烧	极少发生	容易发生
燃烧通道	双流路，在部分通道中进行	单流路，在整个通道截面上进行
燃烧截面参考速度系数	0.1 左右	0.2 左右
组织燃烧方式	旋流，有切向运动，燃烧段短	直流，由焰锋组织燃烧

4.5　三大组件的设计

4.5.1　扩散器

4.5.1.1　基本要求

（1）根据发动机总体设计要求确定轮廓尺寸和最大外径。

（2）由气动热力计算得到的加力温升比限制扩散器的出口速度系数。

（3）依据总压损失最小原则，确定火焰稳定器前的流动马赫数。

（4）扩散器出口流场均匀，避免斜置火焰稳定器，尽量减少燃油浓度场的调整量。

（5）气流稳定，没有分离。

（6）尺寸小，质量轻。

（7）加工工艺性好。

这几条互相之间是有矛盾的，但首先要保证前面的五条，即满足组织燃烧的需要，其他则折中或作为限制。

4.5.1.2　类型

扩散器是发动机承力机匣之一，它要把涡轮后支点的负荷传递到外壁机匣上。它由内锥、外锥和支板组成。按照外壁的造型，扩散器共有 3 种类型（见图 4 - 1）。

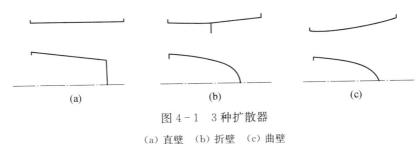

图 4 - 1　3 种扩散器

（a）直壁　（b）折壁　（c）曲壁

（1）直壁型，外壁母线是一根直线，构成圆柱形或圆锥形。

（2）折壁型，外壁母线为一折线，折线可以由两段或几段组成，由几段圆弧相转接的圆柱和圆锥或全为圆锥构成。

（3）曲壁型，外壁母线为一曲线，构成曲壁锥形。

在设计中往往既要用直母线又采用曲母线，采用两种或两种以上的型面构成组合式的外壁造型。

同样，内壁也可以设计成直壁、折壁和曲壁，也可以是组合式的。通常，内壁（内锥）尺寸小，易于制造，故曲壁任务应尽量由它承担。常见的内锥有 3 种结构形式：一是截锥；二是短全锥；三是长全锥（见图 4-2）。采用何种结构形式，取决于扩散器出口流场的需要。第一和第三种出口流场较均匀，但前者速度较高，后者速度较低；第二种尺寸较短，质量轻，更有优点。

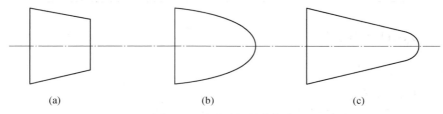

图 4-2　3 种内锥结构方案

（a）截锥（直母线）　（b）短全锥（型面）　（c）长全锥（直壁＋部分曲壁）

支板有直支板和斜支板两种，这是指支板中心线相对于扩散器的径向是互相一致或有一定夹角而言。支板除了用作支承内外壁的承力零件外，主要起整流作用，即把涡轮后的带有一定扭角气流整理成轴向流动。故支板的设计取决于低压涡轮出口气流的流向。支板都按翼型造型，通常采用 BC-6 或 C-4 等叶型设计。支板可采用对称叶型或带有一定攻角及扭转角的非对称叶型，其稠度则取决于整流要求，支板都做成空心的，有的还通有油管、气管、电缆或传动杆等零件。有的支板还兼做涡轮后温度 T_5 的测试受感部，由它测试 T_5 温度分布。

支板连接内外壁，由于内外壁温差很大，所以支板的设计要点是保证处于不同温度条件下的内壁和外壁能协调工作，大多数支板采用径向支承销的办法来解决这一问题。

在新一代发动机的涡轮后框架与加力一体化设计中，支板不仅连接内外壁，它还要承担组织燃烧的功能。其型面、稠度布局、厚度等都要符合组织燃烧的要求。

4.5.1.3　流道设计

1）当量扩张角 $\alpha_g =$ 常数

$$\alpha_g = 2\arctan\left(\frac{\sqrt{A_2/\pi} - \sqrt{A_1/\pi}}{L_K}\right) \tag{4-1}$$

式中，A_1 为扩散器进口面积，A_2 为扩散器出口面积，L_K 为扩散器长度。

α_g 的含义在于，如扩散器出口面积已定，而且长度也已选定，则它代表了气流在扩散器中减速滞迟的程度。

A_2 的选定取决于前面所说的发动机最大轮廓尺寸限制与火焰稳定器前最高流动马赫数要求的折中。

通常直壁扩散器的当量扩张角在 $12°\sim18°$ 范围内，其扩压效率很高，如图 4-3 所示。由此选定 α_g，则 L_K 就确定了。但是，如果扩散器的出口与进口面积之比（即扩压度）

$$\beta = \frac{A_2}{A_1} \qquad (4-2)$$

比较大，则 L_K 将很长，扩散器的质量尺寸都会增加，要是限制 L_K，α_g 超过上述限定范围，不光是扩压效率急剧降低，还会出现气流分离。由此而引发加力燃烧室内流动的不稳定，并造成烧蚀内部件等故障。这都是加力燃烧室所不允许的。造成这种后果的原因是扩散器气动流线造型选用了 $\alpha_g =$ 常数这一规律。

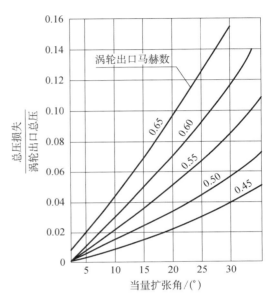

图 4-3　直壁扩散器特性曲线

2）等压力梯度造型

从图 4-3 可以看出：在同一当量扩张角下，进口马赫数愈高损失愈大，马赫数愈低损失愈小。任何扩散器的进口马赫数都比出口的高。所以采用沿流程不同的当量扩张角，特别是后段当量扩张角加大至 $25°\sim26°$，可获得最佳的扩压特性而结构长度却缩短。这就是按等压力梯度造型的长处，是现代高性能发动机加力燃烧室普遍采用的扩散器造型方法。主要优点如下：

（1）尺寸短，质量轻。

（2）扩散器内的气流静压按等值递增。

$$\frac{\mathrm{d}p}{\mathrm{d}x} = 常数 \qquad (4-3)$$

（3）沿流程静压变化均匀，流动阻力系数小。

（4）扩压特性好。

（5）有利于防止局部气流分离。

等压力梯度造型设计和计算程序都有专门资料，这里从略。本流路造型方法有很多优点,可也应考虑到造型的复杂性带来的工艺和成本增加。因此不少发动机上采取了近似等压力梯度设计方案,即先计算出等压力梯度的流线,然后以一部分折线来取代,只在内壁或外壁的局部地段尤其是内锥后端采用曲面造型。

　　扩散器中不仅是内外壁的造型影响扩散器的流场,扩散器前部的支板和后端出口处的火焰稳定器布局,还有扩散器内的喷油系统、点火器和连杆等也会影响到扩散器通道面积的改变。例如,支板的倾角、稠度、堵塞面积比,火焰稳定器的堵塞比影响不可忽视,如图 4-4 所示。设计时通常应权衡利弊进行折中,综合设计出合理的扩散器流路和出口流场。

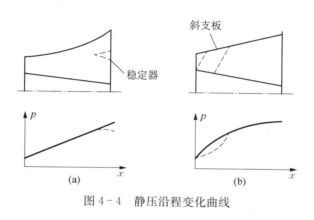

图 4-4　静压沿程变化曲线

　　扩散器的流场计算有专门资料,这里不予介绍。有一点必须注意:发动机安装在飞机上为了满足飞机减少抬头或低头力矩的需要,通常把轴线转折 3°~5°。装在双发飞机上的喷管还有水平方向的转折。这些转折点都设置在涡轮后的扩压器和喷管上,这些在流场计算时也应加以考虑。

4.5.2　火焰稳定器

4.5.2.1　3 种基本结构

1) 径向式布局(见图 4-5)

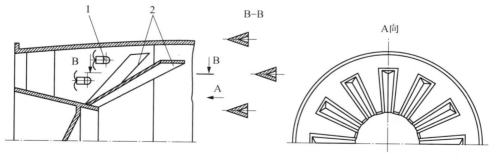

1—带离心喷嘴的加力燃油总管;2—12 支分两组前后错开都后倾的径向火焰稳定器。

图 4-5　安装在截锥上的径向火焰稳定器与加力燃油总管结构

2）径向＋环形布局（见图 4-6）

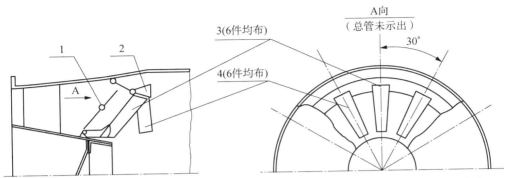

1—带喷油杆的加力总管；2—环形火焰稳定器；3—前倾长径向火焰稳定器；4—后倾短径向火焰稳定器。

图 4-6   环形＋径向火焰稳定器与加力总管结构

3）环形布局（见图 4-7）

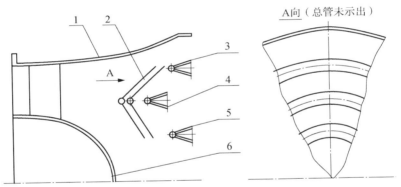

1—型面外壁；2—带喷油杆的加力总管；3—外圈环形火焰稳定器；4—中圈环形
火焰稳定器；5—内圈环形火焰稳定器；6—型面内锥。

图 4-7   三圈环形火焰稳定器与加力总管结构

环形布局环数可根据推力等级取一环（如 J85）、双环（如 RD11F）、三环（如
RD29F）或更多环。径向布局均采用交错方案设置，采用不同倾角，径向稳定器都是
由中心向外壁成倒梯形的造型（见图 4-5）。其顶部都加堵盖。

4.5.2.2   直流燃烧

无论是环形火焰稳定器还是径向火焰稳定器，相互之间全都是错落有致，间隔
有序。为何要做出此设计？根据什么原则设计？不少人看到了加力燃烧室里的火
焰稳定器后即认为这就是燃烧室了，故取一端或一截做加力燃烧试验是远远不够
的。其实，这是个谬误。火焰稳定器（stabilizing baffle）只起火焰稳定和传焰功能。

其后方(包括回流区及卷吸进的空气)所燃烧的空气量有限。能烧去的燃油不过占总供油量的 $10\%\sim15\%$。大量的燃油是在两排火焰稳定器之间的空间内燃烧掉的,也即靠火焰前锋组织燃烧掉大量燃油。火焰前锋挂靠在径向和环形火焰稳定器的后缘上。火焰前锋烧掉加力燃油量的 $85\%\sim90\%$,这就是直流燃烧。这是加力燃烧室与主燃烧室的最大区别。

4.5.2.3　传焰与余弦定理

1) 传焰

火焰传播至整个加力燃烧室的通道截面上有两种传焰方式:一是有遮挡的,在不良流线体后方回流区中的传焰;二是无遮挡的,靠火焰前锋在主流中的传播。前者的传焰在布局上有多种方案。除了图 4-5~图 4-7 以外,还有在环形槽之间加传焰槽的。当 $T_5 > 750\,^\circ\mathrm{C}$ 时,也可不采用传焰槽。至于后者的传焰则要借助于余弦定律。当这些传焰槽与相应稳定器连接时,都采用铰链连接。

2) 余弦定律

图 4-8(a)所示是在均匀的、可燃混合物流场条件下,有一点火源(高温区)将可燃混合物点燃起来,形成了火焰锋面,这是两道相互对称的火焰锋面。图 4-8(b)所示是取其一边的几何解析图,其中 OA 为火焰锋面,W_m 是未燃混合物的流速,W_f 是与火焰锋面成正交的火焰速度,任取火焰锋面上的基元段 ab,作 W_m 的速度分解:一为垂直火焰锋面的 W_n;另一为沿火焰锋面的切线方向的 W_u[见图 4-8(c)]。真实

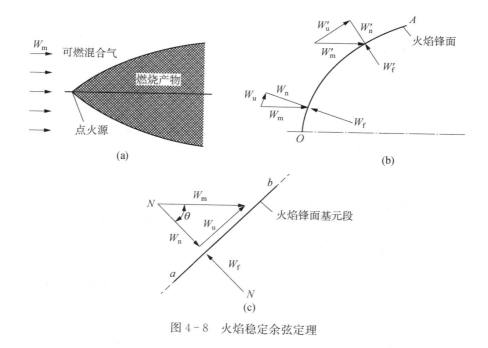

图 4-8　火焰稳定余弦定理

的火焰锋面是很复杂的曲面,如果沿着火焰锋面考察其法线方向的两个速度 W_n 和 W_f 即可发现,当火焰锋面稳定时,W_n 必须等于 W_f。这就是火焰锋面或燃烧着的火焰稳定的必要条件。其数学表达式为

$$|W_f| = |W_n| \quad \text{或} \quad |W_f| = |W_m \cos\theta| \tag{4-4}$$

这就是通常所说的余弦定律。在 W_f 为定值下,W_m 增大,W_u 随着增大,火焰就可能被吹灭。如来流速度较低,而 W_f 很大,燃烧室中就可能出现回火,造成机件烧坏。

与余弦定律有关的工程上有实用价值的是火焰扩张角。通常是指火焰锋面(或火焰前锋)与稳定器中心线的夹角,可由余弦定律近似求得。相邻两喈或紧挨着的两支径向槽之间的火焰前锋交汇点也可由此求出。这对于确定加力燃烧室的长度有重要意义。同时,也可检查出两喈环形稳定器之间的间距和径向稳定器周向稠度是否合理。

余弦定律由两个物理量气流轴向速度 W_m 和火焰速度 W_f 组成。W_m 在发动机确定下是个定值,但 W_f 却不容易确定。首先它与来流的油气比(或余气系数)有关,在贫油与富油(接近化学恰当比)条件下能差几倍,富油时火焰速度快。第二个影响因素是进口温度 T_5,在中低温度($T_5 < 850\ ℃$)时,随 T_5 增加而增加,变化平稳。当 $T_5 > 850\ ℃$ 时,随着 T_5 增加,W_f 变化剧烈。第三个影响因素是进口压力 p_5,在进口压力低于 $0.040\ \text{MPa}$ 时,才明显影响 W_f,正因为 W_f 的影响因素较多却不易测定,必须在真实条件下做实验才能取得满意的结果。

4.5.2.4　燃烧段长度

涡轮后的燃气经过扩压进入燃烧段后,再经喷油雾化掺混变成可燃混气。然后在多个 V 形火焰稳定器后形成的火焰前锋交错构筑的火网中完成再次燃烧。从火焰前锋交错点到燃气排气喷口之间的距离称为燃烧段。也有人把火焰稳定器作为复燃起始点或把稳定器后缘到喷管出口之间的距离称为燃烧段。燃烧段的长度设计非常重要,它涉及加力推力、燃烧效率和耗油率等重要性能参数。同时,它还严重影响加力燃烧室的结构尺寸与质量,所以必须做多方面的权衡利弊,折中选择。

直流燃烧必须满足条件:

$$\tau_a > \tau_c \tag{4-5}$$

式中,τ_a 为燃气在燃烧段的停留时间(ms),由燃烧段长度除以燃气的流速即可得到;τ_c 为煤油在空气中燃烧所需的全部时间(ms)。

通常,τ_a 应大于 $15\ \text{ms}$。表 4-2 列出了几种发动机加力燃烧室的 τ_a 计算值,可供参考。

表 4 - 2 几种发动机加力燃烧室的 τ_a 计算值

发　动　机	A	B	C	D	E	F
长度 L/mm	2 250	2 420	1 710	2 500	1 710	1 723
直径 ϕ/mm	1 000	610	882	1 009	882	800
温度 T_5/K	953	909	993	878	1 027	1 073
压力 p_5/(kgf/cm^2)	1.87	2.06	2.37	2.10	2.50	2.92
τ_a/ms	20	13.3	14	17	13.5	16.5

注:1 kgf/cm^2=0.1 MPa。

4.5.2.5　堵塞比

这是指全部火焰稳定器(含传焰槽)在发动机轴线垂直平面上的投影面积与加力燃烧段截面积之比。此值对燃烧稳定性有影响。过低稳定性差,过高也不行。在某来流马赫数下有最佳值。其实,这是冲压发动机在进口温度较低条件下获得的规律。在涡喷或涡扇内涵条件下并不适合。例如低温时稳定器槽宽都大于 40 mm,有的高达 50,甚至 60、70 都有。而在涡喷高温进口条件时槽宽低至 35、30,甚至更低都能稳定火焰。这时堵塞比以最小为最佳,因其流阻低。

4.5.3　燃烧段的冷却

加力燃烧室的燃烧温度早期较低,在 1 850 K 采用恰当的燃油分布,可以不设计专门的冷却系统。但是当 T_{ab} 超过 2 000 K 甚至更高时,必须要有完善的冷却系统和合理的热源设计。表 4 - 3 对比了三大热端部件的冷却条件,可见三者差异甚大:加力进口压力最低,可利用的压头小,建立起来的冷却气膜强度低。加力进口温度高,会造成壁温按线性增高。再从可利用的冷却气量比,加力相对冷却气量是最少的。这是因为涡轮和主燃烧室相对冷却气量多一点,由于可以回收,对发动机性能影响较小。而加力冷却气量过多会直接影响推力,因此限制在 8%。可是冷却的目标却很大,是主燃烧室的 2~3 倍,是涡轮的 4~6 倍。由此可知加力燃烧室的冷却系统设计是一项艰巨的任务。但是由于冷却隔热系统基本上是两股平行射流,可以充分利用静压进气办法最大限度地减少冷却空气量,因此精心设计、严格控制冷却流路的尺寸尤为重要。

表 4 - 3 三大热端部件的冷却条件

参　　　数	进口总压/MPa	进口总温/K	冷却流量/%	冷却面积互比[①]
涡轮	0.3~2.5	600~800	10~18	1
主燃烧室	0.3~2.5	500~700	20	2
加力燃烧室	0.05~0.35	900~1 100	8	4~6

注:① 冷却面积互比是所需要冷却的面积,涡轮是 1,主燃烧室为其 2 倍,加力燃烧室为其 4~6 倍。

这里首先对冷却系统的冷却效率做以下设计分析。这里的冷却效率也称冷却系数。其物理意义是冷却系统在高温气流中因冷却剂的作用而使壁温降低的能力。

冷却效率 η_c 在绝热条件下，遵循以下关系：

$$\eta_c = \frac{T_r - T_w}{T_r - T_c} \tag{4-6}$$

式中，T_r 为燃气温度，T_c 为冷却气流温度，T_w 为隔热屏壁温度。

则

$$T_w = T_r(1 - \eta_c) - \eta_c T_c \tag{4-7}$$

由此可知，隔热屏的温度是来流燃气温度和冷却气流温度及冷却效率的函数。

目前隔热屏的材料许可工作温度为 $1\,100 \sim 1\,150\,℃$，曾经测量到隔热屏产生烧蚀等破坏时的屏壁温度 $T_w = 1\,250 \sim 1\,300\,℃$。留有 $150\,℃$ 这个温度余量作为安全余度。为了确保上述的许可工作限制，必须认真分析影响它的多种因素。

4.5.3.1　热源设计及燃气流温度影响

实际上影响壁温的并非设计（即平均）加力温度而是靠近壁面的局部燃气温度。这个温度影响因素很多，涉及理论燃油浓度分布和真实燃油浓度分布、流场及加工工艺因素等。

1）理论燃油浓度分布

可以有两种分布：均匀分布与非均匀分布。

（1）均匀分布。如图 4-9 虚线所示，早期加力燃油分布曾用过，当时平均加力温度很低。现在实际的加力燃烧室采用的都是非均匀分布。

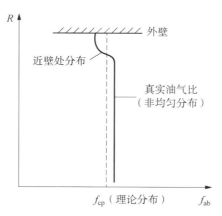

图 4-9　燃油均匀与非均匀分布

（2）非均匀分布。如图 4-9 中实线所示。近壁处的浓度分布是根据隔热屏材料使用限制温度而作为该区域的燃气温度决定的。通常该余气系数局部区的余气系数选定在 1.5 左右,确定该余气系数区域的宽度(径向尺度)时还应考虑到邻近核心流区域的燃油扩散影响,这样才能计算出该区域的燃油浓度分布的真实影响结果。

2) 浓度中心的影响

这里有两点应予以指出:一是燃油喷射点的布局;二是燃油浓度中心的移动。这两个因素都是困扰设计人员的难题。

(1) 喷射点布局。理论燃油浓度分布是理想状态下在一个区域内的均匀浓度分布。可是实际喷点只能在有限空间范围内做有限个布局,沿着周向布置若干点,实在难以做到理想状态下的均匀分布。这种有限点数的布局必然导致浓度中心点处较富而在两中心点之间较贫,或者布点太密造成相反结果。过密分布和过稀分布都是不利的,通常周向喷射点间距控制在 50~80 mm 范围内。与此同时出现的还有空气是按等环量进入燃烧区的而燃油则是点状进入燃烧区的,然后以各方均匀扩散的,这就会出现等径向间距与不等径向间距之间的矛盾或不匹配问题。因此为了解决这类问题,结构设计中采用喷油杆与喷油环交互配合并且采用不同孔径的喷油孔以及不同喷射方式等办法。但是过于复杂的结构往往并不如人意,要权衡利弊,精心设计。

(2) 浓度中心的移动。图 4-10 介绍了若干典型机种加力燃烧室采用的喷油喷雾器。挡板式喷嘴和针栓式喷嘴其后方浓度中心是不变的;直射式喷嘴中的顺喷和逆喷时的浓度中心也是不变的;采用小角度或斜向喷射时,其浓度中心变化甚小;可是侧喷时情况大不一样,由于燃油动压头和来流速度、温度和压力变化的影响,其浓度中心变化很大,可从 10 mm 左右变化到几十毫米。高空时空气密度小,侧喷浓度中心变化更大。还要指出的是上述几种喷雾器的后方横截面上的燃油散布范围也不尽相同:逆喷和顺喷均为圆形,侧喷为椭圆形,斜喷介于两者之间。显然,为了使隔热屏附近的浓度易于控制,采用垂直于气流的同向侧喷和成 45°的斜向顶喷较为合适,此外,采用挡板的喷油环和带端板的针栓式喷嘴,可得到比较满意的周向均匀的燃油浓度分布。有的发动机上采用了缝隙式喷嘴,其后方燃油浓度呈条状分布,采用顺逆喷比较合适。若喷孔孔径过小则易堵,孔径 $\Phi 0.5 \sim 0.8$ 较好。

图 4-10　直射式喷嘴和挡板喷嘴

燃油浓度中心变化和布点不合理会影响隔热屏的壁温达几十甚至 100 ℃,故要予以足够重视。

3) 流场的影响

前边所述都是在扩散器出口为均匀流场这一假设下给出的,实际扩散器出口流场是不均匀的,特别是靠近外壁处或内锥壁面处,附面层影响很大。图 4 - 11 为直壁和曲壁扩散器出口的速度分布曲线,具有典型意义。其实,周向流场同样是不均匀的,支板、点火器(旁路安置)以及拉杆等零件都会对后方流场造成影响。涡轮出口的余旋虽经支板整流也并不会完全消失,也会影响扩散器出口流场。甚至一直影响到喷口。这些都必须对均匀流场进行修正或补充,才可能有可信的油气比分布。流场不均会使油气比的分布产生 20% 的偏差,这也是不可小看的影响壁面温度的因素。

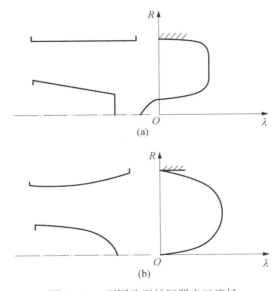

图 4 - 11　不同造型扩压器出口流场

(a) 直壁扩压器　　(b) 曲壁扩压器

4) 加工工艺因素的影响

燃油喷雾器孔口的形状和大小直接影响燃油流量和喷雾质量,例如激光打孔和电火花打孔以及钻头钻孔差别都很大。油孔的喷射角度、喷雾质量都必须严格要求。单做流量试验是不够的,还应做射流打靶等喷射方向试验。流量试验的要求也要严格,以往都是 $\pm 7\%$,国外在 5% 以内。小孔加工是精密加工,应有专门的设计实验文件或工艺规程予以规定,建议取单边下偏差 $q^0_{-0.05}$。流量试验测量也要专门规范加以要求(包括测量位置、仪表量程、精度等)。这些都要在设计图纸上有明确的技术条件予以规定。

5) 火焰稳定器的安装影响

这里未说靠近外壁和隔热屏的火焰稳定器(包括环形、径向火焰稳定器及其对应喷雾器)其安装通常都是以发动机轴线做对称配置设计的。实际上加工误差、装置不均匀、使用中的变形以及流线的偏转等都会使这种对称性遭到破坏,从而使火焰稳定器发生偏转或倾斜,以致造成某处远离或某处更靠近隔热屏,当然会对壁温产生一定影响。因此稳定器的安装和配件布局,尤其是支承方式要多予注意或在装配时要予以检查并加以记录在案,给予规范要求。

4.5.3.2　冷却气流及温度 T_c 的影响

从冷却效率公式可知,隔热屏的壁温与冷却气流的温度成一次方关系,因此 T_c 愈高,壁温愈高,它对 T_w 的影响显而易见,这里的冷却气流温度即是涡轮后的 T_6。

主燃烧室的出口温度场 T_4 有规定的 δ_0(周向不均匀性)和 δ_r(径向不均匀性)设计要求。温度场经过涡轮搅动后,T_6 温度场是更均匀了,还是更不均匀? 这里有如下因素在起作用:

(1)原有的 T_4 温度场还有影响。

(2)涡轮焓降不均匀。

(3)涡轮冷却作用有影响。

(4)涡轮和扩散器都有二股流影响并非绝热过程。

(5)结构因素,如点火器、支板等的尾流也有影响。

实际情况是 T_6 温度场很不均匀,近壁处的 T_6 周向温度分布最大相差可达 $350\,℃$ 甚至 $400\,℃$。这是不可接受的,这种不均匀性会附加到壁温上,并且使该处的燃气温度也相应提高。这种双重影响使隔热屏无法承受。

图 4 - 12 显示了 3 种典型的 T_6 沿径向的分布,图 4 - 12(b)表示在近壁面处有特别高温,分布很不合理。图 4 - 12(a)和图 4 - 12(c)的分布可取,因此不仅对 δ_0 和 δ_r 的设计要求须严格执行,还要精心设计涡轮的焓降。此外,还要采用专项技术措施,在发动机工厂试车后应加测涡轮后的 T_6 温度场。如果出现图 4 - 12(b)中的温度场,应要求主燃烧室重新调整出口温度分布,避免涡轮出口近壁面处出现过高的 T_6 分布。

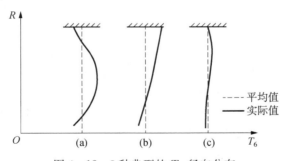

图 4 - 12　3 种典型的 T_6 径向分布

4.5.3.3　冷却效率的影响

冷却效果好坏取决于两个因素:一是采用何种冷却结构方式;二是从气动方面来讲,能否在隔热屏内外两侧建立起合适的静压差。

1)冷却方式

隔热屏的冷却结构如图 4 - 13 所示,共有 3 类 6 种形式。

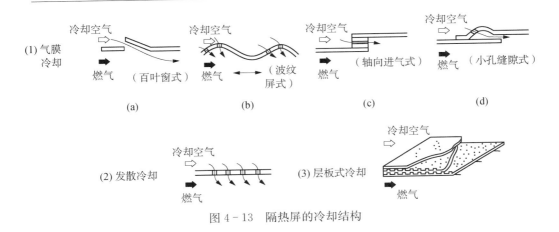

图 4 - 13　隔热屏的冷却结构

第一类,气膜冷却。

这种冷却方式采用总压进气。它包括搓板式(又称百叶窗式)、波纹屏式、轴向进气式和小孔缝隙式 4 种。这 4 种冷却结构都得到广泛的应用。只是由于总压进气耗气量多,而加力燃烧室中需要冷却的面积又很大,故只能在重点部位如火焰前锋着壁处或热负荷最大的地方采用。这些都要根据冷却计算或实测壁温来决定。

第二类,发散冷却。

这是冷却方式中最省气的一种。它利用隔热屏两侧的静压差,通过许多小孔进行冷却。对于壁厚 $\delta = 0.6 \sim 0.8 \, \text{mm}$,孔径为 $\phi = 0.8 \sim 1.0 \, \text{mm}$,典型的小孔发散冷却布局如图 4 - 14 所示, $a \times b = 6 \, \text{mm} \times 5 \, \text{mm}$。 这是很适合于大面积冷却的冷却方案,需要与第一类气膜冷却配合使用。

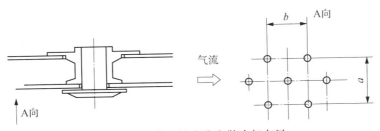

图 4 - 14　典型的小孔发散冷却布局

第三类,层板式冷却。

这是冷却效率最高且耗气量又少的冷却方案,也是全新的冷却方式,目前已在主燃烧室采用。其冷却气量只及当前普遍采用的气膜冷却方案的 40%,优点非常突出。但是因其加工工艺复杂,故成本高,从经济性考虑加力燃烧室尚未采用,它还有个缺点是增重较多。

2）压差

采用总压进气的冷却方式只要冷却气流有动压头即可建立起气膜冷却。但是采用静压进气则必须满足冷却壁（隔热屏）外部和内部的静压差要求：

$$p_w - p_n = \Delta p > 0 \qquad (4-8)$$

这是发散冷却的必要条件。如不满足，发散条件即会失效，以致烧坏隔热屏。因此，进行详细的气动计算是必须的。当然，Δp 越大，发散冷却效果越好。

为了保证得到上述的必要条件，必须进行一元流的冷却流量分配气动计算，可参考贾东兵的文献。加力燃烧室的冷却流路如图 4-15 所示。将此图简化成一元分叉流动计算图，如图 4-16 所示。再从中取出一个任意节点，做如下计算。

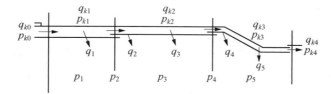

图 4-15　加力燃烧室的冷却流路

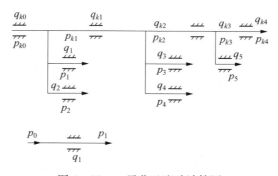

图 4-16　一元分叉流动计算图

由水力摩阻公式：

$$p_0 - p_1 = \xi \frac{\rho V^2}{2} \qquad (4-9)$$

再由状态方程、流量方程消去上式右边的动压，做必要简化，即可导得压力-流量方程：

$$p_0^2 - p_1^2 = k q_1^2 \qquad (4-10)$$

式中，k 由面积 A 和总温 T、阻力系数 ξ 等决定。

根据质量守恒方程：

$$q_1 = \sum q_{mi} \qquad\qquad (4-11)$$

由此建立各节流点和分叉点的压力-流量守恒和质量守恒方程，并因此而得到一组多元二次联立方程，即可进行求解。

上述计算必须知道下游各分叉流的流通面积和流量系数（或阻力系数）以及总压损失，这样才能求得流量的自动分配和流道压力。因而要做必要的实验。许多水力摩阻手册中都列有专门测定的流量系数曲线，可以直接查取。

这里的一元管流冷却计算只能解决冷却流量分配的合理性，对于流道中的热点和高温带还是搞不清楚的，可是加力燃烧室冷却失效或局部过烧现象大都出现在冷却腔道中的局部障碍物或拐弯转折等地方。例如，支承销钉处、收敛段后部等，即所谓热点及高温带。这些得专门做三元流的流场计算或做必要试验。上述的支承销钉和后方产生的局部高温，可超过平均值几十摄氏度，甚至更高。

4.5.3.4　堵孔

正如前边所述，由于涡轮后的流场（包括温度场和速度场）、加力燃油浓度场以及结构之间的匹配总会出现这样或那样的问题，以致出现局部高温或过热点。为排除这种局部高温或过热点，常常采用堵孔这一措施。即针对某个高温点堵上一个或数个喷油孔。堵孔可使局部壁温下降近 100 ℃。可见这是一种很有效的措施。堵少量喷油孔对于加力燃烧室性能没有太大影响。这个方法不论对于在研的发动机还是定型批量生产的发动机都很适用。例如 P29ϕ - 300，它的加力 II 路喷杆的顶喷孔即堵上了 2 个，I 路顶喷孔则堵上了 3 个。

堵孔前必须找准高温点所对应的上游燃油喷射点的位置。在确定主要堵的喷射点时，必须计及涡轮余旋的影响以及燃油浓度中心的漂移，同时做流线的修正。

4.5.3.5　隔热涂层

隔热涂层又称热障涂层。采用热障涂层可以进一步提高隔热屏的耐高温能力。其意义相当于采用了耐更高温度新材料。这是许多发动机上都在采用的一项技术，例如 F100、RM12 等机种上都已采用。热障涂层是复合涂层，它由面层和底层组成。热障涂层使用的材料都是氧化物，如 ZrO_2、Al_2O_3 等作为面层材料。面层材料直接接触高温燃气，要承受严峻的循环热冲击载荷，所以还要在面层材料中加入 MgO、Y_2O_3、CeO_2 等作为稳定剂。面层材料与耐高温的隔热屏金属基体的线胀系数不一样，故还必须设计一个中间层，即在金属基体与隔热层之间加一个过渡层或称底层。底层材料通常为 MCrAlY（其中 M 代表 Ni、Co、Fe 等金属或它们的组合）。同时在喷涂底层前还要在金属基体板材上进行表面处理，以提高底层的黏结强度。

热障涂层的整个工艺流程如下：在金属基体板材上做表面处理（喷砂）→喷涂 MCrAlY 底层→喷涂含 MgO（或 Y_2O_3、CeO_2 等）稳定剂的面层材料。无论面层还是底层都采用等离子枪喷涂。

应指出的是,热障涂层要与冷却方式相兼容。例如涂层有可能把发散冷却小孔堵死,影响冷却效果;采用先喷涂后钻孔却因涂层材料硬度很高无法加工小孔。必须严格控制涂层的粉末颗粒度和喷涂时的壁温,这些都要有专用的设计和工艺规范予以监管。

热障涂层的抗氧化性能是一项重要的技术指标。它主要取决于涂层的设计,即基层和面层材料的选择。表 4-4 比较了 6 种不同的涂层设计方案,差别甚大。在 1 100 ℃ 和 300 h 条件下,抗氧化性能最好的是以 NiCrAlY 为底层的以 $ZrO_2 \cdot 24\%Y_2O_3$ 作为面层的涂层,其次是以 Ni-Cr 为底层的以 $ZrO_2 \cdot 8\%Y_2O_3$ 作为面层的涂层,最差的是以 NiCrAl 作为底层的锆酸镁涂层。

表 4-4 涂层抗氧化性比较

序号	底　　　层	面　　　层	试验时数/h	增重/(mg/cm^2)	备注
1	NiCrAl	$ZrO_2 \cdot 8\%Y_2O_3$	300	10.2	
2	NiCrAl	$ZrO_2 \cdot 24\%Y_2O_3$	300	11.2	
3	Ni-Cr	$ZrO_2 \cdot 24\%Y_2O_3$	300	6.2	
4	Ni-Cr	$ZrO_2 \cdot 8\%Y_2O_3$	300	5.6	
5	NiCrAlY	$ZrO_2 \cdot 24\%Y_2O_3$	300	4.6	
6	NiCrAlY	$ZrO_2 \cdot 8\%Y_2O_3$	300	6.6	

热障涂层的耐温性能直接取决于面层的材料和厚度。不同的氧化物其隔热效果不同。

耐高温性能也不一样,其中 Y_2O_3 稳定的 ZrO_2 涂层耐热性能最佳,最高工作温度可达 1 150 ℃ 或更高。在加力燃烧室隔热屏条件下,涂层厚度不允许选得太厚,因此隔热性能受限制,通常可降低壁温几十摄氏度。

热障涂层的最大问题是涂层剥落,控制涂层的质量是关键,必须从材料的纯度、工艺加工的稳定、喷涂时的壁温限制、涂层的物理性状和检测手段等多方进行综合控制。

热障涂层近年发展很快,它相当于研发出新的耐高温材料,效果显著。全新的热障涂层采用三元系($CeO_2 + Y_2O_3 + ZrO_2$)或多元系配方并配置成空心球粒。新涂层不仅隔热效果好,而且在抗疲劳、耐振动、耐腐蚀、耐冲刷以及减重等方面都有很大改善。

4.5.3.6　外部冷却系统

实际发动机在加力燃烧段有 3 层形成两个通道:一是前文介绍的由隔热屏与机匣筒体组成的内冷通道;二是由机匣与外部通风罩形成的外部冷却系统,外部冷却系统的空气来自进气道的环形散热器流向发动机的附件机匣及外壁,然后与自机体外壁的"猫耳朵"进气口引来的空气汇合,共同进入通风罩内的外部冷却系统,这都是由引射喷管引射来的冷却空气。外部冷空气主要是冷却机匣筒体,但也可使隔热屏壁温下降 20～30 ℃。同时避免飞机后机身遭受 700 ℃ 的高温烘烤,从而使得液压油管、电缆、操纵系统等附件有一个安全工作的环境。

外部冷却系统依照不同的流阻分配冷却空气流量,而且可能在某个区域内出现死区。因此要做必要的吹风试验。如出现流动死区或局部高温点,可在该地区加开排气孔清除之。在设计外部冷却系统时,还可采取隔热措施。如在作动筒和液压油管上包覆石棉绳、石棉布并在其外面涂刷铝粉漆。有的发动机的加力筒体上加包铝箔或铺一薄层高硅氧棉、玻璃丝布等。这些措施也都很有效。

4.6　高温屈曲与热结构稳定性

屈曲有两种:冷屈曲和热屈曲。冷屈曲早在 20 世纪初因北美洲的一座大桥倒塌而让世人注目。热屈曲也称为高温屈曲,在现代航天航空工程中屡见不鲜,是现代火箭发动机必须考虑的。航空涡轮发动机的主燃烧室、涡轮和加力燃烧室都会出现屈曲,高温加力燃烧室进口温度和出口温度都很高,经常遇到高温蠕变屈曲(creep buckling)即热结构稳定性问题。

通常加力燃烧室中采用的是固溶强化型高性能镍基高温合金。该材料的允许工作温度为 950～1 000 ℃,这是对受力零件而言。其实,许多零件工作时的应力很小,首先遇到的是屈曲变形,也就是高温下抗形变能力问题。先分析杆类零件工作时的失稳问题。如果是薄壳件,则为屈曲变形,其失稳时的临界力 F_{kp} 计算公式为

$$F_{kp} = \frac{\pi^2 EJ}{L^2} \qquad (4-12)$$

式中,E 为弹性模量,J 为惯性矩,L 为特征长度。

把上式除以零件截面积 A,得到零件应力:

$$\sigma_{kp} = \frac{F_{kp}}{A} \qquad (4-13)$$

随着加力工作温度增加,E 不断下降,图 4-17 表示了这种变化。当温度高达 1 050 ℃ 时,镍基高温合金的弹性模量只及室温时的 50%。当然临界力和临界应力也急速下降。这时零件刚性极差,以致在很小外力作用下即难以保持低温时的原有外形和尺寸而逐渐变形,从而导致失稳。因此,解决零件高温屈曲问题具有极其重要的意义。

这里着重介绍两种最主要的典型零件,即隔热屏和火焰稳定器的蠕变屈曲问题。测试出火焰稳定器和隔热屏的壁温高达 1 050～1 100 ℃。这两种零

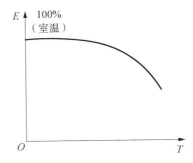

图 4-17　材料弹性模量随温度变化

件承受的气动载荷并不大,稳定器的载荷是迎面动压头和回流区的负压,隔热屏的载荷是屏的内外压差。两者只经受几百毫米水柱的气动力,工作应力小于 0.1 MPa。它们遇到的都是相同的高温下的热结构稳定性问题。

4.6.1　隔热屏

隔热屏是桶状薄壁结构。其轴线与燃气流平行,机械负荷很小。因为长期在高温下工作,隔热屏极易出现屈曲。图 4 - 18 为几处出现蠕变屈曲的部位。6 种不同的结构方案中有 4 种都出现了屈曲,即图 4 - 18 中(a)(b)(c)(e)。最严重的屈曲出现在锥屏转折处,如图 4 - 18(a)所示。其次是图 4 - 18(e)中的部位。这两处变形量都很大,达 30 mm。隔热屏的屈曲变形改变了冷却腔道尺寸,破坏了冷却系统的正常工作并伴随着出现次生故障如裂纹和烧蚀等,甚至烧穿筒体,危及发动机的安全工作,后果严重。

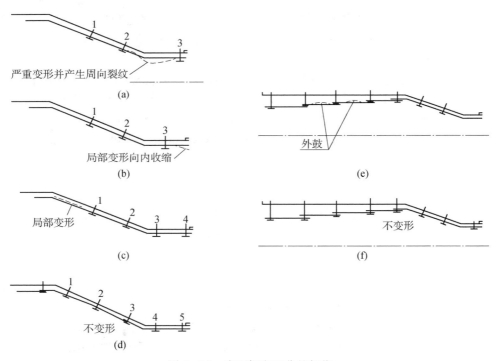

图 4 - 18　出现蠕变屈曲的部位

根据前述的理论分析,针对屈曲采取措施如下:

1)采取简支梁结构

悬臂梁结构最容易发生屈曲,可从下式看出:

$$L = \mu l \qquad (4 - 14)$$

式中,μ 为长度系数,它是支撑方式的函数,其变化范围为 0.5~2.0。例如,悬臂梁支

撑 $\mu = 2.0$，简支梁 $\mu = 0.7$。显然把悬臂梁改为简支梁，临界应力会提高大约8.1倍。

2）缩短两排支撑销之间的间距

式（4-14）中的 l 为支承间距，当把 l 缩短一半，可使临界应力提高 4 倍。

3）增加纵向和周向支撑销的总排数

这项措施与缩短支撑销之间的间距效果相同。

4）改变支撑销与销孔之间的配合间隙

这是为了防止可能出现的应力集中采取的措施，应力集中会造成局部变形，从而加剧屈曲变形。

5）改进销孔的径向间隙

这是为了解决变形协调，防止隔热屏在高温时出现卡死故障。

图 4-18 中的 6 种结构方案里只有（d）和（f）两种方案的热结构稳定性最好。工作温度可以相对提高 100 ℃。

4.6.2　火焰稳定器

V 形槽火焰稳定器经过长期试车或外场使用后，常常严重变形，形似猪肠，有的地方变宽，有的地方变窄，最后成了多边形。最后的形状由支撑点的多寡而不同。4 点支承变成四边形，5 点支承变成五边形……有时还伴随着出现裂纹和烧蚀等故障。典型故障件如图 4-19 所示。这是火焰稳定器的蠕变屈曲变形。加强其刚性抗蠕变屈曲措施如下：

图 4-19　V 形槽稳定器
典型屈曲变形

1）铸造结构

火焰稳定器的支承座（连接拉杆处）最易屈曲，因此采用铸造结构，如 P29Φ-300 即是。支承座也可采用模锻件或局部加厚或用加强肋等措施。这与铸造结构具有相同效果。

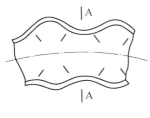

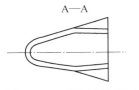

图 4-20　带波棱的 V 形
槽稳定器

2）加设裙边

V 形槽稳定器的后缘最易变形，在此加设波纹状的裙边，该结构可补偿热变形，而且可以自动消除热应力。因而有利于保持结构外形。如图 4-20 所示，P29Φ-300 即为此种结构。

3）增加吊挂点

可以把原来 4 个或 5 个吊挂点改成 6 个或 8 个甚至更多支承点，缩短吊挂点之间的间距。例如，某型涡喷发动机外唪稳定器即有 10 个吊挂点。

4）对称布局

迎着气流把三圈 V 形槽按品字形做对称布局。如 J79、P29Φ-300 等。

5）径向销和铰链结构

稳定器的支承采用两端头都具有铰链并带左右螺纹的可调拉杆。还可采用径向销支承。例如阿塔发动机上采用的结构。

6）马鞍搭子

在 V 形槽稳定器的前缘和顶端顺气流方向局部加焊一系列加强片，形成骑在稳定器前部的马鞍搭子。这相当于给稳定器加披了一组框架，以防止变形。

7）采用空间成 60°夹角的三角拉杆

这是空间支承结构，具有良好的支承稳定性。保证稳定器在空间的正确位置。

8）双层火焰稳定器

双层火焰稳定器内部通以冷却空气，从而降低稳定器壁温，同时提高了结构刚性。这种结构许多发动机的加力燃烧室已采用。如 M88-Ⅱ、EJ200 等。

9）采用陶瓷或其他新材料

陶瓷材料在高温中的刚性很好，不易变形。可以提高火焰稳定器抗蠕变屈曲的能力。此外，还有采用更换材料的办法，如用陶瓷材料制成火焰稳定器。

10）其他

在安装中不允许带任何预紧力或装配引起的附加载荷，保证零件处于自由状态。

4.6.3　喷油系统

喷油系统包括总管、喷油环和喷油杆等。这些零组件全都是薄壁件，刚性极差。它们在七八百摄氏度环境下，即会产生屈曲变形，造成燃油喷点的位移。这就是热结构不稳定性。这类变形故障必须克服，例如某型发动机及其加力燃烧室靠外壁处设置了一圈喷油环。最初只是设计 3 对双拉杆作为支承，结果工作时间一长即产生变形。排故采取的措施是增加 6 支单拉杆（见图 4-21），最终使变形问题得到解决。

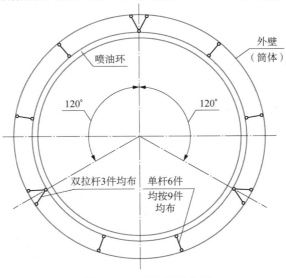

图 4-21　喷油环的支撑

　　总管也有同样的问题。通常采用的结构措施是把 2～3 个总管用 5～6 个长耳片串起来焊接成一个框架式整体结构使其刚性大为增加,如图 4-22 所示。

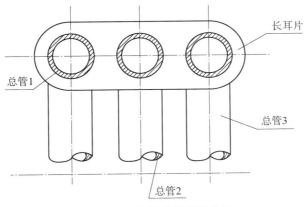

图 4-22　框架式总管组合件

　　喷杆增强刚性的办法比较简单,设计成沿管子中心线成变截面结构。制造工艺则是铸造件或锻件机加工件,例如在燃油总管与喷杆连接处采用三通或 T 字形的焊接铸造结构。

　　增强喷油杆刚性的方法还有很多。例如,在总管上加马鞍座,将两排喷杆焊接成一体,在直径小的喷杆上加套管等。

4.7　烧蚀与预防措施

　　这是在高温加力燃烧室中经常出现的故障。通常是在加力工作一段时间,例如积累数小时或十多小时后出现。但也有短暂加力,例如,十几分钟或者一两分钟即出现的,让人难以捉摸,猝不及防。出现的部位和零件也主要在隔热屏和火焰稳定器上。

　　表 4-5 列举了 8 例典型烧蚀故障,其中有 6 例在新机研制中出现,有两例在老机做专门试验中出现。这 8 例中有两例是在零件变形后伴发的次生故障,另两例是近壁区供油过多或出现高温带所致,其余都是原发性故障。8 例中有 4 例是稳定器烧蚀,有 3 例(含隔热屏固定销钉头)是隔热屏烧蚀,仅有 1 例是喷油杆进入回流区而发生烧蚀。通过这几例烧蚀可分析出它出现的条件主要有 3 项:

表 4-5　8 例典型烧蚀故障

序号	烧蚀零件	加力工作时间	机种	原　　因
1	值班火焰稳定器	<100 min	老机	内锥上气流分离
2	常规稳定器	<10 h	新机	挡板挂火
3	隔热屏	<10 h	新机	变形后烧蚀

序号	烧蚀零件	加力工作时间	机种	原　　因
4	值班火焰稳定器	<100 min	新机	变形后烧蚀
5	隔热屏,喷管调节片	<100 min	老机	靠屏壁区供油过多
6	隔热屏,固定销钉头	<100 s	新机	屏壁区局部富油,有高温带
7	常规稳定器	<20 h	新机	拉杆挂火
8	喷杆,油环	<2 h	新机	进入回流区

（1）该区域内的燃油浓度合适,余气系数既不太贫也不太富,处在可燃范围。

（2）上游存在回流区或挂火的气动因素。

（3）来流温度高达 800 ℃ 或更高。

当上述 3 项条件都存在时,合适可燃混气在 800 ℃ 即能自燃,故会引发零件烧蚀。不过,即使来流温度达不到自燃温度,只要存在火焰可前传的条件,也会出现烧蚀。例如在某型老机上来流温度 700 ℃ 时,内圈稳定器曾出现多次烧蚀。最终通过气动吹风查出是内锥有气流分离,火焰沿气流分离区逆流前传,从而才烧蚀稳定器。为此,采取消除回流排除挂火等措施予以解决。隔热屏固定销钉头是烧蚀频度最高的零件。故障开始时是材料变色,然后出现氧化皮,继之是局部烧融,最后是销钉头全烧蚀掉。排除措施是堵油孔,改变局部燃油浓度消除高温带或更换销钉头材料,如由 Ni3Al 更换 GH3030 等,这些措施都是很有效的。

4.8　油管的安全可靠性

航空发动机的导管很多,不仅有外部导管,还有内部导管。有人统计过发动机的导管及其引起的故障,占总故障的一半多,尤其是燃油导管的失火故障占比很大。新机研制中这个比例更大,因此油管失火各国都会给予极大重视,在发动机结构完整性设计中,对于导管都有特殊规定和要求。

涡喷发动机只要进入中间状态,不开加力,扩散器的外壁温度即可超过 700 ℃。就是在这种条件下,在其外部必须通以燃油总管(包括加力总管和其他油管)。燃油导管的开裂、折断、渗漏和失效等,都会引起失火,造成灾难性的后果。正因为如此,防火和安全措施必须予以充分重视。

首先要查清油管产生裂纹和折断故障的原因有:

（1）管材先天性缺陷。

（2）管子振动。

（3）冷热循环疲劳。

（4）导管设计不合理。

（5）导管受到外部损伤,几何尺寸和形状改变。

（6）装配不合理,装配引起的附加应力。

（7）加工，尤其是焊接质量难以保证。

（8）导管接头及其联结附件的密封性不良。

（9）变形不协调引起的附加应力过大。

分析这些破坏因素，可以归结为管材质量、加工制造、搬送运输、装配和使用维护等多个方面。针对这些，结构设计中需要做全局安排并列出相应的质量控制要求和技术措施：

（1）严格规定管子的加工椭圆度检查要求，导管椭圆度要求如表 4-6 所示。

表 4-6　导管椭圆度要求

序号	导管材料	工作压力/MPa	管径/mm	允许椭圆度/%
1	1Cr18Ni9Ti （0Cr18Ni9Ti）	任一压力下	<20	10
			>20	8
2	20A	<9	各种管径	10
		9～15	<20	6
			>20	3

（2）按照Ⅰ级检验包括 100% X 射线检验成品件。

（3）油管均要求打压试验做强度检查，打压压力根据导管管径而定。管径小于 10 mm 的管子，压力为工作压力的 1.5 倍；管径大于或等于 10 mm 的则取工作压力的 4/3 倍。

（4）装配中采用应力应变仪监测装配应力。

（5）导管进行测振和测频试验。试验必须按照发动机工作环境造成的振动条件进行：

① 相对于发动机轴线的横向振动，

$f = 10 \sim 50$ Hz，最大全振幅 $= 2.03$ mm；

$f = 50 \sim 300$ Hz，最大加速度 $= 10g$。

② 相对于发动机轴线的纵向振动，

$f = 10 \sim 50$ Hz，最大全振幅 $= 1.02$ mm；

$f = 50 \sim 300$ Hz，最大加速度 $= 10g$。

假定横向和纵向振动不是同时发生时，在上述条件下，要求的寿命为 10^7 循环。

（6）为消除管路系统中积油，防止失火。执行防火设计要求，管路接头以及燃油、液压油零件应接受高温耐火 5 min 的考核。

（7）加装隔热包覆，隔开高温热源。

（8）加装失火报警，设置灭火系统。

（9）严格管子零件的搬运和管理，要求有专用包装和存放箱。

（10）调整固定导管支点间距，提高管子刚性。

（11）通常导管的未紧固段长度不超过 300 mm。

（12）根据导管材料、过载、系统工作压力、导管直径以及固定支点间距，按经验和设计规范选择导管与导管、导管与机匣的间隙。

导管的设计和试验不仅重要而且有很多技术问题需要解决，有些未尽事宜可参考叶树蓁和许谔俊的文献。

4.9　合乎设计要求的壁温曲线

怎样才算是合乎设计要求的壁温曲线？至今还没有确切的设计规范予以严格规定，只有一个笼统的壁温不大于 750 ℃。其实本章在前面已提到过壁温的要求或允许值，涉及热源设计、飞机和发动机对后机身的安全要求、所选的材料以及冷却技术等多方面的影响因素。简言之，壁温允许值是个综合结果。其实过多追求并无必要，只需解决两对矛盾：一是加力燃烧室在最大热负荷下，接触火焰的隔热屏能否承受；二是加力燃烧室在最高热负荷下，外壁筒体的壁温飞机后机身能否长时期抗得住。

4.9.1　隔热屏固定销钉头温度的测定

应该是首先测定加力燃烧室近隔热屏区的燃气温度，采用热电偶很难测得。因为热电偶及其导线要通过隔热屏和筒体，振动负荷很大，而且焊接一次需十多分钟。不到半小时即损坏。但可以通过固定销钉测得钉头的熔化温度，其值是 1 300 ℃左右，调整燃烧温度分布，降低燃气热负荷，采用在销钉头涂示温漆测取销钉头的温度，如图 4 - 23 所示，这是燃油浓度调整后测得的结果。可见最高温度不超过 1 150 ℃，并且显示出高点温度在 14 排销钉的最后 4 排上。固定销钉头的温度代表着近壁区域燃气给隔热屏的热负载，也代表了隔热屏的安全许可余度。销钉头包围在近壁区的燃气中，因此它具有一定的代表意义。

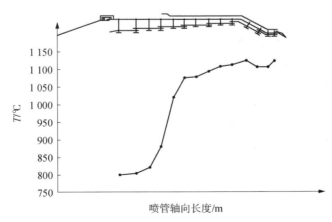

图 4 - 23　隔热屏固定销钉头温度分布

注：1. 采用示温漆所测。

　　2. 测量部分为隔热屏固定销钉头。

　　3. 横坐标为喷管轴向长度。

4.9.2　筒体壁温的温升曲线

图 4 - 24 是在筒体外壁上选取了 a、b、c、d、e 等 5 个特征点焊上热电偶测取的温升曲线。记录的时间间隔以全加力接通时为起始点,开始记录时间短,然后逐渐加长记录间隔。图 4 - 23 与图 4 - 24 是同一次试车、同一次 5 min 全加力时的记录值,因此两者可以相互佐证。从图 4 - 23、图 4 - 24 中都可看出,加力筒体高温位置在收敛段;壁温随着接通加力的时间迅速增高,大约 2 min 达到最高值;最高值达到后在随后的时间里都很稳定,最高峰值都在 780 ℃ 以内。由于是在台架状态测定的,通风罩没有接上,外部冷却系统没有投入工作,按正常带有和不带外部冷却系统,壁温差为 50 ℃,所以图 4 - 24 中的壁温最高峰值实际值是 730 ℃,合乎设计要求:不大于 750 ℃。

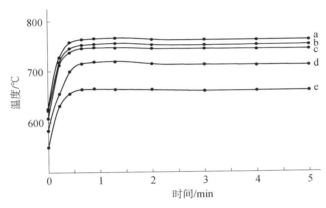

图 4 - 24　加力筒体壁温温升曲线

　　a~e 5 个特征点,测点的分布是 a 在喷口端,e 在进口端;5 点全用热电偶测定;接通全加力是 0 点,即第 1 次记录。前 5 次间隔 12 s,第 6 次间隔 20 s,最后 4 次间隔 60 s,一次全加力共 5 min。

参 考 文 献

［1］季鹤鸣,王乃绪.加力燃烧室隔热屏屈曲变形和热结构稳定性试验研究[J].航空发动机,1997(1):1-5.

［2］贾东兵.加力燃烧室隔热屏冷却系统的计算机程序[J].航空发动机,1997(3):9,17-20.

［3］黄兆祥.航空燃气轮机喷气发动机燃烧室:第一册[M].北京:国防工业出版社,1979.

［4］张斌全.现代航空发动机燃烧室[M].北京:北京航空学院出版社,1986.

［5］许谔俊.航空发动机导管结构完整性要求的初步意见[J].航空发动机,1994(1):53-62.

第 5 章　低温燃烧和涡扇加力燃烧室

5.1　涡扇加力燃烧室的设计要求和技术关键

涡扇加力燃烧室进口是双涵道的。它既有一个与涡喷加力相同的内涵高温系统，还有一个与冲压发动机相同的外涵低温系统。双涵系统共同工作，有 4 种进气方案，故有 4 种加力燃烧方式与其对应。

1）外涵加力

例如，英国的飞马发动机装在鹞式飞机上，其外涵呈裤衩式的，每个裤腿均设有一个外涵加力燃烧室。

2）核心流加力

美国 P&W 公司曾有个 PW1120 试验机，只在其内涵中喷油复燃。

3）分流加力

英、德、意、西班牙的 RB199 装在狂风战斗机上，其内涵和外涵均分别设置加力燃烧室。

4）混合流加力

这是目前各国广泛采用的涡扇加力方案。其特点就是内涵和外涵两股流同时进入一个专门设计的混合/扩压室中，然后进行组织燃烧。

这是涡扇加力研制中第一要解决的关键技术：混合和混合/扩压器方案选择。

表 5-1 列出了涡喷和涡扇加力台架状态进口参数、设计要求和工作条件的比较。由表中数据及工作条件可知，外涵是在亚声流动条件下工作的。加力燃烧室的点火或压力脉动都会前传风扇影响发动机的整机安全，必须采用软点火或专用的点火技术，这是涡扇加力第二个关键技术。

表 5-1　涡喷和涡扇加力台架状态进口参数、设计要求和工作条件比较

参数或条件	类　　型		备　注
	涡喷加力	涡扇加力	
扩压器进口 Ma 数	0.5~0.6	0.40~0.50	
最大截面处速度系数	0.21~0.30	0.20~0.23	
进口总温/℃	600~850	750~1 000(60~800)[①]	

（续表）

参数或条件	类　　型		备　注
	涡喷加力	涡扇加力	
加力比	1.5	1.75	RB199 最高达 2.0
总工作油气比范围	0.02～0.067	0.002～0.047	
加温比	＜2.3	3.2	
气流的含氧量/%	14	17	
进气流道	单涵	双涵	
进口条件	有节流	外涵无节流	

注：① 括号中系外涵数据。

　　从表 5-1 还可以看出另一个问题——低温燃烧问题。冲压发动机燃烧室启动时飞行马赫数都处在 2.0 或者更高条件下，其实在该状态下扩压器出口的气温并不算太低。可是涡扇加力外涵气流却没有这样好的进气条件，仅有 50～60 ℃。如遇非标准大气或在高纬度地区工作，其进气温度还要低几十度，可见不可小觑。低温环境中组织燃烧必须独辟蹊径，由此派生出值班火焰稳定器的设计与试验、燃油分配与浓度匹配等技术问题。

　　最后，本章将专列一节，介绍振荡燃烧和不稳定燃烧，也是一个既显神秘又经常遇见的问题。

5.2　混合和混合/扩压器

5.2.1　混合度和 4 种混合器

　　所有混合流加力式涡扇发动机都有一个混合/扩压器，简称混合器。它是涡扇加力燃烧室的主要部件之一，主要功能有如下几项：①使内外涵两股气流混合；②使气流扩压减速准备组织燃烧；③改善加力进口流场；④提高推进效率；⑤连接和支承外、内涵机匣（漏斗混合器）。

　　除此之外，混合器还有降低噪声、减少红外辐射等功能，故它在航空上应用甚广。不过这里介绍的几项功能中最主要的是为组织燃烧做准备，这和涡喷发动机的扩压器是一样的。目前采用的混合器主要有 3 种类型：漏斗混合器、环形混合器、波瓣混合器，还有第 4 种混合器称为指形混合器，其性能与波瓣混合器相同。将做专门介绍。在介绍 3 种混合器之前先介绍一下混合度的概念和定义。

　　混合器是把两股冷热气体加以混合的机械装置，它不仅在航空上而且在许多民用部门都有广泛应用。这种两股气流的混合是湍流射流之间的掺混，其特征是有横向（垂直气流方向）的气体微团的脉动，所以在两股气体射流边界层的表面上有气体微团的动量和质量的交换。射流就是靠这种交换沿流程把冷热两股气流的速度、温度和压力梯度逐渐拉平的。当气流到达混合器的出口时，如果气流的参数完全拉平

则称为完全混合,如尚未完全拉平则称为不完全混合。混合度是衡量混合器的混合完全程度的一种尺度,其计算公式为

$$\varepsilon = \frac{(1+B)\sqrt{T_e} - (\sqrt{T_n} + B\sqrt{T_w})}{(1+B)\sqrt{T_m} - (\sqrt{T_n} + B\sqrt{T_w})} \tag{5-1}$$

式中,B 为涵道比,T_n 为内涵温度,T_w 为外涵温度,T_e 为真实的混合温度,T_m 为完全混合的理论温度。

该公式是由两股气流混合后产生的推力的公式推导出来的,既可用于计算也可用于实验测量。

不同结构的混合器有不同的混合度。上述 3 种混合器的混合度与 l/D 的关系如图 5-1 所示,图中 l/D 是混合器长度与混合器直径之比。

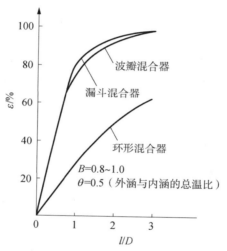

图 5-1　3 种混合器的混合度与 l/D 的关系

这 3 种混合度很不相同的混合器,各自组织燃烧的机理是不相同的。不同的混合器代表了不同的涡扇加力燃烧室结构方案。

5.2.2　漏斗混合器及其组织燃烧方案

5.2.2.1　技术要求

(1) 出口温度场和速度场应尽可能均匀。目的是通过内涵和外涵两股气流的充分混合,提高外涵部分气流的温度,以避免在燃烧段遇到低温问题。所以该方案是先进行掺混然后再进行混合/扩压,在充分混合好的气流中组织燃烧。因此混合/扩压器的轴向尺寸相对较长,这是其主要特点。

(2) 出口温度场和速度场很稳定。无论是高空低速还是低空高速,混合/扩压器的出口温度场和速度场都要基本相似。为达到此目的,要求采用尽可能多的漏

斗,并且选择最佳的漏斗进气冲角和插入深度,把外涵气流逐股掺入内涵。同时在外涵机匣上设置蜂腰段(在漏斗进口前),以获得需要的出口温度场和速度场,这是其又一特点。

图 5-2 和图 5-3 分别表示漏斗混合器的出口速度场和温度场随涵道比而变化的曲线。图 5-4 是漏斗混合器简图。

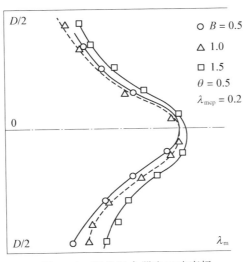

图 5-2　漏斗混合器出口速度场

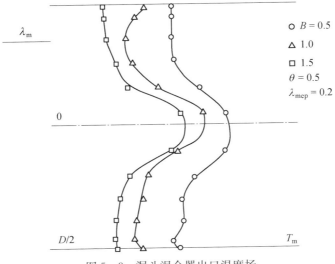

图 5-3　漏斗混合器出口温度场

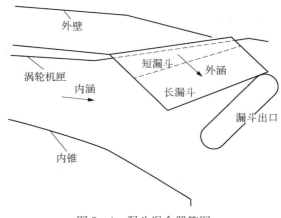

图 5 - 4　漏斗混合器简图

5.2.2.2　组织燃烧的特点

20 世纪 60 年代初设计的第一代加力式涡扇发动机斯贝 MK202,采用的是漏斗混合器方案,其组织燃烧具有以下典型特征:

(1) 采用多圈环形梯形槽火焰稳定器。

(2) 三圈火焰稳定器呈宝塔式放置,由小到大梯次布局。

(3) 根据混合器出口流线修正稳定器的安装迎角。

(4) 稳定器全部采用蒸发管式值班火焰稳定器,槽内供油量相当于一个独立供油区,大约占总供油量的 10%～13%。

(5) 采用催化点火器进行中心点火,火焰由中心逐渐向外点燃整个加力燃烧室。

(6) 混合器出口温度场和速度场比较均匀,燃烧截面置于混合/扩压器的出口最大截面处。

(7) 既是混合器又是承力框架,通过混合器把双涵道变成了单涵道。

(8) 采取内外涵混合供油和分区供油(早期分 3 区)。

(9) 在主流中充填供油,以与值班火焰稳定器相匹配。

(10) 为保证燃油喷射后的落点位置,全部采用直流喷嘴顺流喷射。

斯贝 MK202 发动机加力燃烧室如图 5 - 5 所示,它具有涵道比 $B = 0.62$,在经过漏斗混合器掺和混合后平均总温达到 450 ℃,流场中最低温度则在 300 ℃以上。有鉴于此,它采用了涡喷加力的布局,首次解决了涡扇加力的组织燃烧问题,其最高加力温度达到 2043 K。它的许多技术至今仍有重要参考价值。

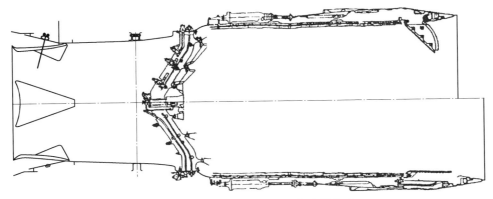

图 5 - 5　斯贝 MK202 发动机加力燃烧室

5.2.3　环形混合器及其组织燃烧方案

5.2.3.1　环形混合器技术要求

环形混合器又称同轴进气或平行进气混合器，与漏斗混合器相比具有总压损失小、结构简单、质量轻等优点。它由内壁、外壁和分流环三者构成，其典型流路如图 5 - 6 所示，它的设计指导思想是在不充分混合条件下，借助内涵的高温燃气支援外涵，用以组织燃烧。

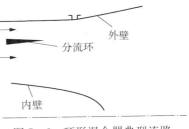

图 5 - 6　环形混合器典型流路

归结技术要求如下。

1）分流环出口面积比应遵循静压平衡原理设计

$$\frac{p_{\text{I}}}{P_{\text{I}}} = \pi(\lambda_{\text{I}}), \quad \frac{p_{\text{II}}}{P_{\text{II}}} = \pi(\lambda_{\text{II}})$$

按内外涵混合截面处静压相等可得

$$p_{\text{I}} = p_{\text{II}} \tag{5-2}$$

则得 $P_{\text{I}}\pi(\lambda_{\text{I}}) = P_{\text{II}}\pi(\lambda_{\text{II}})$，因此有

$$\frac{P_{\text{I}}}{P_{\text{II}}} = \frac{\pi(\lambda_{\text{I}})}{\pi(\lambda_{\text{II}})} = K \tag{5-3}$$

这里的 K 在飞行中是变值，兼顾到状态多变的特性，台架状态的 K 应取 $0.98 \sim 0.99$，否则会影响推力性能的发挥。因此，气动参数的选择要受到限制。

2）分流环的轴向长度要合适

与漏斗混合器不同，环形混合器的扩压包括两部分：一是混合前的内涵与外涵的气流分别扩压；二是混合后的共同扩压。这两部分的扩压分配比例取决于分流环的悬臂结构许可程度与组织燃烧这两者的权衡折中，包含相互制约的因素。

3）兼顾使用修正分流环的面积比

内涵和外涵气流经分流环的末端同时进入混合室。由于各自的阻力特性不一样,飞行时的流量比变化很大,其分流边界层的径向位移量可达几十毫米。给组织燃烧带来很大困难。因此,为了满足组织燃烧的需要,必须适当修正分流环的面积比。

图 5-7 和图 5-8 分别是环形混合器出口速度场和温度场。这两者随着流量比的变化而迅速变化,在组织燃烧时应对此予以充分注意。

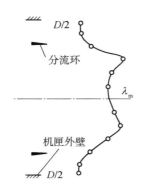
图 5-7　环形混合器出口速度场

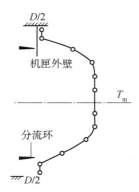
图 5-8　环形混合器出口温度场

5.2.3.2　组织燃烧的特点

（1）在内涵中设置具有值班功能的主稳定器。

（2）主稳定器放在紧挨着环形混合器的分流环后部的分流边界层内涵的一侧。

（3）在外涵气流中设置具有一定后倾角的径向火焰稳定器(径向槽)。

（4）多个径向稳定器骑靠在主稳定器外侧边上,沿圆周做辐射状安装。

（5）点火器设置在主稳定器上,首先点燃主稳定器。

（6）带有一系列的径向稳定器的主稳定器构成向日葵一样的火焰,径向稳定器把内涵的火焰传向外涵。

（7）随着外涵喷油环的逐个投入工作。径向传焰槽逐渐沿径向燃烧,从而把整个外涵都燃烧起来。

（8）内涵和外涵气流中的加力供油量必须分开调节,并且要采用多区供油方案。

（9）燃烧区的划分可有两种方案:一是环形区,各个区都是同心圆;二是扇形区,沿周向按扇面分成若干个供油区。

（10）主稳定器以内的内涵部分的组织燃烧方案与涡喷加力相同。

该方案的最大特点是利用已燃烧起来的主稳定器与外涵之间形成的压差,用径向稳定器联通起来。靠着它向外涵输送高温燃气,以此点燃外涵中的预混气流。该方案与漏斗混合器不同,希望混合器的冷热两股气流尽量不混合或少混合。

本方案的另一个重要问题是分流环后冷热两股气流边界层的径向位置的确定

以及主稳定器半径的选择。图 5-9 是混合边界层与主稳定器的相对位置示意图。
射流边界层的位置以及边界层的宽度可以采用面积比法估算,也可以采用射流理论
进行分析计算,当然更可以采用气动吹风方法测量求得。

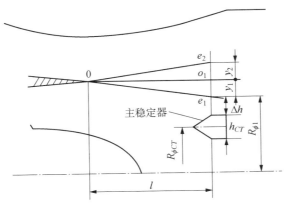

图 5-9　混合边界层与主稳定器的相对位置示意图

确定主稳定器中心线与射流边界层的间距 Δh,要兼顾两条:一是要确保主稳定
器向外涵传焰的距离最短;二是要让主稳定器落在内涵的一侧。显然若只考虑前
者,应选 $\Delta h = 0$,但是考虑到射流边界层在飞行中变化很大,只有 Δh 留有较大的余
量,才能满足后者的要求,故初次选定范围为 $\Delta h = 10 \sim 20\,\mathrm{mm}$。实际上 Δh 的选择
还涉及外涵油区的布局、径向稳定器的结构尺寸等因素,通常要做一定调试后才能
最终确定。

环形混合器及其组织燃烧方案的典型例子是 F100 发动机加力燃烧室(包括
TF30 等),如图 5-10 所示。

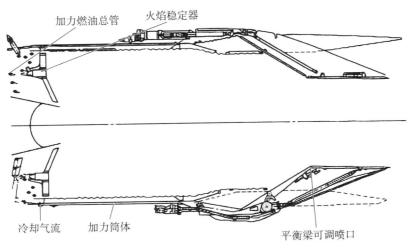

图 5-10　F-100 发动机加力燃烧室

5.2.4　波瓣混合器及其组织燃烧方案

环形混合器组织燃烧上的难点就在于射流边界层的径向位置变化很大。如果把主稳定器向上游移动，又会使稳定器前的流速增大。为了从根本上解决这个问题，则把主稳定器和外涵径向稳定器全部移到内涵气流中去。这种方案就是波瓣混合器组织燃烧方案，它吸收了前两种方案的优点，同时又克服了它们的缺点，从而大大提高了外涵燃烧的稳定性，而又保持加力燃烧室具有较好的气动性能。第三代涡扇发动机加力燃烧室几乎都采用这种方案。

5.2.4.1　技术要求

该方案虽然期望混合，但也不要求完全混合，而是要求混合器后方的内涵气流像"齿轮"一样配置，并让混合器中带有多个径向稳定器的主稳定器全部躲进内涵"齿轮"的背影之中，而外涵低温气流则自相邻两"齿"的"齿谷"中流入混合室，完成掺混过程。这个掺混是在径向方向上的交流并沿轴向逐步进行的，而周向的掺混则由气动力完成。波瓣混合器如图 5-11 所示。

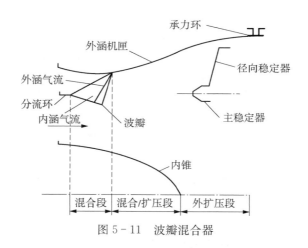

图 5-11　波瓣混合器

5.2.4.2　组织燃烧的特点

（1）仍然采用一个环形值班火焰稳定器作为主稳定器，并在其外侧骑上一组径向稳定器。

（2）混合器的波瓣数与径向稳定器数目相等，或互相为整数倍。例如，F110 各为 20 个；RD33 波瓣数为 12 个，但在两波瓣间各夹一组漏斗，所以实际上是 24 个；AL31F 有 22 个波瓣，有 11 个长波瓣与 11 个短波瓣，相互交替设置，11 个长波瓣与 11 个径向稳定器式的传焰槽沿周向按角度均匀分布，并且相互对应。

（3）混合器的内涵波瓣的周向分布与径向稳定器的周向分布完全对应，全部径向稳定器均处在内涵高温气流里，从而避开了外涵低温气流对燃烧稳定性的影响。

（4）在供油调节系统上通常采用内外涵分开供油方案,但也可采用混合供油方案。

（5）径向稳定器均有自己的单独喷油系统,主流则有主流喷油系统。

波瓣混合器和径向火焰稳定器的典型结构如图 5-12 所示。这是美国 F110 发动机的加力燃烧室。其径向稳定器紧挨着波瓣混合器,局部供油喷油杆位于波瓣之后和径向稳定器之前的内涵气流之中。主流喷油仍然采用喷杆,直接从外涵机匣上插入并且与气流方向垂直。

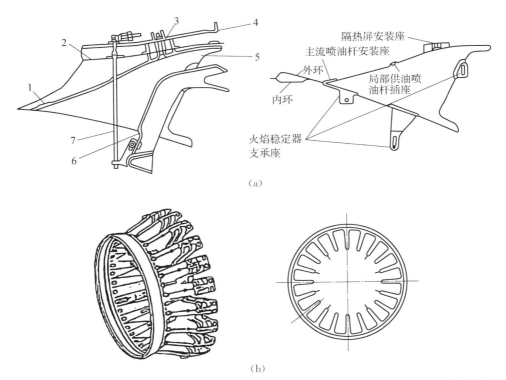

1—内涵和外涵主流喷油杆安装处;2—隔热屏;3—混合器隔热屏固定销;4—外涵机匣;5—波瓣混合器;
6—径向稳定器;7—局部供油喷油杆。

图 5-12　波瓣混合器和火焰稳定器的典型结构

5.2.5　指形混合器及其组织燃烧方案

指形混合器(finger mixer)与波瓣混合器其实是属于同一类型的混合器,由于其外形很像伸开的五指而得名。目前只有英、意、德、西班牙 4 个欧洲国家联合研制的 RB199 上采用,如图 5-13 和图 5-14 所示。图 5-15 是 RB199 加力燃烧室局部剖视图。从图中可见,该混合器不同于一般混合器,它是从内外涵分流加力,有其独到的组织燃烧的特点。

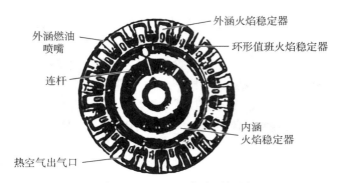

图 5-13   RB199 加力后视图

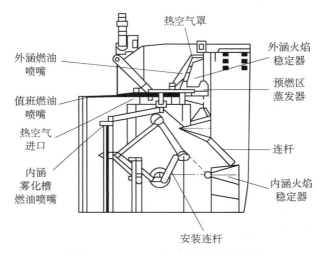

图 5-14   RB199 加力燃烧室剖视图

5.2.5.1   作战技术需求

RB199 装机对象是欧洲战斗机"狂风"。"狂风"是以打击海陆目标为主的歼击轰炸机,在我国也称为强击机。归结作战技术需求有如下几项:

(1) 加力推力要尽可能大。

(2) 加力和中间状态耗油率要尽可能低。

(3) 结构尺寸紧凑,质量轻。

(4) 具有反推力功能。

(5) 接通加力要快,加力燃烧稳定性好。

(6) 有良好的低空作战能力。

5.2.5.2   组织燃烧和结构设计特点

上述这些需求催生出 RB199 发动机的基本气动和结构特点。首先它是涵道比较大的(台架点 $B=1.0$)涡扇发动机,它跳出了涡扇加力大都先混合后燃烧的老框

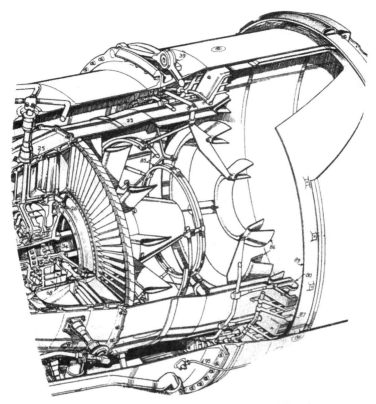

图 5 - 15　RB199 加力燃烧室轴测局部剖视图

框,而是直接采用外涵加力的模式,然后进入混合室,再混合。RB199 具有以下特点:

(1) 内涵和外涵各自分别扩压并分别燃烧,实施分流加力。有利于提高涵道比较大的涡扇发动机的推进效率。

(2) 引内涵高温燃气加温外涵径向稳定器,改善了非加力时的温度场,提高了非加力性能。

(3) 尤其是在外涵中组织燃烧技术措施齐全,大大提高了外涵冷流中的燃烧稳定性和燃烧效率。

5.2.5.3　主要技术措施

(1) 在外涵冷流中设置双层壁的径向火焰稳定器。自内涵中引高温燃气进入双层壁形成的热气罩中,让径向稳定器始终处于热燃气包围中。

(2) 在径向稳定器后方设置值班燃烧器。这是带有气化器的烟斗式蒸发管供油的预燃器,而且是独立供油。故这种值班燃烧器的燃烧效率很高,其工作温度也相对较高。

(3) 主流喷油在相邻的两个径向稳定器之间的外涵气流中进行。紧挨着径向稳定器的两侧各有一支梳状铸造喷油杆,该喷油杆上采用的是扁缝式喷油口,其扁状喷油口的轴线与径向稳定器的径向一致。喷杆与径向稳定器的倾角完全相同,具有良好的匹配一致性。

（4）内涵采用两圈 V 形槽火焰稳定器并配备雾化槽（或喷油挡板）喷油系统。不仅喷雾质量好,而且其周向浓度分布尤其均匀。

（5）外涵设置预先扩压并组织燃烧。缩短了内外涵两股流的混合长度。整个加力燃烧室轴向长度很短,因此留出了轴向空间,从而在其与喷口之间设置蛤壳状反推力装置。

（6）采用热射流点火。RB199 的加力燃烧室采取了诸多完善的技术措施,使得该机能在涵道比变化较大时仍能可靠工作。而且在加力燃烧室结构轴向尺寸比较短的条件下（结构质量也相应变小）,做到加力燃烧稳定性好、燃烧效率高,有其独到之处。

5.3　软点火技术

涡喷发动机加力点火时,涡轮通常处于临界状态。故点火对涡轮及其前面的零部件没有影响。所以加力点火无所谓强弱和软硬。可是涡扇发动机却不一样,因其外涵在发动机全部工作状态下,始终处于亚声速流动,所以加力燃烧室中任何压力脉动都可能前传影响风扇,严重时会引起风扇工作不稳定,甚至造成全机振动。

解决涡扇加力燃烧室的点火和启动问题,首先要找到一个衡量尺度,这就是点火时的压力脉动值。此压力脉动值是风扇能承受的。然后以此作为衡量尺度,在此值以上为硬点火,在此值以下为软点火,这就是硬点火和软点火的由来。有个别涡喷发动机,例如 P29Φ-300,可以在低转速时（涡轮尚未临界）接通加力,其目的是缩短从慢车进入全加力的时间,以使发动机快速增加推力,这与涡扇加力必须采用软点火技术是不一样的。

无论是涡扇还是涡喷加力燃烧室,其总工作油气比都很高,余气系数几乎接近化学恰当比,所以必须在整个截面上进行燃烧。因此,加力燃烧室必须要有专用的点火器来提供火种,这种点火器要有足够的功率和点火可靠性。不仅如此,还要建立起稳定的点火源,由此再让整个加力燃烧室燃烧起来。加力燃烧室采用的是二级燃烧方案,这与主燃烧室的一级点火方案也是不同的。关于各种点火器及其特点已在第 1 章介绍,这里介绍软点火问题。

5.3.1　预放喷口

由喘振裕度公式:

$$\Delta S_m = \left(\frac{\pi_{c\text{喘}}}{\pi_{c\text{工作}}} \times \frac{q_{ma\text{工作}}}{q_{ma\text{喘}}} - 1 \right) \times 100\% \qquad (5-4)$$

式中,$\pi_{c\text{工作}}$,$q_{ma\text{工作}}$ 分别为发动机工作点的压比和流量;$\pi_{c\text{喘}}$ 和 $q_{ma\text{喘}}$ 分别为喘振点的

压比和流量。

可知,如果接通加力前或加力供油前预放喷口,则因 $\pi_{c工作}$ 降低,$q_{ma工作}$ 增加,发动机将远离端振点,这对安全点火是有利的。所以通常的加力点火程序如下:接通加力放喷口 →加力供油→点火→压力脉动→点火成功→ T_6(或 T_4)和转差恢复正常→发动机状态恢复。

在整个加力点火过程中,全靠 π_T 调节器自动控制工作。

然而预放喷口也有不利的一面。图 5 - 16 给出 n_2 为常数的某型涡扇发动机在巡航状态下做加力试验时,加力燃烧室内的参数随喷口放大的变化情况。当 $\overline{A_c}$ 增大时,加力进口总压和总温都在降低,速度系数急剧增大,与此相关的流场不均匀度也相应加剧。这些变化都给加力点火带来了困难,因而点火能量就需要加

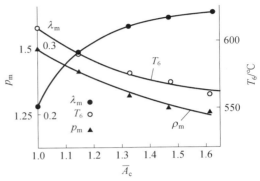

图 5 - 16　加力进口参数随喷口变化规律

大。尤其是点火失败时,还可能出现爆燃或其他不正常现象,如再次点火则极易放炮,引起硬点火。因此,关于是否采取预放喷口点火这一点必须要权衡利弊、慎重处理。参考有关实验数据,即使预放喷口此值也不宜超过 10%,一般以 5% 为宜。最为理想的软点火办法是在很低的油气比下点燃加力燃烧室。

5.3.2　软点火油气比

通常一台大加力比的涡扇发动机,不仅加力的油气比很高,而且工作油气比的变化范围很宽,高达 10 倍左右。加力点火的引燃能力必须足够大,方足以点燃全部供油区,完成加力启动。显然过小的点火油气比并不有利。同时,在高空低速条件下,加力点火油量过小还涉及加力油泵的稳定工作问题。到底多大的油气比最合适?这个问题涉及诸多因素。最为关键的还是取决于风扇能承受多大压力脉动,对应这个脉动值的点火油气比是多少,这是工程设计中需要的数据。

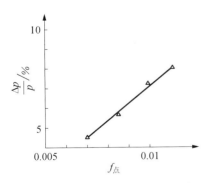

图 5 - 17　点火油气比与压力突升
的关系曲线

由静压表示的流量方程对时间求导并设点火时流量不变,再从热焓方程即可求得点火油气比与压比突升的对应关系。图 5 - 17 所示为某型涡扇发动机采用预燃室点火器进行加力点火时,所测得的点火油气比与压力突升的关系曲线,可以看出其变化规律大体上与用公式预估的情况相符。假设点火油气比为 0.003,即使在喷

口不协动的情况下,加力燃烧室里的压力突升值大约为 5%,这个量级的突升值风扇通常是可以接受的。这时加力点火柔和无声,是名副其实的软点火。

上述是一般规律。由于点火时燃烧效率甚低,而且各型发动机特别是风扇的喘振裕度各不相同,因此点火油气比不一定选取得非常小。高空很小的加力油量对于大流量的气芯泵是个难题,必须加设专门的小油量控油系统。总之,要根据具体情况选择最小油气比。图 5-18 所示为采用热射流点火时的加力点火启动程序。点火时喷口打开很小,瞬间供给较多油量,然后急速收小油门,完成加力点火。整个启动过程大约为 0.5 s,这是在带喷口调节器时的点火过程。

图 5-19 所示为典型的加力点火过程。这是 n_2 为常数的涡扇发动机。先放喷口,n_1 上升,燃烧室内压力下降,加力供油,加力点着火后,燃烧室内压力增加,n_1 下降,喷口自动回调,燃烧室内压力恢复正常,完成点火。这是全部由自动器控制的点火供油与喷口匹配过程。点火瞬态曲线不单是压力脉动要达到要求,而且可靠性要求也要保证,确保不小于 10^5。

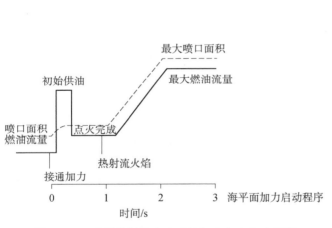

图 5-18 采用热射流点火时的加力点火启动程序

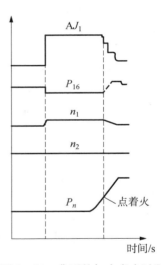

图 5-19 典型的加力点火过程

5.3.3 高能电嘴连续打火

采用高能电嘴(如 $N=3\sim18$ J/次,$f=6\sim7$ 次/s)作为点火器,在接通加力后连续不停打火,即要在加力工作期间电嘴始终不停工作,将有利于扩大点火包线并提高点火成功率。采用两支电嘴比只用一支电嘴点火油气比要小,点火更为可靠。这是实施软点火的一种好方法,其优点是降低了点火油气比。不过电嘴的寿命是个问题,要对电嘴进行适当冷却。

5.3.4 加力火焰检测

为了防止出现硬点火[在喷口不协动的情况下,硬点火的压力脉动至少也可达

9.81 kPa(1 000 mmH$_2$O)],从而影响主机的安全工作。同时也为了严格控制喷口面积与加力供油量和点火之间的匹配,让发动机平稳接通加力,必须要获取正确无误的点火和熄火信号。然后据此确定是否再继续向加力室内增加供油量。这是很重要的问题。在涡扇发动机条件下,由于压力传感器的时滞性能难以满足风扇过渡态的要求,故必须采用专门的直接感受加力火焰的检测装置,或称火焰检测器。

能够迅速感受加力点着火和熄灭以及不稳定燃烧情况的敏感元件有 3 类:①光敏元件。②光学高温计。③感受火焰电离特性的离子探测器。离子探测器要直接接触火焰,寿命问题较大;光敏元件是间接测量,从使用维护角度看是比较好的;光学高温计灵敏度稍差。因此通常都选光敏元件。

选择和设计加力火焰检测器的技术条件,是根据先进的涡扇发动机加力调节系统的使用要求来确定的。主要如下:

(1)火焰的出现和熄灭或不稳定的反应要灵敏,反应时间不得超过 0.2 s。

(2)对背景辐射不敏感。对于太阳光、发动机热端部件以及电火花等的背景辐射不得产生假信号。

(3)寿命要与发动机相当。

(4)环境工作条件。

温度:−55~125 ℃。

高度:0~25 km,不击穿,无电晕。

抗振动:≥10g。

安装要求:

满足对中和视场要求;

探测窗口的尺寸要足够大以吸纳足够的光辐射能量;

减少污染。

根据以上技术要求选定的光敏元件。还要注意其适用的光谱范围:红外部分不能采用,因发动机热端部件的红外辐射很强烈;太阳光中主要是可见光,要避免使用;唯有紫外部分可供选用。好在太阳光中的紫外辐射在距地面 30 km 的高空已绝大部分被臭氧层所吸收了。同时从煤油-空气燃烧的火焰光谱看,主要是落在紫外辐射部分,如图 5-20 所示。因此应选择紫外或远紫外光敏原件,相应的探测窗口的光学玻璃也要选择透紫玻璃。

图 5-21 比较了 4 种火焰探测器的观测位置,其中位置②③和④基本满足技术要求,位置①不行。探测器的安装不得有碍视野和影响对中,当然还要考虑长期工作的污染问题,选择的探测窗口通常应放置在发动机的水平线以上位置。

有些火焰探测器对于点着火很敏感,但是对于火焰的熄灭或者火焰出现闪烁、抖动等不稳定现象则无反应或者反应迟缓,这种探测器也是不符合规定的技术要求的。

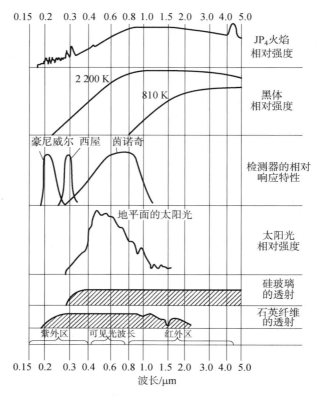

图 5-20 加力火焰检测系统的响应特性

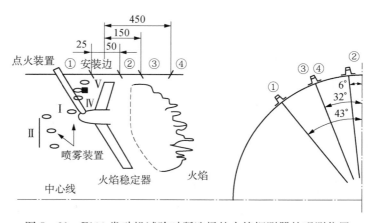

图 5-21 F100 发动机试验时所选择的火焰探测器的观测位置

有些发动机为保证加力燃烧室点火安全,还设置失速探测器或喘振探测器。

5.4　值班火焰稳定器

值班火焰稳定器(pilot flame stabilizator)并不是首次出现在涡扇加力上。在涡喷发动机上,例如美国的 J85 和法国的阿塔等都采用了值班火焰稳定器。英国的斯贝 MK202 是在涡扇加力上最早采用的一家。其实在此之前,冲压发动机的燃烧室上即采用了预燃室。预燃室的设计思想可看作涡喷涡扇加力上的值班火焰稳定器的启蒙。不过涡扇加力上采用值班火焰稳定器却是势在所迫。

前文已述,涡扇加力的可能工作余气系数变化范围高达 20 多倍。为了使加力能在宽广的范围内可靠平稳工作,通常采用的都是分区供油技术。无论是用等供油量设计还是等余气系数设计至少也得分三五个油区,甚至更多。即便如此,其最小工作油气比也难以满足软点火的基本要求。这是因为常规 V 形稳定器的稳定工作油气比范围很窄,在高空低压条件下最大最小余气系数比 $\bar{\alpha}$ 仅为 2.0,其贫油吹熄边界尤其窄小。为了扩大涡扇加力的贫油工作边界,能在很贫油的条件下实现软点火,最好的方法是采用值班火焰稳定器。

5.4.1　"长明灯"及其特点

值班火焰稳定器可以粗略地看成是尺寸很小的环形燃烧室。它与常规 V 形槽稳定器相比,是在其头部引进了空气并在 V 形槽后的回流区里做了局部供油。因此具有主燃烧室贫油燃烧的优良性能,可在很小的加力油气比($f_{ab} = 0.002 \sim 0.003$)下点燃,一旦点燃成功即长明不熄,故俗称"长明灯"。其特点是贫油工作边界特别宽。在常压条件下,$\bar{\alpha} \geqslant 10$;在低压(燃烧室里的工作压力可低至 0.3 atm)时,$\bar{\alpha} = 8 \sim 9$。因此,可以大幅减少分区,又可获得极低的点火油气比,达到软点火的技术目的。

5.4.2　结构形式和主要设计参数

5.4.2.1　结构形式

图 5-22 所示是国外曾试验过的值班火焰稳定器,其实远不止这些。图 5-23 和图 5-24 所示是我国曾经研制过的 8 种值班火焰稳定器。图 5-25 所示是俄罗斯的 1 种。林林总总,种类繁多,如何对它们进行分门别类呢?

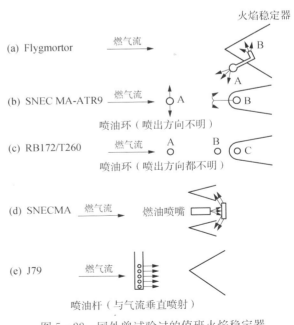

图 5-22　国外曾试验过的值班火焰稳定器

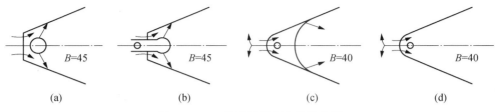

图 5 - 23 4 种无裙值班火焰稳定器

(a) 头部进气,外部供混合气 (b) 头部进气,采用蒸发管供混合气 (c) 头部进气,局部逆向供燃油
(d) 单层壁进气,局部逆向供燃油

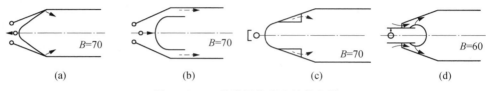

图 5 - 24 4 种带裙值班火焰稳定器

(a) 双层结构,大孔进气,局部供油 (b) 双层结构,环形进气,局部供油 (c) 单层吸入式进气斗,局部供油 (d) 头部双排椭圆孔进气,采用蒸发管供混合气

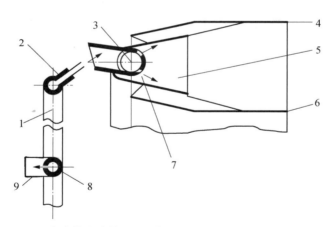

1—加力燃油总管;2—总管上的斜喷喷嘴;3—汽化器(蒸发器);4—外翼板;5—预燃室火焰稳定器;6—内翼板;7—二次喷射;8—总管上的挡板喷嘴;9—挡板。

图 5 - 25 俄罗斯带预燃室值班火焰稳定器

1) 从功能和尺寸分

图 5 - 22 和图 5 - 23 所示的尺寸较小,槽宽 $B = 40 \sim 45$。 它与 V 形槽火焰稳定器外形基本相同,其功能只是点燃两侧边的可燃油气混合物。斯贝 MK202 是其典型代表。图 5 - 24 和图 5 - 25 所示的尺寸较大,带有裙边,槽宽 $B = 60 \sim 70$。

它外形像小型环形燃烧室。其功能除了自身点燃还要通过骑跨在它裙边内外侧的径向稳定器把高温燃气引向内涵和外涵。该值班火焰稳定器专门取名为"主稳定器"。它通常设置在紧挨分流环后方内涵气流之中,其典型代表如 F100、RB199 等。

2) 从稳定器头部结构分

图 5 - 23(c) 和图 5 - 24(a)(b) 所示是双层结构,其余都是单层结构。

3) 从头部进气量和进气形式分

进气形式有圆孔进气、长圆孔进气、环状进气、大孔进气、吸气进气斗进气等。

进气空气量:单排圆孔进气量最少,为稳定器迎面流量的 3%~4%,如阿塔;双排长椭圆孔进气量较多,为稳定器迎面流量的 7%~8%,如斯贝 MK202;环形进气量最多,大约可达迎面流量的 30%,如 F100[见图 5 - 24(b) 和图 5 - 25]。该结构后文有专门介绍。

4) 从局部供油方式分

有蒸发管式供油、挡板式溅喷供油、薄膜式供油等。

5.4.2.2　设计参数选择

1) 进入回流区中的空气量

值班火焰稳定器头部开孔,计算其回流区的空气量应包括两部分:

$$\overline{q}_{ma} = \overline{q}_{mN} + \overline{q}_{mb} \tag{5-5}$$

式中,$\overline{q}_{mN}$ 为头部相对进气量,$\overline{q}_{mb}$ 为从后缘进入的相对进气量。

而

$$\overline{q}_{mb} = C_V \left(\frac{L}{H}\right)\left(\frac{B}{H}\right)\left(\frac{\tau_V V_0}{H}\right)^{-1} \tag{5-6}$$

上式详见有关参考文献。$\overline{q}_{mN}$ 取决于开孔面积和流量系数 μ_c,几种孔的 μ_c 如下。

垂直于气流的长椭圆孔:$\mu_c = 0.88 \sim 0.9$;

平行于气流的圆管进口:$\mu_c = 0.8 \sim 0.84$;

垂直于气流的环形气隙:$\mu_c = 0.9 \sim 0.95$。

值班火焰稳定器头部开孔面积的大小由任务目标决定。由于稳定器头部通入了空气,回流区的气动力有了较大变化,回流区的负压有所降低。例如,在 $p_1 = 0.11$ MPa 和 $T_1 = 370\,℃$,$\lambda = 0.21$ 的条件下测取回流区的负压值。常规 V 形槽为 3.924 kPa(400 mmH$_2$O),开孔的则为 $1.962 \sim 2.158$ kPa($200 \sim 220$ mmH$_2$O)。同时回流区的长宽比也有变化。图 5 - 26 为值班火焰稳定器的流谱和回流区长宽比 (L/B) 随头部开孔面积比的 $\overline{A}_n$ 变化。在 $\overline{A}_n = 0.05 \sim 0.08$ 时,L/B 有最大值,可供设计时选取。

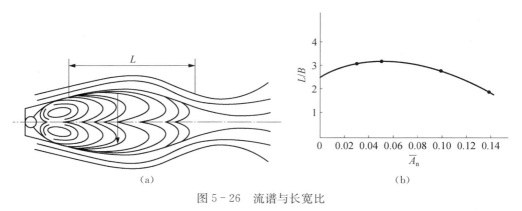

图 5 - 26　流谱与长宽比

（a）无裙值班火焰稳定器(带蒸发管)的流谱　（b）回流区长宽比随头部开孔面积比的变化

　　采用蒸发管比较有利于在尺寸很小的火焰稳定器里组织燃烧,也易于燃油的充分雾化蒸发和掺混。图 5 - 27 和图 5 - 28 所示分别为采用蒸发管的值班火焰稳定器的径向和周向温度分布的实测结果。由图可见值班火焰稳定器内的燃烧温度全都超过 1 000 ℃,这种高温燃气完全有能力承担加力燃烧室的稳定火源的角色,其温度分布和能量足以引燃各个油区和整个加力燃烧室。

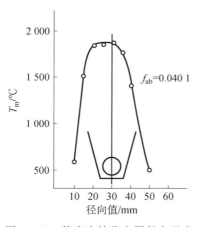

图 5 - 27　值班火焰稳定器径向温度
　　　　　分布

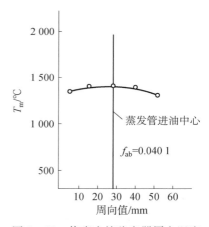

图 5 - 28　值班火焰稳定器周向温度
　　　　　分布

　　上文所述都是指采用蒸发管式值班火焰稳定器而言。其头部进气量过大,如超过 10% ,回流区将被破坏,难以形成统一的体系。在这种情况下,虽然软点火性能很好,可是引燃性能不如环形进气。在双层壁条件下,内外壁形成的回流区气动系统始终如一。当进气量高达迎面流量的 30% 也可接受,因而可烧掉更多的燃油,燃烧强度更高。当带有裙边做主稳定器时,其后缘的回流量基本为 0 。不过该回流量本来就很少,仅为迎面流量的 $1\%\sim2\%$。因此采用双层壁(也称薄膜蒸发)式的值班火焰稳定器,在同样槽宽条件下,它具有很高的燃烧强度,适宜做主稳定器。

2)槽宽

值班火焰稳定器的槽宽取决于使用条件:做主稳定器时,从结构和气动上考虑与常规 V 形槽相比应加大加宽 $\frac{1}{5}\sim\frac{1}{4}$;用在内涵条件下可变窄;用在外涵条件下应加宽。

3)独立的喷油系统

独立供油与头部开孔是值班火焰稳定器的必要条件。单独为其供油才能合理解决涡扇加力的软点火、小加力以及燃烧稳定性问题。头部空间有限,要设置独立喷油系统还要完成燃油的合理分布是个难题。必须充分利用撞击、溅式雾化和蒸发汽化等方式综合解决。

4)实例分析

参见图 5-25 所示的双层壁稳定器。外层翼板和内层翼板构成外壁,相当于机匣。在其中间的预燃室 4 才是值班火焰稳定器,即内壁。值班火焰稳定器的喷油系统由喷嘴 2 和蒸发器 3 及独立总管 1、挡板 7 组成。总管 1 中的燃油分成两股进入预燃室:第一股由喷嘴 2 喷出撞击蒸发管的进油管,然后自分布器以油气混合气再次撞击预燃室内壁进入燃烧区;第二股油自总管上油孔喷出撞击挡板,挡板是骑在总管上的。强迫溅式雾化后的油雾向周向散开,随前方气流进入燃烧室。油路设计非常精细周到,但结构复杂且是钣金焊接,很难保持相对尺寸精度。还有高温下会变形等缺点。

5.5　低温燃烧问题

5.5.1　燃烧稳定特性数 N_T

通常采用通用燃烧稳定特性数 N_T 来表征燃烧稳定性。这是一位德国科学家首先提出的,取名德祖贝特性数。它是综合了来流温度、速度、压力和火焰在当量直径 D 条件下,稳定燃烧得到数据归纳而成的。

$$N_T = \frac{V}{P^{0.95}D^{0.85}T^{1.7}} \tag{5-7}$$

式中,V 为气流速度,P 为气流压力,D 为稳定器当量直径,T 为气流温度。

由上式可见,特性数与温度的 1.7 次方成反比,因而,气流温度是影响燃烧稳定性的最主要因素。根据试验,常规稳定器在 $T_1 = 250\,^\circ\mathrm{C}$,$\lambda_1 = 0.2$,$p_1 = 0.11\,\mathrm{MPa}$ 时,$f = 0.032$ 就难以稳定燃烧,贫富油吹熄边界比很窄。

低温影响燃烧稳定性的因素有两个:一是燃油的蒸发状态严重恶化;二是破坏了稳定器的"蒸锅"作用。

　　很多人都知道,液态煤油是很难燃烧的。煤油必须通过蒸发、汽化和雾化等物理过程,变成细小的颗粒,才能在瞬间或延迟一段时间完成燃烧。研究煤油的蒸发、汽化和雾化过程是非常有意义的。这些在前边第 2 章中已有详细介绍。这里要插一句:该物理过程的变化规律和曲线是如何得到的? 其实,都是实验得来的。图 5-29 就是煤油蒸发雾化试验设备。在这种试验装置上可以进行如下试验研究和测量:

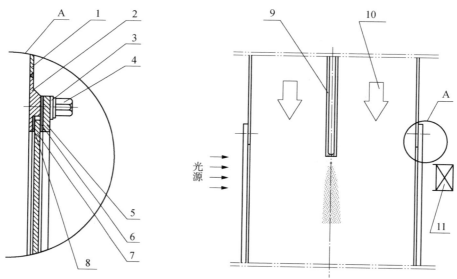

1—外壁;2—加强框;3—垫圈;4—螺钉;5—压紧框架;6—石棉垫;7—光学玻璃;8—紫铜垫;9—供油装置(可更换);10—气流(T、V 和压力均可变);11—高速摄影装置。

图 5-29　燃油蒸发雾化试验设备示意图

　　＊单个煤油液滴滴径的蒸发特性测定
　　＊压力喷嘴的煤油喷雾特性测量
　　＊测定专用旋流喷嘴(也称离心喷嘴)的雾化特性
　　＊在有气动力条件下的喷嘴的雾化特性测定
　　通过大量试验研究得知燃油或煤油在环境温度 $T=250 \sim 300℃$ 以上,蒸发特性是按线性变化的,在此以下会急剧下降。煤油滴径细化达 $10 \, \mu m$ 即认为已汽化。通常燃油自喷嘴出来后要在内涵高温燃气中通过 $200\sim400 \, mm$ 的轴向距离,即有 $70\%\sim100\%$ 的燃油得到蒸发汽化。但是在外涵低温条件下燃油只有 $20\%\sim30\%$ 得到汽化。这样在典型的总的油气当量比为 0.8 条件下,当燃烧室内压力为 0.05 MPa 时,在内涵稳定器截面已有大约 75% 的燃油汽化,而在风扇气流中却只有 25% 的燃油汽化,对应的气相油气当量比只有 0.2。这个值太小,已低于碳氢燃料的贫油熄火边界。同时,从煤油-空气的火焰传播速度也可看出来,随着温度下降火焰速度呈线性下降,而气相余气系数的急剧变大则使火焰速度加速变小,以致火焰被吹熄。因此,涡扇加力燃烧室的外涵气流中的煤油蒸发汽化雾化是主要技术关键。

5.5.2　提高蒸发和汽化率

为此,研究者曾先后做过许多试验研究:

(1)在外涵燃油中掺进汽油。美国 TF30 的加力燃烧室曾在其外涵油路中加进一部分汽油做过试验。汽油在常温中都能很好汽化蒸发。

(2)采用离心喷嘴。早期冲压发动机燃烧室上曾广泛采用过,在低温条件下能得到较理想的汽化和雾化率。苏联早期的 л 型涡轮喷气发动机加力燃烧室中也采用过。如 BK‐1ф、Рд9Б、Р11ф‐300 等均为离心喷嘴。

(3)采用蒸发管。为了选用合适的蒸发管,将蒸发管组试验件安装在头部进气的梯形槽火焰稳定器上。蒸发管组件试验件有 3 种类型:A、B、C 3 组。每组又有多个试验件,其统一编号为 a、b、c、d、e、f、g、h、i、j 等。这些试验件有共同的安装平面。通过拆卸螺帽,即可更换这些试验件。安装平面位于梯形火焰稳定器的进气端面,即前壁上。稳定器槽宽(B‐B)后端为 45,展向长度 98。组装好的试验件是二元结构。燃烧试验是在 180×100 的二元风洞中进行的,如图 5‐30 所示。

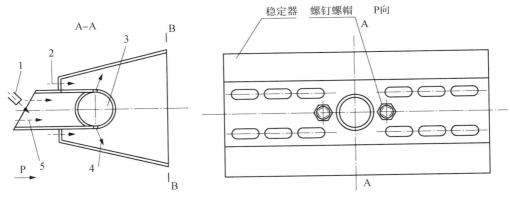

1—燃油的一次喷射;2—空气的二次进气;3—蒸发管更换件;4—油雾混合物的二次喷射;5—空气的一次进气。

图 5‐30　采用蒸发管的值班火焰稳定器试验件

做过 3 种类型的蒸发管试验:即 A 组改变蒸发长度 L_V;B 组改变燃油液膜的蒸发面积;C 组改变蒸发管结构参数(即直径)。试验状态都是统一在同一进气温度、进气压力和速度下进行,供给的燃油也是相同的。试验时,每个试件都要详细观察火焰形状、颜色并且用示温漆测壁温。试验中还详细记录了有关气动系数和供油状况供分析对比。

（1）A 组改变蒸发长度。

试验件有 W 形、锚形、长 T 形和 π 形等，如图 5 - 31 所示。蒸发长度变化范围为 1.5～4.0 倍。试验件编号为 a_1、a_2、a_3、a、b、c、d。

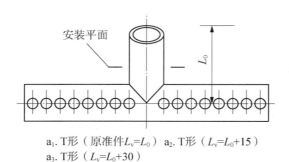

a_1. T形（原准件$L_v=L_0$）　a_2. T形（$L_v=L_0+15$）
a_3. T形（$L_v=L_0+30$）

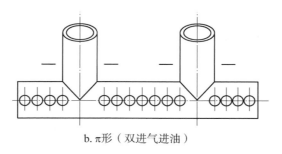

b. π形（双进气进油）

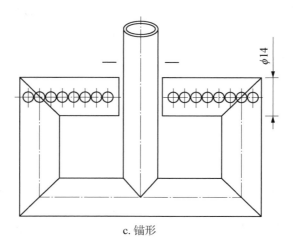

c. 锚形

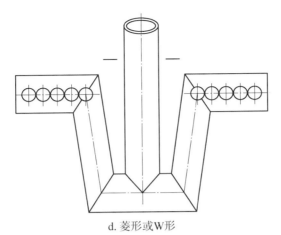

d. 菱形或W形

A 组　改变蒸发长度试验件(注:L_v—蒸发长度,L_0—原准件蒸发长度,$L_v/L_0=1.5\sim4.5$)

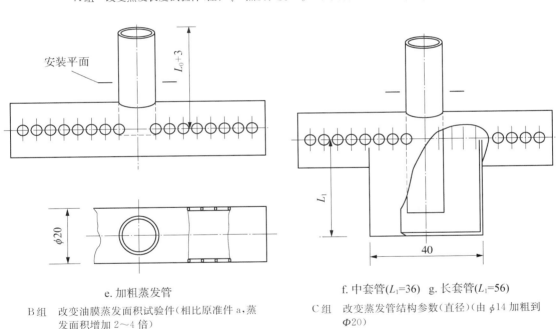

e. 加粗蒸发管

f. 中套管($L_1=36$)　g. 长套管($L_1=56$)

B 组　改变油膜蒸发面积试验件(相比原准件 a,蒸发面积增加 2~4 倍)

C 组　改变蒸发管结构参数(直径)(由 $\phi14$ 加粗到 $\Phi20$)

图 5-31　蒸发管典型结构

（2）B 组增加燃油液膜的蒸发面积。

试验件有套管形组件,如图 5-31 所示。液膜蒸发面积变化范围为 2~4 倍,试验件编号为 f、g。

（3）C 组改变蒸发管结构参数。

蒸发管直径由 $\phi14$ 加粗至 $\phi20$,这也是增加蒸发面积的一种。试验件编号为 e,如图 5-31 所示。

其他还有改变蒸发管出口角度,变化范围为 $30°\sim90°$。

其实,无论是国外还是国内,为了提高煤油的蒸发和汽化率,所做的试验研究还有很多。这些研究对于点火和改善燃烧性能意义重大。对比试验结果如下:①原准件 a_1,其蒸发长度最短,吸热面最小,蒸发效率和汽化程度都最低。这里的蒸发管有点名不符实,其实只是个燃油分配器。②锚形、W 形和套管形蒸发管,汽化程度最佳。即试验件 c、d、f、g 具有最佳蒸发管功能,但这 4 个试件结构复杂且占据空间大,不适宜用于加力设计。③加粗的蒸发管即试验件 e,其蒸发和汽化程度居原准件与锚形等的中间,但结构简单可用。它还可与汽化器技术等组合使用,从 RB199 上可看出其端倪。

5.5.3　在低温气流中工作的火焰稳定器

这里介绍一种在外涵低温气流中能稳定工作的火焰稳定器模型,如图 5 - 32 所示。据此模型将总的喷射油气当量比 θ 和回流区气相油气比综合成如下关系式:

$$\frac{\phi}{\theta}=\beta_1+(1-\beta_1)\frac{\beta_2\beta_3}{K} \tag{5-8}$$

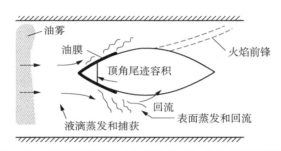

图 5 - 32　在外涵低温气流中能稳定工作的火焰稳定器模型

式中,ϕ 为回流区当量比,θ 为总的当量比,β_1 为稳定器前的蒸发系数,β_2 为稳定器的液滴收集系数,β_3 为稳定器上的液膜蒸发系数,K 为回流区的回流系数(空气或气相燃油)。

这个模型的最大特点是把稳定器的表面蒸发和回流区中的燃烧关联在一起了,其中,K 和 β_2、β_3 均是稳定器的函数,可以通过改变稳定器的结构来改变尾迹当量比,从而改善稳定器的稳定工作边界。这个模型的意义就在于它表明,既可以通过改善稳定器的外界环境,又可以采用增强自身的燃烧能力来解决低温带来的稳定燃烧问题。

5.5.4　"蒸锅"效应分析

5.5.4.1　V 形稳定器的速度分布

在介绍"蒸锅"效应之前,先介绍 V 形槽后缘速度分布与剪切层,如图 5 - 33 所示。这是借助微型风速管在 V 形槽火焰稳定器尾缘截面测出的径向方向主流速度

分布图。从图中可看出:在稳定器尾缘截面速度
分布很不均匀。近壁处有一高速剪切层,其速度
峰值高出平均值的 30%～40%。剪切层的厚度
为 3～5 mm。对于头部开孔的值班火焰稳定器,
该速度峰值随着开孔面积的增大而减小,在开孔
面积为 0 时此峰值最大。

通过图 5－32 和图 5－33 可以看到低温时
喷雾器喷射出来的燃油只有 $\frac{1}{5}$～$\frac{1}{4}$ 得到汽化和
蒸发(按颗粒小于 10 μm 算汽化)。其余的 $\frac{3}{4}$～

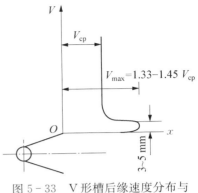

图 5－33　V 形槽后缘速度分布与
剪切层

$\frac{4}{5}$ 的燃油则为较大的(颗粒直径 10～100 μm)和
很大的油滴(颗粒直径大于 100 μm),则因自身质量较大而撞击在稳定器上形成液
膜。由于来流的低温使稳定器一直处在低温条件下,液膜得不到很好蒸发和汽化。
以致随来流高速剪切层吹向下游,参加不了燃烧,火焰前锋很难建立起来。甚至即
使建立也难以稳定燃烧以致熄灭。

5.5.4.2　"蒸锅"与供油

前文在值班火焰稳定器中已经提到稳定器的槽内单独供油问题。在值班火焰
稳定器两翼板之间单独供油燃烧。这种方案已是如"蒸锅"一样在给翼板加温了。
翼板上的燃油液膜在加温条件下当然会增加蒸发和汽化率。其结果就是使主流的
冷油液膜在稳定器表面再次得到汽化蒸发,然后把可燃混气补充给火焰前锋参与燃
烧,这又反过来强化了稳定器的"蒸锅"效应。于是前边公式中提到的 β_3 和 K 得到
显著改善,火焰稳定器的工作状态得以恢复。这样火焰稳定器在低温条件下稳定工
作能力大大增强。这就是"蒸锅"效应的作用。

怎样才能使火焰稳定器的"蒸锅"效应发挥最佳呢? 关键是供油。这里应指出
的是有两股燃油:一是值班火焰稳定器的槽内单独供油;二是两排稳定器之间的充
填供油,也称主流供油。以往都是采用均匀分布以获得最大燃烧效率的原则。现在
可不同了,可以是均匀分布,也可以是非均匀分布;可以近处供油,也可以在两排稳
定器之间供油。它们都是充填供油中的备选项。但有一点必须指出,充填供油不得
供到值班火焰稳定器内,以防止互相干涉,影响"蒸锅"效应。图 5－34 给出了主流
充填供油和火焰稳定器的相对位置的影响关系,包括燃油收集率。在充填供油油量
很大时,必须慎重选择合适的喷射方式及其控制落点并且做精心布局。

值班火焰稳定器具有蒸锅效应是毋庸置疑的。但是认为可以拿来即用,这是不
恰当的。要注意两个问题:①它是燃烧器,必须遵循燃烧器的原则设计,要求其工作
余气系数或油气比必须是最佳状态或落在可行区域;②要检验其蒸锅效应的真实
程度。

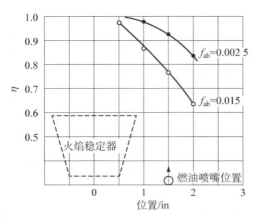

图 5-34　主流充填供油和火焰稳定器的相对位置的影响关系

5.5.4.3　"蒸锅"效应与壁温检查

正如前边所述,为了控制 ϕ/θ 这一比值,组织好在冷流中的燃烧,确保有良好的燃烧稳定性,最重要的是使火焰稳定器的表面处于良好的"蒸锅"状态。让其向火焰稳定器的火焰前锋源源不断提供气相燃料参加燃烧。如何检查这种"蒸锅"效应的正常运作? 现做如下分析,"蒸锅"可以有 3 种状态:

(1) 全湿状态,稳定器全浸泡在燃油液膜之中,壁温很低。

(2) 全干状态,稳定器处于红热高温之中,壁温很高。

(3) 半湿半干状态,稳定器的前部有油膜,后部处于红热状态,沿着流动方向壁面温度由低而高。

显然,上述 3 种状态对燃油的蒸发是不一样的,前两种无论干态和湿态蒸发效率都很低,只有半湿半干时蒸发效率最高,油珠打上即时蒸发。这一点正是设计人员所追求的目标。为了确定火焰稳定器的表面是否处于良好的工作状态,必须对火焰稳定器进行表面测温。下面介绍一例表面测温方法及其结果。

图 5-35 所示是在燃油浓度匹配良好的情况下,对值班火焰稳定器壁温测量的结果。这是采用示温漆测得的数据。试验状态如下:来流温度 250 ℃,来流压力 0.11 MPa,速度系数 0.21,油气比 f_{ab} 0.041。由图可见,值班火焰稳定器头部温度低,示温漆没有反应(500 ℃ 以下不变色),估计温度为 250～300 ℃,后缘为 750～800 ℃,确实是在半湿半干状态下工作。

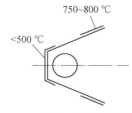

图 5-35　值班火焰稳定器壁温

5.5.5　带主稳定器的径向稳定器工作模态与壁温

这是目前广泛使用的在外涵冷气流中组织燃烧方案:在内外涵分流边界层的内涵一侧设置一个环形值班火焰稳定器,再在主稳定器外侧外涵冷流中设置如巴掌一样外伸的一排径向稳定器。这种方案看起来无可非议,然而在某些飞行状态径向火焰稳定器却出现自动熄火,出现如图 5 - 36 所示的不正常现象。为何会有这种现象? 关键在供油系统的设计:一是主稳定器的燃油浓度分布;二是外涵 3 个油区的燃油浓度布局。前者采取两条措施:一是确保周向燃油分布均匀;二是增加汽化雾化率。后者主要采取两个系数控制燃油分布:①燃油浓度集中系数 A_1 = 径向稳定器上的燃油浓度 / 理论计算的平均燃油浓度。期望值:A_1 = 1.1 ~ 1.2。 ②燃油收集系数 A_2 = 径向稳定器壁面上的燃油量 / 对应油区的总燃油量。期望值:A_2 = 0.35 ~ 0.45。 这两个系数只是供参考。更主要的是径向稳定器上的燃油在径向和周向分布上都处在合理的范围内。这里用得着径向稳定器的壁面温度分布。图 5 - 37 和图 5 - 38 分别表示在实验室和在全台上对带主稳定器的径向稳定器组织燃烧方案测出的外涵稳定器壁温分布。外涵来流温度分别为 95 ℃ 和 96 ℃,内涵温度则分别为 580 ℃ 和 584 ℃。可见试验件在实验室中所测的结果与在全台上所测的结果是基本相同的,所用热电偶全为镍铬-镍铝热电偶。壁温分布有如下特点:

(1) 在稳定器头部(或前缘)区域,在非加力和加力状态下壁温一般都低,低于 200 ℃。

(2) 在后缘有两种工况:一是在Ⅰ区(即主稳定器工作区)工作和不工作时壁温相差很大;二是在Ⅰ区工作和全加力工作时壁温都很高,为 600~700 ℃,而且在这两种情况下所测结果基本相当。只要Ⅰ区投入工作,后缘壁温居高不下。

由此可见,外涵径向稳定器确实处于半湿半干状态,燃烧稳定性很好。

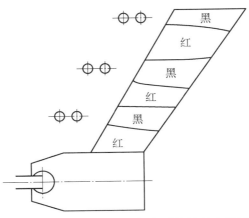

图 5 - 36　观察到的在全加力时外涵径向稳定
器上出现的不正常现象

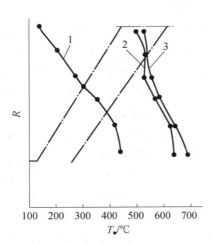

1—后缘非加力；2—后缘全加力；3—后缘Ⅰ区加力。

图 5 - 37　1/8 扇形试验件径向稳定器上壁温测量值

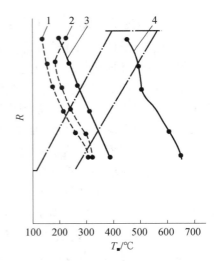

1—前缘非加力；2—前缘全加力；3—后缘非加力；4—后缘全加力。

图 5 - 38　全台试车时，径向稳定器上壁温测量值

采用壁温测量的方法是鉴别"蒸锅"效应和燃烧稳定性的很有效的方法，也是检查设计是否合理的好办法。这种方法可以提供在冷流工作条件下，径向火焰稳定器工作状态的真实信息。

5.5.6　低温与冷焰现象

在来流温度 $t_a \leqslant 300 \, ℃$ 条件下，煤油喷入气流时，会出现白色火焰，此时气流温度不增反而会降低一二十度，这种现象称为冷焰。在早期冲压发动机燃烧室里和热射流点火试验时以及外涵加力试验时，都曾观察到这种现象。冷焰是相对热焰而说的。冷焰与热焰两者区别是出现火焰发光时，气流温度有否增加：温度降低为冷焰，温度增加为热焰。

冷焰出现的条件有两个：一是来流温度低；二是流场中没有专门引入高能物质，如热射流、高能电火花、离子流、火焰前锋等。煤油在空气中燃烧所以会出现冷焰现象是因为煤油是多种碳氢化合物组成的混合物。其分子参与燃烧前首先要吸收流场中的能量以挣脱分子链的束缚和离子化才能进行化学反应。更何况液态煤油必须汽化雾化蒸发才能燃烧，同样需要吸收很多能量。这种热交换需要时间或称感应期。例如来流温度 t_a 在 $300 \, ℃$ 时，大约为 1 min；在 $t_a = 350 \sim 400 \, ℃$ 时即缩短至 1 see。这一点可用来解释采用环形混合器时，外涵火舌伸出喷口外几米甚至十几米的现象。这对于隐身设计是个极大挑战。

在采用常规 V 形稳定器条件下，冷焰现象比较严重。但如采用值班火焰稳定器此现象几乎消失。这是因为值班火焰稳定器本身在流场中已预先加入了能量，从

而大大改善了低温时的燃烧条件。

5.6　振荡燃烧与燃烧不稳定性

自从加力式涡喷发动机登上航空歼击机舞台以来,振荡燃烧或不稳定燃烧现象就伴随而来。不仅是新研制的加力燃烧室上出现,就是已经服役多年批量生产成千上万台的发动机也会出现。其实并不单是涡喷涡扇上出现,火箭、冲压发动机也是屡见不鲜。有时这台发动机上不出现,在另一台发动机上却出现,甚至在部件试验时还曾出现一次试验中有多个频率的振荡燃烧现象。有时还出现了振荡燃烧未被试验人员感知,试验照样进行并做记录的事。总之,应该结合涡扇加力中的燃烧不稳定性一并予以讨论分析。

5.6.1　燃烧不稳定性现象简述

5.6.1.1　稳定燃烧

当操纵员接通加力后进入小加力状态,随着油门杆的上推,火焰平直有劲,犹如直泻的瀑布。喷流中偶尔有几丝亮道,也属正常。排气喷流发出"噬噬"声,但是声音平稳。如是涡喷发动机,随着加力油量增加火焰的颜色由淡紫逐渐变成粉红或略带淡黄;如是涡扇发动机,则由淡紫逐渐变成粉白、黄白或稍带粉红。涡喷和涡扇发动机加力燃烧室由于各自雾化蒸发不同,造成两者气相和液滴燃烧上的差异,前者在全加力时火焰基调颜色是以粉红为主,而后者则以淡黄为主。加力火焰显示出各种颜色,这是煤油裂解进行化学反应时离子光谱的综合表现。加力燃烧时主要有 OH、CH、HCO 和 C 等离子。前两种离子的基调颜色为紫色或淡蓝色,燃烧温度大约在 1 000 ℃ 以前就会出现;而 C 则要在 1 000 ℃ 以后才出现,其基调颜色为黄白色;粉红色则必须在 1 500 ℃ 以上的高温才可能出现,可以从火焰的颜色大体判定燃烧是否正常及其温度量级。

5.6.1.2　不稳定燃烧

加力燃烧与主燃烧室相比其工作油气比不仅工作范围宽而且高,因此加力无论是做台架试验或是部件试验时,遇到不稳定燃烧是常有的事,大体上有如表 5 - 2 所列的 4 种现象。这 4 种现象都称为燃烧不稳定性。第一种现象大多数是在点火、熄火或主机喘振时出现。后 3 种现象均有明显的主频率并有正弦波形。这时火焰明显有闪烁、抖动,伴随有强烈声振,故称振荡燃烧。爆燃、放炮通常有很大的压力脉动,相当于平均值可达 30% 或更高。高频尖啸声振极易损害发动机零件,现场遇到时都是采取紧急停车做应急处理。低中频振荡燃烧不会立即损坏零件。尤其是低频振荡燃烧允许多次出现,可以工作几秒甚至更长些,因其振幅相对平均值多数不到 10%。图 5 - 39 给出了发动机在飞机飞行包线中可能出现燃烧不稳定性的区域。在高空低马赫数飞行状态下,加力燃烧室进口条件最恶劣,最容易发生低频振荡燃烧;在低空大马赫数飞行状态下,加力燃烧室在最高热负荷下工作,最容易产生高频不稳定性。无论是低频还是高频不稳定性,都对发动机有很大危害,都要排除。研究和克服各种燃烧不稳定性是很有必要的。

表 5 - 2　4 种不稳定燃烧

类型	爆　　燃	低频振荡	中频振荡	高频振荡
机种	涡喷、涡扇	涡扇	涡喷、涡扇	涡喷
频率/Hz	<10	10～200	200～800	800～2 000
振型	纵振	纵振	切向、径向、复合	径向、切向、复合
声调	"通通"放炮声	低沉、蜂鸣	清脆、如螺旋桨声	尖啸、刺耳
火焰	间断、闪烁	浑浊、乳白色、打卷	浑浊、乳白带黄、发散	亮白夹黄、发散[①]

注：① 排除背景影响。

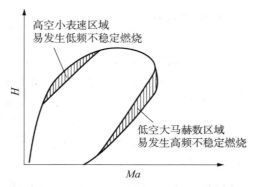

图 5 - 39　飞行包线中易出现的不稳定燃烧区

　　从表 5 - 2 中所举的 4 种不稳定性燃烧可知：涡喷加力上大多出现的是高中频振荡燃烧。排除的方法已经基本成熟，采取精心设计防振屏的办法解决。例如我国黎明公司有两型涡喷发动机的加力燃烧室：一台 $\phi 610$、一台 $\phi 880$，均采用此方法得以解决。其主振频率 $f = 1100 \sim 1200 \, \text{Hz}$。根据亥姆霍兹共振器设计出防振屏吸收系数曲线如图 5 - 40 所示。其吸收系数 α 高达 0.5，效果很好。在加力燃烧室上（无论是涡喷还是涡扇发动机）设置防振屏已是常规设计程序。

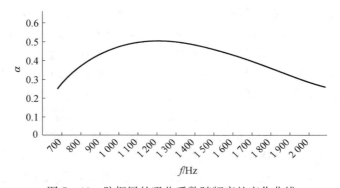

图 5 - 40　防振屏的吸收系数随频率的变化曲线

5.6.2　振型及其强度

主要振型有 3 种,如图 5 - 41 所示。图中所列皆为基本的一阶振型。此外,还有二阶或高阶振型。每一种振型均可以单独一种形式也可以两种以上的复合振型的形式出现。再从物理本质来看,振荡燃烧的振动频率谱段均落在声振波段内,故在空气中均以声音的形式向外传播。声音本身是一种气动弹性现象,它是气动力、弹性力和惯性力三者交互影响的结果,因此也可以用声音的强度(dB)来衡量振荡燃烧的强弱。例如,一般开加力时声压值为 130 dB,振荡燃烧时声压值可达 170 dB,强烈振荡燃烧可达 190 dB,人已很难忍受,会摧残人体健康,并且造成发动机机件的伤害。这些都是发动机不允许出现的现象,必须予以排除。

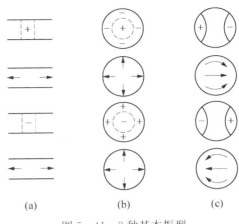

图 5 - 41　3 种基本振型

(a) 纵向振荡　(b) 径向振荡　(c) 横向(切向或周向)振荡

加力燃烧室是个筒形结构或者称薄壁圆柱形结构。这样的结构在尺寸确定条件下,它具有固定的振型和固定的频率特性。当在这样筒形或薄壁圆柱结构中通以流体特别是气体在某种流动状态下工作时,就会出现某种振型的振荡。由于气体本身就是弹性体,可以压缩,可以膨胀,只要条件和时机成熟产生振荡毫不奇怪。图 5 - 41 所示即是薄壁圆柱体的 3 种主要振型。

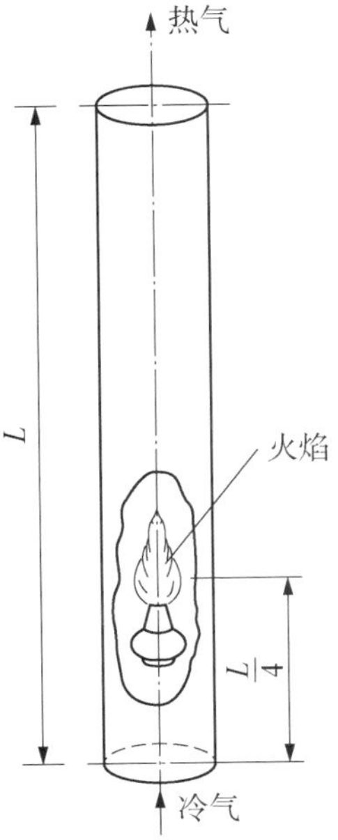

5.6.3　1/4 波长管及其他

这里介绍一个 1/4 波长管的试验事例,图 5 - 42 为该试验的示意图。这是一根薄壁竖放的粗管,管子长为 L,有一个点着火的燃烧器(也称为灯)进入管中。当燃烧器处在管子的 $L/4$ 长度位置时管子会发出嗡嗡的声振动。这是一位欧洲科学家早年做过的试验,即有名的 1/4 波长管振荡。因为它是在燃烧时出现的,故也称为"振荡燃烧"。

一段管子有其固有的频率和振动特性,一个燃烧器提供一个不断燃烧着的加热源。两者组合在一起,即会发生振荡。这给予科技人员以很大的启发和想象空间。的确如此,在 20 世纪五六十年代研制冲压发动机燃烧室和涡轮发动机加力燃烧室,当遇到振荡燃烧时,有人试图移动火焰稳定器的轴向安装位置进行排故,走的就是这个路子,有的有效,但多数无效。

图 5 - 42　1/4 波长管试验示意图

热气

L

火焰

$\dfrac{L}{4}$

冷气

5.6.4 必须要排除的振荡燃烧

排除燃烧不稳定性和振荡燃烧是加力研制的主要内容之一。先从零件的工作可靠性分析一下振荡燃烧时的破坏能量。它可以分成 3 种:①小振幅压力脉动,小于 2%;②中等振幅,2%～10%;③大振幅,大于 10%。

在加力燃烧室内全都是湍流流动,有压力脉动是很正常的。通常这种压力脉动的出现与湮没是同时发生的,构不成主频率。加力燃烧室内有 2% 的压力脉动值是允许的。不会对机件造成破坏。中等振幅的主频率的压力脉动虽不至于造成零件的立即破坏,但它会使操纵人员感到疲劳不舒服,时间长了零件会出现疲劳破坏。因此它与大振幅一样必须予以排除。

其实,加力燃烧室出现有主频率的不稳定性或振荡燃烧,其振幅大小不是排故的依据。振幅是可以变的,而且是个相对值,标定量值也并不容易。因此,有否主频率是关键。从工程观点说,尽管其频率杂乱无章,只要对机件有损害就要排除。

5.6.5 振荡燃烧的排故分析

表 5-3 列举了 8 例中低频振荡燃烧及其排除方法。也许只是现实中的冰山一角。但这 8 个例子具有一定的典型性,而且包括的面也很广。

表 5-3　8 例中低频振荡燃烧及其排除方法

序号	频率/Hz	出现地方或单位	排 除 方 法
1	$f = 50 \sim 60$	布列斯特·希特利公司	用反装挡板改变燃油浓度分布
2	$f = 270$	JTF20 试验机	调整外涵燃油浓度分布
3	$f = 270, 500$	NASA 试验机	修改防振屏
4	$f = 160, 430$	模型试验	提高进口流速改善雾化,改进燃油分布
5	$f = 100$	TF30 试验机	喷射汽油,改善蒸发
6	$f = 35 \sim 40$	P&W 公司试验机	修改火焰稳定器,改变燃油分布
7	$f = 96$	台架试验机	改善进口条件
8	$f = 102$	台架试验机	改变来流气动参数

5.6.5.1 防振屏排故的局限性

在表 5-3 的 8 个典型例子中,有两例是采用改善来流工作条件的办法解决的。即从气动和结构上予以排除。这与 5.2 节介绍的采用不同的混合器的思路解决低温燃烧问题基本相同。有一例是用修改防振屏的办法解决的。这是按照以往涡喷加力出现高频振荡燃烧时所采取的措施和办法来排除的。其方法是基于亥姆霍兹共振器的设计原理。按照共振器固有频率计算公式:

$$f_0 = \frac{C}{2\pi} \sqrt{\frac{S}{V l_{\text{eff}}}} \tag{5-9}$$

式中,V 为空腔容积,C 为空腔内声速,S 为消音孔的开孔面积,l_{eff} 为有效孔径长度。

因为开孔面积比：

$$\sigma = \frac{S}{A} \qquad (5-10)$$

而空腔容积 $V = Ah$，此处 h 为通道高度，A 为表面积，把 σ 和 V 代入式(5-9)可得

$$f_0 = \frac{C}{2\pi} \sqrt{\frac{\sigma}{h l_{\text{eff}}}} \qquad (5-11)$$

由此可知，如要得到低的 f_0，则必须把开孔面积比 σ 减小，并增加防振屏的通道高度 h 或是增大有效孔径长度 l_{eff}。显然前两条受结构限制，其取值范围不能过大。只有最后一条可行，如图 5-43 所示，试图采用开深孔的方法来加大 l_{eff}。这个办法还是可以采用的。例如，AL31F 其加力燃烧室不仅在防振屏上开孔，还在内锥上开了许多不同尺寸的消音孔。更有人将双层多孔吸振复合材料用于防振消音设计。这些都是遵照这个方法求解的。但是这个方法用以克服低频纵向振荡燃烧，其效果是有限的，尤其是用来对付很低 f_0 的振荡燃烧，问题就很难解决。表 5-3 中其余 5 例采取的解决办法是改进火焰稳定器和燃油匹配技术，这是最常用的办法。

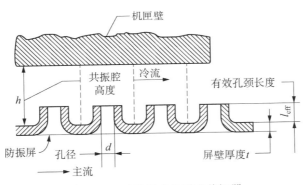

图 5-43　冲孔型亥姆霍兹共振器

5.6.5.2　燃烧不稳定现象

定义：燃烧稳定性是指在加力燃烧过程中能够连续维持正常燃烧的能力。

如果出现燃烧不稳定，正常燃烧能力即受到破坏。区别正常与不正常燃烧在实验室条件下是可通过观察来认识的。在实验室里较为容易观察到这两者之间的差异。图 5-44(a)(b)分别表示了观察到的正常燃烧和不正常燃烧现象。在图 5-44(b)中，稳定器后缘的火焰前锋发生抖动并有火焰亮度上的闪烁。在正常燃烧时火焰前锋是紧挂在稳定器的后缘上的。可是当火焰抖动并闪烁时，这种挂靠关系遭到破坏，两者之间时断时续，声振随之而起。

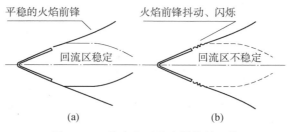

图 5-44　稳定和不稳定燃烧的比较

有时火焰稳定器上油膜堆积,有时没有油膜堆积也会出现不正常燃烧;这种不正常燃烧会时而在这种工况下出现,时而又在那种工况下出现。在部件上出现的不稳定性在全台上并不一定出现。甚至在这台主机上出现,在另一台主机上并不再现。加力燃烧这种不稳定性的多样性曾让工程设计人员感到很棘手。

5.6.5.3　故障原因初探

关于不稳定燃烧的原因探讨是比较多的,大体可归纳如下:

(1) 稳定器后缘的旋涡脱落引起的周期性脉动。

(2) 两相流中的燃油油珠爆燃引起的压力脉动。

(3) 因火焰速度改变引起火焰前锋的不稳定,从而构成扰动源。

其实探讨的缘由还有很多,不一一列举。但是解释尽管不同,归根结底都指向火焰稳定器。加力燃烧室的燃烧程序是点火器点火→火焰稳定器建立稳定火源→由稳定器后缘前锋引燃整个加力燃烧室进入全加力。在这个程序中稳定器的作用非常关键,稳定火源和传焰全依靠它。

5.6.6　燃油的喷射与匹配技术

早期的涡喷加力燃烧室的设计原则是尽量使燃油均匀喷入燃烧段。例如苏联至少有三型发动机的加力燃烧室采用的是离心式喷嘴。众多的离心喷嘴雾化质量非常好。再经过 400 mm 左右的距离与周围六七百摄氏度的高温燃气掺混和热交换,基本上已成为接近气相的均相混气。燃烧条件很好。为扩大其稳定工作边界,供油系统采取分区分压技术就可以了。如今这种技术已列入常规设计程序。

在进入三代机时中等涵道比的加力都采用了值班火焰稳定器,其供油系统复杂多了。槽内是单独供油,主流是充填供油。为解决低温燃烧还采用"蒸锅"技术等。其实这些供油技术都是为了克服加力室中可能出现的不稳定燃烧(含振荡燃烧)的。

这里要说的是喷射器。飞行包线上高空小表速与低空大马赫飞行时空气流量变化很大,如果按同一个加力状态(f_{ab} 为常数)计算其油量变化达好几倍。如果考虑加力还有小加力到全加力其油量变化则更大,按同一个喷嘴喷射这些油量是无法胜任的。直射式喷嘴其燃油流量是随油压的平方根变化的,油泵的油压必须极高。这些都会造成燃油匹配不协调,只能关闭一部分喷嘴,或是喷出的燃油浓度中心变化很大(如以侧射喷嘴为例,浓度中心可自十几毫米变至六七十毫米,线长度变化可有五六倍）。如果是采用顺逆喷，则会使其浓度圆过分集中于一处。这些都是燃油喷射器造成的浓度不匹配。

如何解决这类技术问题？下边介绍几种典型的加力用燃油喷嘴。

1）挡板撞击式

直射喷嘴再加挡板撞击。不仅可以改善燃油的雾化质量，而且可以借助挡板放置的方位不同而改变燃油的浓度分布。表 5-3 中即有一例是改变挡板的安装而克服振荡燃烧的。

2）缝隙式喷嘴

见于 RB-199 的外涵喷嘴。这是铸造喷杆，在喷杆上精密加工出一系列缝隙式喷嘴，该喷嘴长轴中心线与径向稳定器的后缘互相匹配良好。

3）可变面积喷嘴

见于 F100 加力燃烧室喷嘴。参见图 1-11。其喷嘴出口有一挡块，不仅有利于雾化，而且强迫燃油向两侧散开改善周向的燃油浓度。

4）蒸发管式喷射器

见于 SpeyMK202 加力燃烧室的稳定器内供油系统。这里的蒸发管其蒸发效能并不是主要的，关键在其分布器功能。它让燃油沿着圆周方向朝两侧散开以与环形稳定器相匹配。

5）挡板薄膜蒸发器

参见图 5-25 总管中的燃油首先喷向挡板，再沿槽道向周向展开，然后再通过主气流把初始油滴吹向内层稳定器的迎风面上，形成薄膜，再次蒸发汽化。所以燃油的蒸发汽化率较高，可超过 50%。不仅如此，燃油的浓度沿圆周方向的分布也很均匀，因而点火燃烧性能良好，基本上克服了由于低温和燃油分布不均带来的燃烧不稳定性。这种设计实际是综合了挡板和蒸发器两者的优点，实现了与稳定器的良好匹配。

6）扇形喷嘴

图 5-45 所示是扇形喷嘴。燃油由圆柱射流撞击头部型面从而形成扇形平面液膜，再由燃烧室内的高速气流撕裂破碎而雾化，其液滴分布均匀，喷射角较大，可达 120°以上。这种扇片状浓度与缝隙式喷嘴浓度相同，适合与稳定器匹配良好。图 5-45(a)(b) 只是改变燃油喷射的流道，而图 5-45(c) 则利用气动力以获得扇形面的燃油浓度分布。

(a)

(b)

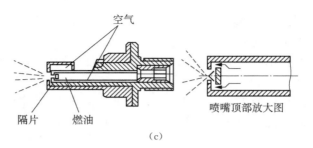

图 5 - 45　3 种扇片形喷嘴

（a）撞击式扇形喷嘴　（b）狭缝式扇形喷嘴　（c）Lucas 空气助力对流式扇形喷嘴

　　并不止于上文介绍的 6 种喷射结构。但有一条，加力燃烧室与主燃烧室不同，所有的技术措施不能搞得太复杂。只能在最需要的地方采用先进且复杂的喷射装置，例如在外涵中和主稳定器上采用。在大部分地方还是要采用最简单的直射式喷嘴，或做某种改进改型。

5.6.7　非燃烧引起的不稳定性

　　表 5 - 4 介绍了非燃烧引起的不稳定性。图 5 - 31A 组、B 组和图 5 - 46 所示为试验组合 A、B 和 C 及其试件的结构特点。先看图 5 - 46 中 A 组合：原准件是短 T 形蒸发管，其出口燃油浓度并不均匀，从火焰的颜色可推断出来，有黄色碳焰并沿展向改变，但燃烧稳定；长 T 形蒸发管加长 30 mm，其出口火焰是透明的，但不稳定。这种长 T 形蒸发管出现不稳定性是否与蒸发管出口位置有关？图 5 - 46 中 A 组合的 e 是锚形蒸发管，f 是菱形（W 形）蒸发管，其蒸发长度都很长，出口前移到与标准件短 T 形蒸发管相同地方，试验结果与长 T 形的完全相同，焰色透明均匀，壁温没有低温迹象。再看图 5 - 46 中 B 组合：中套管 h 和长套管 i，其出口火焰与城市煤气灶火焰几乎相同，稳定器壁温很合适，但同样出现燃烧不稳定现象，让人困惑！这 5 种出现燃烧不稳定性的试验跟何种因素关联？它们的共同交集点在何处？

表 5 - 4　非燃烧引起的不稳定性

序号	试 验 组 合		ΔL	供油状况	稳定性	备　　注
	图示号	蒸发管				
1	图 5 - 31A. a	T 形原准件	－19	二路供油	稳定	$\Delta e = -26$
2	图 5 - 31A. c	长 T 形	11	二路供油	不稳定	$\Delta e = 4$
3	图 5 - 31A. e	锚形	20	二路供油	不稳定	$\Delta e = -26$
4	图 5 - 31A. f	菱形（W 形）	20	二路供油	不稳定	$\Delta e = -26$
5	图 5 - 31B. h	中套管	10	二路供油	不稳定	$\Delta e = -26$
6	图 5 - 31B. i	长套管	30	二路供油	不稳定	$\Delta e = -26$
7	图 5 - 46C	无板片，无蒸发管	0	一路供油	稳定	槽宽仅及前边的 $\frac{1}{3}$
8	图 5 - 46C	有板片，无蒸发管	10	一路供油	不稳定	槽宽仅及前边的 $\frac{1}{3}$

后来研究生柳阳博士做了试验,即图 5 - 46 中 C 组合的试验:非常简单。在不良流线体后方设置了一个薄板片。取下板片,燃烧平稳;装上板片,即出现燃烧不稳定。现在把图 5 - 46A、B、C 三组试验串起来,仔细寻找,还是有所发现:前述 6 例不稳定性的试件在其不良流线体尾缘后方均有突出物,突出尺寸为 ΔL。突出物破坏了不良流线体后方的正常流场,成了不稳定性的激振源。其实,这种现象也并不只出现在这类元部件的试验研究里,在台架试车时也曾出现过:在加力燃烧室前方流场里存在障碍物或不良流线体,由其激起加力燃烧室的不稳定,这已不是个案。曾经用宽频谱扫描仪,记录 V 形槽火焰稳定器的频率特征,它远不止是冯·卡门曾经做过的仅一种频率的试验值,而是具有两种以上多种频率的,尤其是头部有孔的值班火焰稳定器并不是仅有马蹄涡(或称卡门涡街)。这类故障的排除方法非常简单,从流场中移走这些障碍物和突出物即可。但是如何区分它们呢?除了精心设计干净光洁的流场外,更主要的是靠正确可靠的现代测试手段。对于上述这个问题,作为工程研发部门的工程技术人员,懂得其排故方法和知识就可以了,不必深入去追究流场的机理。

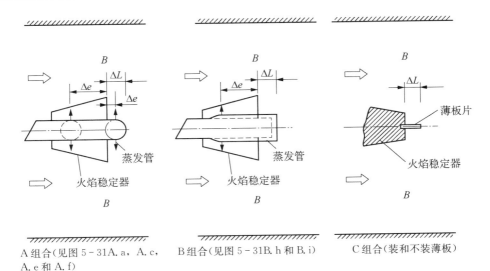

A 组合(见图 5 - 31A. a, A. c,   B 组合(见图 5 - 31B. h 和 B. i)   C 组合(装和不装薄板)
A. e 和 A. f)

ΔL—自稳定器后缘到蒸发管凸出物之距,向左为—,向右为+;Δe—自 B - B 截面至蒸发管二次喷射出口之距,向左为—,向右为+。

图 5 - 46 3 种试验件组合

5.6.8 进口状态参数引起的燃烧不稳定性

这是又一例非燃烧原因引起的不稳定性。

借用民航机上的涡扇发动机作为燃气发生器,调试新的大型涡扇发动机加力燃烧室。该涡扇发动机加力的涵道比 $B=1.0$,环形进气,如图 5 - 47 所示。有 6 个供油区并有分压系统,故有 12 根总管。内涵有 3 喈环形火焰稳定器,外涵有 24 根径向稳定器,跨在主稳定器上。主稳定器设置在紧靠合流环内涵一侧,上设高能电嘴直接进行点火。设计加力油气比为 0.046,加力比为 1.71。在调试时,只要按供油顺序供到第Ⅳ区后的Ⅴ区时,油气比 $f_{ab}=0.032\sim0.034$,加力比 $F=1.46\sim1.51$ 时,即出现燃烧不稳定性,加进的油量愈多,振荡愈厉害,甚至把可调喷管的调节片都振落下来。经测定振频 $f=100$,振型纵向。

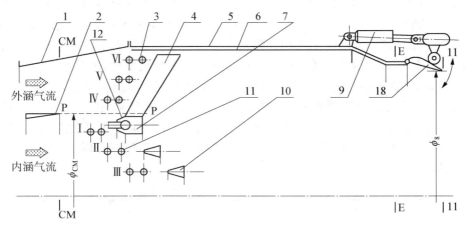

1—扩压器/混合器;2—可更换的合流环;3—外涵三区燃油总管;4—在外涵中工作的径向稳定器;5—喷筒外壁;6—防振隔热罩;7—主火焰稳定器;8—可调喷口;9—喷口操纵系统;10—内涵三圈环形稳定器;11—内涵三区(Ⅰ、Ⅱ、Ⅲ区)燃油总管;12—高能电嘴点火器。

图 5-47　大型涡扇发动机加力燃烧室

在该型燃气发生器上调试新加力前后经历了几年时间,先后进行了许多试验研究工作。与此同时,还采用 1/8 扇形试验器做跟台架试车相应的试验研究。

5.6.8.1　更换和改变试验件

实验件的更换和改变包括如下几方面:

(1) 主稳定器有五种:①双层壁头部大孔进气;②双层壁头部薄膜蒸发式供油;③单层壁头部进气带蒸发管;④不同槽宽的主稳定器;⑤改变主稳定器的径向尺寸及安装位置。

它包括吸入式进气斗和采用蒸发管的两种。这五种结构在 5.4.2 节中已有介绍,其结构参见图 5-24。

(2) 内涵有两种单层环形稳定器:①头部进气局部供油值班火焰稳定器;②常规Ⅴ形火焰稳定器。

(3) 改变各油区的油量分配比例。

(4) 改变径向稳定器的径向燃油浓度分布。

(5) 改变径向稳定器的圆周方向燃油分布器。

(6) 5 次更换成套火焰稳定器和燃油分布器。

（7）2 次更换不同面积比的合流环。

（8）2 次改变主稳定器的直径。

以上这些实验件的更换对上述的燃烧不稳定性均不见有任何效果。这是什么原因？

5.6.8.2　外涵中工作的径向稳定器

图 5-48 所示为参与试验的 5 种不同结构的径向火焰稳定器，其中 A、B、C 三者径向长度都是 180 mm，这算是第一组；D 和 E 其径向长度是 150 mm 的短结构，这算第二组。为何要设计这么多的结构？

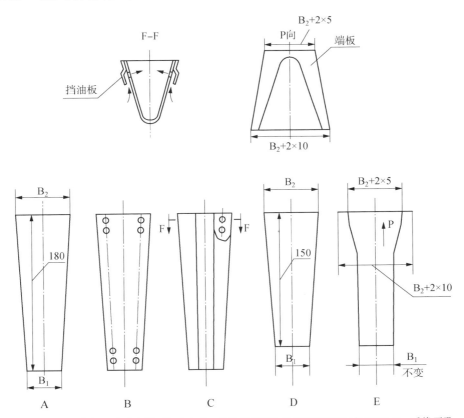

A—梯形常规 V 形稳定器(长 180)；B—后缘开两排孔的 V 形稳定器(长 180)；C—后缘开孔并带挡油板稳定器(长 180)；D—梯形常规 V 形稳定器(长 150)；E—加宽端板、端部并沿径向变槽宽稳定器(长 150)。

图 5-48　工作的 5 种不同结构径向火焰稳定器

首先说第二组试验件。在扇形试验器中发现两根径向稳定器在 B_2 端(即靠近外壁处)之间其圆周方向火焰不连续，而根部 B_1 端又显得过于拥挤。在台架试车中，在Ⅳ区投入工作以后，Ⅴ区即发生振荡。是否是径向稳定器的匹配不合理而引起的？当时在台架试验中出现Ⅴ区发生振荡；有一种改进意见是加大稳定器的中心直径,同时缩短径向稳定器的长度。这种布局有利于减小 B_1 端的根部堵塞,如再加上加宽 B_2 端的槽宽,则有利于克服 B_2 端两径向稳定器之间的火焰不连续性的缺点,这就是第二组 E 结构设计的依据。

第一组试验件是在原来设计条件下进行的。其径向稳定器都是长的,在原来梯形的 V 形槽侧壁后加开两排小孔,通过小孔引入少量油气混合物。目的是让径向稳定器具有值班燃烧功能。简言之,目的就是使径向稳定器的燃烧稳定性提高。其实在国外 R. R 公司的"鹞"式垂直起落飞机的飞马发动机的外涵中,组织燃烧就是采用此类技术,如图 5-49 所示。不过飞马上称前喷管加力,而且稳定器是环形结构。该装置只在外涵出口处设置了一根油管。相对供油量较少。但是这是在冷流中燃烧,其相对温升比较高,从而可以获得飞机在垂直起降时两个前喷管产生的需要升力。

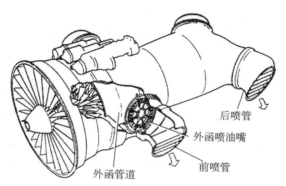

图 5-49　带外涵加力(或前喷管加力)的飞马发动机

在外涵中采用径向火焰稳定器组织燃烧的 RB199 是非常成功的例子。这里要指出的是该型加力式涡扇发动机是迄今涵道比较高的,它为未来高涵发动机的加力设计提供了遐想空间。

回过头来看 5 种径向稳定器的试验结果:A～E 均在扇形试验器中做了试验,均有较好的燃烧稳定性,尤其是 E 结构,周向联焰性能甚佳,而且冷阻性能也好,最终选择就是它。当把 E 及有关的加力内部件移到燃气发生器上时,照样出现振荡。

5.6.8.3　是否与大气温度有关

这是因为低温会影响燃油的雾化蒸发。

由于加力调试时间跨度长达几年。故既有夏天,也有冬天的试车试验数据。东北地区大气温度年较差 50～60 ℃。结果是:冬天的加力比高于夏天大约 5%。这说明该故障与大气低温没有直接关系。

5.6.8.4　是否与进气速度有关

在几年的加力调试中可分两个阶段:早期采用的是漏斗进气的加力方案,加力燃烧段直径较粗,其进口马赫数低;后期采用的加力进气方案是环形进气,其直径较细,燃烧段进口马赫数较高。以下是两组数据对比:

漏斗进气:$\lambda_{cm} = 0.19 \sim 0.20$, $f_{ab} = 0.04 \sim 0.041$, $\overline{F} = 1.65 \sim 1.66$。

环形进气:$\lambda_{cm} = 0.215 \sim 0.22$, $f_{ab} = 0.032 \sim 0.034$, $\overline{F} = 1.46 \sim 1.51$。

由试验数据可知:进口速度系数 λ_{cm} 的确有影响,低时加油量变多,出现振荡时的加力比也相对较高,看来是有关联的。但是却与扇形试验结果相悖,扇形实验在 $\lambda_{cm} = 0.227 \sim 0.23$ 时,不仅油量可以加得进,而且加足全加力的油量也不出现振荡。扇形试验与燃气发生器上的实验差别就在进口压力的不同。

5.6.8.5　燃气发生器与进口总压低的影响

关于燃烧室进口压力对燃烧稳定性的影响,早在 20 世纪 60 年代在国际燃烧会议上就有人发表过实验研究报告。其实从气动热力学上也早有人导出这种关系。参见式(9-4)及文献[20],此处从略。现在的问题是进口压力真的很低吗?

调试用的这台民用涡扇发动机作为燃气发生器时,其调试工作状态是处于转速较低时的巡航状态。在其改装时又加装了减压孔板以及其他支撑连接构件的转接段,这使它的排气压力进一步降低。到达燃烧段时,其总压已经很低。在发生振荡时,在 $E\text{-}E$ 截面测得的静压已与大气压近乎相等。由此得到证明:确系进口总压过低引起的燃烧不稳定。

5.6.8.6　最终检验

这是把曾经在燃气发生器上出现过振荡的加力燃烧室移装到某型主机上进行试验。该主机的涡轮后压力很高,即使到喷管出口,P_8 仍大于 2.0 atm。喷口处于临界状态。尽管主机的 λ_{cm} 达 0.227,在各个油区先后投入工作时,燃烧始终平稳。当加足油量进入全加力时,加力比超过预计值。燃烧不稳定现象完全消失。动压测量没有显示任何压力脉动。

5.6.9　小结

由于加力燃烧室面临着从低温到高温、从低速到高速、从低压到高压一系列的恶劣工作环境。产生各种类型的不稳定燃烧或振荡燃烧毫不奇怪。本章在这里的介绍就是证明:有的是燃烧不佳引起,有的却与燃烧毫无关系,从而说明这一现象的复杂性或多样性。因此试图采用单一的排故方式是解决不了的。这里为读者提供几个方面的思路作为参考和启发:

(1)采用防震屏或称吸振衬套。

(2)改变加热部位。

(3)改善进口状态参数。

(4)改进燃油雾化和蒸发程度。

(5)提高燃油浓度的匹配质量。

(6)净化燃烧室内的流场。

以上这些可能不足以涵盖实际加力燃烧室中出现的不稳定状况。不过,关键是在现场有正确的观察和科学测试数据,然后针对实际情况做出正确判断,正如俗话所说:"一把钥匙开一把锁。"针对确切的判断,采取措施予以排除。

5.7　本章附录一　一例典型的气动弹性不稳定性

本章介绍了多例加力燃烧室不稳定性。在采取相应的技术措施后,都各自克服了这些故障。这里专门讨论5.6.8节中的这一故障:仅换台主机(或燃气发生器),困扰多年的故障即自动消失了,加力的设计目标项项都达到并且超越。这确实有点不可思议,难以理解。这到底怎么回事?物理上如何解释?因此专门予以说明。

(1)何谓"热壅塞"?众多工程技术人员对气流在固定几何通道中会产生堵塞是很容易理解的。这里说的"热壅塞"是专用术语,也称热阻塞,是指气流加进热量条件下产生的堵塞现象。在一个固定的几何通道中对气流加热并让其膨胀加速转变成速度能,必须满足一个必要条件:气体必须伴随着静压降。这个静压降与加进的热量有着一一对应关系。这个关系是可以用气动热力方程导出的。简言之,这是自然规律,热壅塞就是气体加热过程中静压降给出的边界限制,是无法逾越的。

(2)哪个是弹性体?加力燃烧室本身就是圆柱体,在这个空腔中流动着的气体就是典型的弹性体,可以计算出它的谐振频率。前期试验的是漏斗进气的加力直径较大,一阶纵向振频 $f=96$。后期的加力改为环形进气,其直径较小,$f=102$,这与发生振荡时实测到的数据基本相符。

(3)这是一例典型的气动弹性不稳定性(aeroelestics instability)。20世纪六七十年代歼击机已经普遍达到 $Ma=2.0$ 这个档次,民航机运输机、轰炸机、强击机(也称歼击轰炸机)当然也会跟进。最先研制出的是英法联合出品超声速民航机协和号,采用的是奥林普斯593加力式涡轮喷气发动机。由于噪声太大,耗油率太高,协和号并未被各国看好。但是与此相同时段,美国和苏联各推出一型战略轰炸机,苏联的称为图160,美国的称为B1。这两型飞机吨位都比协和还大一倍。炸弹都可以核常兼备并可长距离(最大航程:12 000~18 000 km)奔袭,超声速突防。更让人侧目的是50年过去了,至今还在太平洋上空游弋。它们各自采用4台涵道比大约为1.0的加力式涡扇发动机。这种发动机在非加力时耗油率低,适宜做亚声速巡航,而加力时推力猛增百分之七八十,甚至达一倍之多,适合于超声速飞行并实现突防。其优点很多。当时我国也研制了一型这种发动机。这种发动机的最大特点是加力温升比很高,$\theta=3.1\sim3.4$,甚至更高,相应的必需的静压降很大。这种加力采取一台民用涡扇发动机作为燃气发生器进行调试并非过错。但是选择其巡航状态作为调试点是错误的。错在没有考虑热壅塞,以至产生了这种热壅塞现象。其典型特点就是与气柱弹性体共振,喷气流出现打卷,好像喷气口外存在一堵无形的墙,把气流倒逼回流。这种现象与组织燃烧没有关系,只是与总的加油量有关,具体说只与温升比有关。因此,称其为气动弹性不稳定性,以示区别。

（4）回答 6 个问题。

① 为何更换一台主机,不稳定性即消失? 这是因为两台主机排气状态不同,新的主机排气总压高,喷口处于临界状态。

② 为何漏斗进气比环形进气加力比更高? 两者最大直径不同,燃烧截面速度不同。漏斗进气的速度系数低,总压恢复系数高。

③ 为何冬季时加力比较高? 在物理转速相同条件下,冬季气温低,换算转速高,加力燃烧截面的总压高。

④ 稳定器总阻塞比与加力比有关吗? 稳定器总阻塞比:ε_{Σ} 由最早的 $0.41\sim$ 0.42 最终降至 0.35,加力比的增高为 $3\%\sim4\%$,这是 ε_{Σ} 影响加力室的总压损失造成的结果。

⑤ 同一台主机会否状态不同而产生热壅塞? 如何防止? 会的。因此在发动机加力调节器中设有相应的自动器予以防止,例如加力联锁装置。

⑥ 在何种发动机上最容易出现此类气动弹性不稳定性? 一是涵道比较大的涡扇发动机加力燃烧室里;二是冲压发动机燃烧室中;三是某种具有相同物理条件下的燃烧器上。

（5）热试车中出现的燃烧不稳定性。所谓热试车也称加温试车,是一种模拟试车。它是在正常试车台的正前方设置一台老发动机。该发动机开车排出的气流经掺混、整流和调整达到要求模拟的发动机进口状态后,再启动后边的待试发动机做试验研究。某型发动机在热试车开加力时,曾出现过燃烧不稳定现象,这时这台被试发动机发出具有固定频率的低沉嗡鸣声。

为何会出现这种现象? 这是因为热试车时把被试发动机的进口气流加温到一两百摄氏度,被试发动机的换算转速很低,加力燃烧室内的压力很低,以致喷口处于亚临界状态,从而产生"热壅塞"。但是如果热试车是放在高空台的高空舱中做试验,这种现象则不会出现。这是因为高空台高空舱中的压力要比外界大气压力低得多喷口处于临界状态。

5.8　本章附录二　湍流共振及其他

本章有多处均提到在流场中放置不良流线体或形状各异的障碍物以致引起强烈振荡的事例。这类振荡都列为非燃烧引起的振荡,但物理原因是什么?

图 5-50 为湍流共振的原理示意图。在高速湍流喷出管道会出现湍流噪声,如在流场中存在障碍物,会使得湍流噪声变得更强烈。这是湍流共振引起的,增大值可达 20 dB。湍流是什么? 湍流是无数个微小的漩涡构成的不稳定流动。频谱分析可获得多个频率峰值。附加的障碍物其频率特性与湍流中的某个频率合拍会发生共振。其实加力燃烧室里全程都是湍流,因此要避免放置障碍物,以期最大限度地降低这种共振风险。

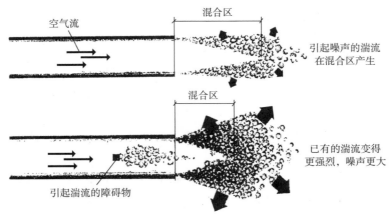

图 5-50 湍流共振的原理示意图[35]

参 考 文 献

［1］ Sotheran A. High performance turbufan afterburner systems［R］. AIAA paper 87-1830.

［2］ 杨茂林,顾善健.油珠在火焰稳定器表面的溅跳、雾化和集油率测量［M］.北京:北京航空学院出版社,1985.

［3］ 季鹤鸣,张孝先,王洪卓,等.热阻塞与燃烧不稳定性问题的试验研究［J］.航空动力学报,1987,2(3):249-251,285.

［4］ 曹建明.喷雾学［M］.北京:机械工业出版社,2005.

［5］ 甘晓华.航空燃气轮机燃油喷嘴技术［M］.北京:北京国防工业出版社,2006.

［6］ 张斌全.燃烧理论基础［M］.北京:北京航空学院出版社,1990.

［7］ 赵坚行.热动力装置的排气污染与噪声［M］.2版.北京:科学出版社,2009.

［8］ 朱也夫,刘兴洲.冲压与火箭发动机原理［M］.北京:国防工业出版社,1975.

［9］ 林宇震.燃气轮机燃烧室［M］.北京:国防工业出版社,2008.

［10］ 索别茨基.高速运输机设计新概念［M］.钱翼稷,译.北京:国防工业出版社,2001.

［11］ 邵万仁,吴寿生.波瓣混合器排气引射器的试验研究［J］.航空动力学报,2000,15(2):155-158.

［12］ 明贵清.波瓣混合器流动规律初步分析［J］.燃气涡轮试验与研究,2000,13(3):27-30.

［13］ 张涵信.分离流与漩涡运动的结构分析［M］.北京:国防工业出版社,2002.

［14］ 尹协远,孙德军.漩涡流动的稳定性［M］.北京:国防工业出版社,2003.

［15］ 瑞典劳动者保护基金会.噪声控制原理和技术［M］.杨吉林,周俞斌,译.北京:中国环境科学出版社,1991.

第6章　发展中的涡扇加力燃烧技术

本章讨论的内容有两个：一是加力燃烧室存在的必要性和可能性；二是加力燃烧室未来的发展和可能的技术方案。

6.1　飞机和发动机对加力的需求和可能性

早在 20 世纪 90 年代就有人预言："加力燃烧室快要消失了！"理由是当时已研制出口温度高达 2 000 K 档次的主燃烧室，其温度已与加力燃烧室出口温度难分伯仲。此话有两层含义，一是飞机和发动机对加力的需求；二是加力存在的可能性。其实，关于歼击机对航空发动机加力的需求是无须赘言的。刚刚过去的二三十年航空发动机的发展现实已有了很好的结论：加力燃烧室不仅存在而且还在蓬勃发展中。不要说第五代机即使是第六代机其推比要达到 12～15，迄今都是以加力推力作为最大推力的衡量标准的。问题是加力存在的可能性有必要讨论一下。

涡扇发动机有两个涵道：内涵即通常说的核心机或主发动机通道；外涵是风扇及其排气通道。主燃烧室设置在内涵中，即使主燃烧室把内涵中的氧气全燃烧光了，外涵中还有相当数量的空气尚足以提供点火燃烧，这是加力存在的第一个理由；第二是主燃烧室必须依靠大量空气进行冷却，冷却空气量大约占内涵总空气量的 18%～20%；第三是涡轮，目前尚无不需要冷却直接经得起 2 000 K 甚至更高进口温度的结构，同样要花去 15%～20% 的内涵空气量作为冷却。这 3 部分没有经过燃烧的空气汇总到加力燃烧室里，其含氧量非常可观，总量可达到纯涡轮喷气发动机加力燃烧室中未复燃前的含氧量，甚至更高。因此，再次喷油组织加力燃烧以提高温度是完全可能的。这对第四代机、五代机或未来的六代机仍是能存在的。

6.2　加力燃烧室技术发展

21 世纪初航空发动机可能"没有加力"的说法再一次甚嚣尘上，起因于在有关第四代战斗机的发动机报道中看上去似乎无法找到以往在涡轮后的加力筒体内熟悉的 V 形火焰稳定器和喷油系统，加力筒体内看上去光溜溜的那么对"可能有"或"可能没有"的问题如何回答呢？这需要从加力燃烧室的技术发展讲起。

加力技术与装在其上的主发动机技术一样是在不断发展和变化着的。加力燃烧室同样经历了四代发展,每一代都伴随着新技术的出现,如表6-1所示。第二代与第一代加力相比,其火焰稳定器和喷油系统没有明显区别,但细节显示喷油圈和喷油杆都增加了。第三代的加力进口都有专用的混合器,如环形、波瓣、漏斗等,其加力都以各自进口混合器而命名,如环形混合器加力燃烧室、波瓣混合器加力燃烧室、漏斗混合器加力燃烧室,通常都采用径向联焰槽式火焰稳定器组织燃烧(RB199采用的是内外涵分开组织燃烧,是个例外)。由此可以看出第三代与前两代有着很大的不同。至于喷管,第三代都为收扩式或引射式喷管,有明显不同且技术更复杂。

表6-1　四代歼击机发动机加力燃烧室和喷管技术变化

代	加 力 技 术	喷管技术	推比	T_{ab}^*/K	备注
第一代	有级加力	双位或三位喷管	3～4	1450～1700	
第二代	可调加力: (1) 分区分压 (2) 全长隔热冷却衬套	无级收敛喷管 固定引射喷管	5～6	1850～2000	
第三代	多状态无级可调加力: (1) 专用混合器 (2) 值班火焰稳定器 (3) 低温燃烧技术	收扩式连续可调喷管 浮动式引射喷管	7～8	2000～2100	
第四代	一体化设计加力: (1) 涡轮后机匣与分流环及支板等一体化 (2) 内置式喷油系统 (3) 借助支板稳焰取消常规稳定器 (4) 隐身	推力矢量喷管具有隐身等多功能喷管	9～10	2000～2150	

第四代加力是啥模样?表6-1中只做简要介绍。它最大的特点是取消了常规V形火焰稳定器,其功能已由支板取代而且喷油系统全为内置。因此传统加力燃烧室筒体内的那些零组件全都没有了,当然视觉效果就是光溜溜的空无一物。

6.3　两种不同涵道比的加力燃烧室

涡扇发动机有一个非常重要的气动参数即涵道比。如果不专门说明,涵道比是指外涵空气流量与内涵空气流量之比。它不仅是涡扇发动机的热力循环参数,而且对加力燃烧室的影响至关重要。这里要特别指出的是它在飞行中是个变量,能使加力燃烧室的进口场发生巨大变化。图6-1所示是一例试验,给出了同轴进气的环形加力燃烧室合流环出口速度系数λ沿径向R随涵道比B(对应面积比AR)的变化情况。可以看出,当涵道比由0.91的工况1变化至涵道比为1.9的工况4,尽管涵道比变化仅达一倍,但分流环边界层处内外涵的速度分布却出现了强烈的不均匀分布。其中工况 4 出现过强烈的振荡燃烧,工况 3 也出现过燃烧不稳定现象,试验中有的径向稳定器甚至出现熄火,加力燃烧室已无法正常工作。所以加力燃烧室的燃烧组织中,涵道比的变化必须做出认真的分析。

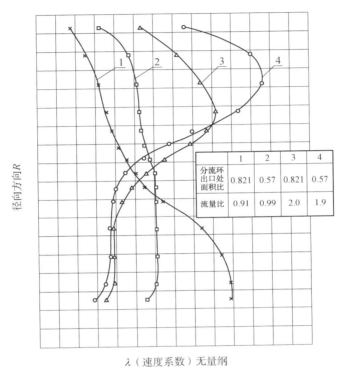

分流环 出口处 面积比	1	2	3	4
分流环出口处面积比	0.821	0.57	0.821	0.57
流量比	0.91	0.99	2.0	1.9

λ(速度系数)无量纲

图 6-1 某模型加力燃烧室合流环出口速度分布(涵道比 0.91-1.9)

6.3.1 小涵道比涡扇加力燃烧室

第三代歼击机作战需求是多状态工作,要求发动机具有综合性能好的中等涵道比的涡扇发动机。从迄今正在服役的 F15、F16、F18 到苏 27、米格 29、狂风、阵风等机种,它们装机的发动机的涵道比都在 0.34~1.0 范围内。表 6-1 中的加力新技术也是针对这种进口场采取的技术措施。

第四代机歼击的作战技术要求包括超声速巡航、隐身、短距起降和优秀的维护保养及装拆性等,需要采用小涵道比的高性能高推比涡扇发动机,其涵道比为 0.2~0.25。针对这种涵道比的进口场设计的加力燃烧室是完全不同于以往机种的,表 6-1 中提出的加力技术可供参考讨论。

6.3.2 TBCC 加力燃烧室

随着航空技术发展的突飞猛进,近年来还兴起了采用涡轮基组合循环(turbine based combined cycle,TBCC)动力借以装备飞行马赫数大于 3 的超声速及高超声速飞行器。目前已经提出并正在发展的 TBCC 组合循环发动机主要分为串联式和并联式两种形式。一般地，串联式涡轮冲压组合发动机的涡轮发动机和冲压发动机前后同轴串置，共用主要流道，其后燃烧室既可作为加力燃烧室工作，也可作为冲压燃烧室工作，称为加力/冲压燃烧室，也有文献称为"超级燃烧室"，以下简称"TBCC 加力燃烧室"。并联式涡轮冲压组合发动机将涡轮发动机和冲压发动机分开放置，其后燃烧室仅作"纯粹"的冲压燃烧室，具有控制相对简单、可采用常规涡轮发动机等优点，但存在结构复杂、空间尺寸大等缺点。对串联式 TBCC 组合发动机而言，通常把装有主燃烧室和涡轮的通道作为内涵，把风扇和冲压涵道当作外涵，因此这种组合发动机的涵道比变化范围很大。当内涵的涡轮发动机逐渐关闭，外涵流量与内涵流量之比将逐渐趋向无限大。面对这样的进口流场，这是未来加力燃烧室遇到的另一类新难题。本书不涉及 TBCC 双模态冲压燃烧室以及超燃冲压燃烧室相关问题，仅限 TBCC 亚燃加力/冲压燃烧室。

综上，涵道比很小的涡扇发动机和涵道比变化很大的组合式发动机催生出了两种不同类型的加力燃烧室，即小涵道比涡扇加力燃烧室和宽范围涵道比的 TBCC 加力燃烧室。

6.4　小涵道比涡扇加力的基本要求及设计特点

6.4.1　小涵道比涡扇加力的基本要求

小涵道比的高性能涡扇加力燃烧室是未来先进加力燃烧室的发展趋势。相比传统的加力燃烧室而言，首先其进口条件发生了很大变化，与表 3-1 列出的传统加力燃烧室进口参数相比，其进口参数的主要特点如下：

（1）内涵进口温度更高，为 1 300～1 400 K。

（2）内涵氧含量更低，为 11%～12%。

（3）内涵进口速度更高，为 250～290 m/s。

（4）内涵进口压力有所提高，为 6～7 atm。

为了进一步提高推重比，小涵道比的高性能涡扇发动机对加力燃烧室性能要求表现如下：

（1）接近化学恰当比燃烧，达到更高的加力温度。

（2）具有更高的燃烧效率。

（3）更小的流动损失。

（4）质量更轻，且结构更简单。

简言之，小涵道比的高性能涡扇加力燃烧室技术要求是以最少的空气流量实现更大的推力增益，要求在低流阻条件下，组织高效稳定的燃烧，并且要求结构简单、利于减重。同时实现喷油稳定系统应有良好的安全工作环境。此外冷却及筒体的冷却保证有足够的安全程度，因此在燃烧组织、材料、工艺等方面均面临着非常严峻的挑战。

6.4.2　小涵道比涡扇加力的设计特点

正如前两章所讲到的那样,传统加力燃烧室由扩压器、中心锥、隔热防振屏、喷油系统及稳定器等部件组成,如图 6-2 所示。可以看出,传统加力燃烧室的特点是各部件与其他部件的关联耦合较少,基本独立工作,功能单一。功能与部件一一对应给设计带来很大方便,但却可能造成结构冗余和不必要的损失。

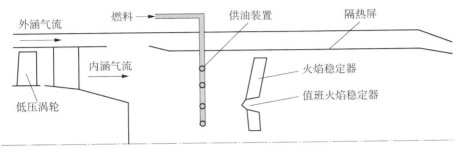

图 6-2　传统加力燃烧室结构示意图

小涵道比涡扇加力的设计特点,从不断发展的加力燃烧室中窥见一斑。纵观国际上具有代表性且装备加力燃烧室的涡扇发动机,如美国的 F100、F110 及 F404,苏联的 AL31F 及 RD33,法国的 M88-Ⅱ,欧洲 4 国联合研制的 EJ200,美国的 F414 及 F119 等,可以看出,随着发动机推重比的不断提高,加力燃烧室技术也不断处于发展与进步之中。为了减少部件、减轻质量,国外从第三代及三代半发动机开始,即对传统加力燃烧室方案改进,其主导思想是对部分部件进行一体化设计,例如,EJ200 和 M88-Ⅱ 的混合器内涵波瓣与径向稳定器的一体化设计;F414 和 F119 的混合器与环形主稳定器一体化设计;F119 的火焰稳定器和喷油杆一体化设计等。可以说,这也是未来小涵道比涡扇加力燃烧技术发展的必由之路,也是新一代一体化加力燃烧室的雏形。

针对新一代小涵道比涡扇加力燃烧室具有进口燃气温度显著提高、氧浓度进一步降低同时进口来流速度增大的新特点与新条件,为了进一步提高推重比,显然传统加力燃烧室在减重、减阻及高效稳定燃烧方面面临着新的挑战与考验。从国内外发展趋势来看,尽管新一代加力燃烧室已经实现了某些部件的一体化设计,但采用传统的钝体结构必然会阻塞流道,在稳定火焰的同时必然会带来流道的阻塞和总压损失。特别在非加力状态下,整个加力燃烧室给发动机带来的附加质量和流动损失都是无意义的,这是钝体火焰稳定器与生俱来的缺点。此外,点火器、支撑框架以及复杂的冷却系统又增加了发动机的质量,难以满足进一步提高推重比的目标。因此,取消传统的 V 形槽钝体火焰稳定器,发展稳定火焰新技术,整合各部件功能,减少零件数目,降低非加力阻力损失,缩短加力燃烧室长度,减轻加力燃烧室质量,实现加力燃烧室的真正一体化设计已经成为小涵道比涡扇加力的主要设计特点及发展趋势。

6.5 涡轮后机匣与加力设计一体化

图 6-3 旋流加力燃烧室

涡轮后机匣与加力燃烧室的一体化设计方案最初引起人们的注意源于 1988 年美国的"综合高性能涡轮发动机计划(即 IHPTET 计划)",在这一计划中首先提出了整体式旋流加力燃烧室概念如图 6-3 所示。在这种一体化加力燃烧室中,传统的 V 形稳定器被取消,并采用涡轮后承力框架作为旋流加力的叶片,燃油喷杆内置于叶片中,这种加力燃烧室采用强旋流稳定和强化燃烧,通过大幅度强化混合和提高燃烧强度,提高燃烧稳定性,实现了拓宽稳定工作范围、缩短加力燃烧室的长度、降低喷流红外辐射及提高燃烧效率的目的,其优势在于结构紧凑、零件数少、可以减小加力燃烧室的长度和质量并提高隐身性能,但其具有总压损失大、结构复杂等缺点,特别是在降低流阻方面存在相当大的难度。

继 IHPTET 计划之后,美国在针对新一代航空发动机发展所开展的"多用途经济可承受的先进涡轮发动机计划(即 VAATE 计划)"中,首先提出了涡轮后框架一体化加力燃烧室概念(integrated rear frame & augmentor, IRFA),如图 6-4 所示。IRFA 的显著特点在于取消了传统加力燃烧室的火焰稳定器及燃烧组织方案,将涡轮后框架与加力燃烧室进行了一体化设计,在涡轮支板后方直接组织燃烧。

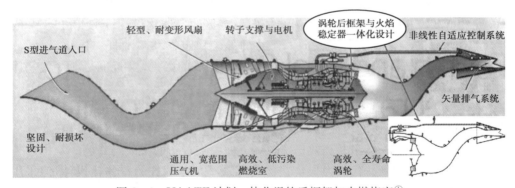

图 6-4 VAATE 计划一体化涡轮后框架加力燃烧室[1]

事实上,VAATE 计划提出的涡轮后框架一体化加力燃烧室结构可参见 20 世纪 90 年代美国的两份专利,其公布的加力燃烧室方案,如图 6-5 所示。该专利同时还公布了其中支板结构(见图 6-6),在该设计中将喷油装置同时与支板进行了一

---

[1] 来源:美国空军研究实验室。

体化设计,即将喷雾器内置于支板之中。

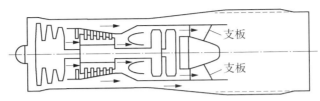

图 6-5 美国专利公布的涡轮后框架一体化加力燃烧室方案示意图

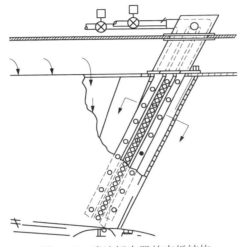

图 6-6 喷油杆内置的支板结构

2006 年我国有学者首次提出了如图 6-7 所示的一种基于中心锥内突扩和气动火焰稳定器主动控制相结合的一体化加力燃烧室方案。该方案提出取消传统加力燃烧室中的钝体火焰稳定器,内外涵冷热两股气流经过前置扩压器完成一级扩压后,进入突扩扩压器进行二级扩压;得到充分扩压后,在涡轮后框架构成的带冷却气的内腔作用下,靠射流注入的冷却气流在腔后形成内涡,混合气流流经内突扩结构向中心偏折形成外涡,涡轮后框架中心的双漩涡低速区形成稳定的点火源和不断脱落的传焰区。在 800~900 ℃高温下,所喷油气混合物可以自燃,取消点火装置。可以看出,在这种一体化加力燃烧室方案中,采用中心锥内突扩进行扩压,并利用这种突扩结构完成外涵冷空气的燃烧组织,实质是一种扩压与混合的一体化设计;该方案还将支板与中心锥进行一体化设计,将支板与中心锥的冷却空气同时用于组织燃烧,支板兼具承力与稳定火焰的功能,这是支板与火焰稳定器的一体化设计。

文献还提出了如图 6-8 所示的一体化加力燃烧室方案,该方案的特点同样是取消传统的 V 形火焰稳定器,将支板与火焰稳定器进行一体化设计,同时还将喷油杆内置于支板之中。此外,采用壁式稳定器进行外涵气流的燃烧组织。

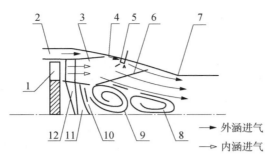

1—涡轮；2—外涵道；3—前置扩压器；4—冷却气流；
5—喷油装置；6—火焰前锋；7—机匣和喷管；8—外漩涡；
9—内漩涡；10—冷却气流；11—空气腔；12—后框架。

图 6-7　一体化加力燃烧室示意图

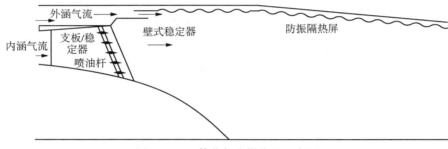

图 6-8　一体化加力燃烧室示意图

综合分析上述涡轮后框架一体化加力燃烧室，其主要特点可能涉及几个方面的一体化：①涡轮后机匣与加力燃烧室的一体化设计；②支板与火焰稳定器的一体化设计；③燃油喷雾器与支板的一体化设计；④中心锥与扩压混合器的一体化设计；⑤其他方面的一体化，例如材料、加工及冷却等的一体化设计。

6.6　稳定火焰新技术

火焰稳定器是加力燃烧室中重要的组成部分，是加力燃烧室合理组织燃烧、提高燃烧效率、增强燃烧稳定性、减小流动损失、减轻质量所必须首要考虑的关键部件。这是由于燃气经涡轮排出后压力大大降低，同时速度提高，使加力燃烧室的工作条件更加恶劣所决定的。

传统加力燃烧室中常用的稳定器包括 V 形钝体火焰稳定器、蒸发式火焰稳定器或沙丘驻涡火焰稳定器等。V 形钝体火焰稳定器的低速尾流区与来流高速流动形成二维剪切层，从而产生展向涡，形成一个回流区，已燃高温燃气回流并与剪切层的未燃混气接触并将其点燃，该结构作为一个稳定而持续的点火源，进而将火焰传播到高速气流中实现持续稳定燃烧。国内外有关 V 形钝体火焰稳定器已经进行了大量卓有成效的研究工作，从 20 世纪 50 年代起，到目前已取得了丰富的成果。随着激光诊断技术与数值计算技术的进步,即使在近年来仍有研究者对 V 形钝体火焰稳定器的流动、燃烧与稳定性能进行着诸如先进光学测试、大涡模拟、火焰动态显示等更为精细的基础研究。蒸发式火焰稳定器是除 V 形钝体火焰稳定器之外成功应用于加力燃烧室的另一种火焰稳定器,以其在斯贝发动机上的应用最具代表性。这种稳定器向内部供应部分燃油,燃油通过进油喷嘴射到装在稳定器进气嘴中的溅板上,稳定器进气嘴从来流吸入空气,并和燃油一起形成乳浊混合物流入装在稳定器内的分布管,分布管上有许多对小孔,可使油气混合物沿分布管喷入稳定器中。此外,稳定器背部的缝隙可以起到利用来流空气进一步雾化燃油、冷却稳定器壁、强化稳定器的回流区的作用。蒸发式火焰稳定器的内回流区受到 V 形稳定器的保护,基本不受外部主流流动的干扰,并可以单独控制附加燃油,因此有利于在高速来流的条件下可靠工作。蒸发式火焰稳定器的主要优点是扩大了贫油状态的点火和稳定工作范围,并能提高燃烧效率,特别是在来流温度低、流速高时,其优越性更显得十分突出,同时还能在小加力时实现软点火。沙丘驻涡火焰稳定器是我国具有自主知识产权并成功应用于发动机加力燃烧室中的一种典型火焰稳定器,其基本原理是采用沙丘后良好的自然气流结构,使得牛角形驻涡特别稳定,且由于拱形效应及尖端涡管发散引起的抽吸效应,扩大了回流区,延长了回流区内流体的驻留时间,有利于质量和热量交换;此外,沙丘形状被认为符合"消耗能量最小"的自然规律,较相同堵塞比的 V 形稳定器阻力下降 $75\% \sim 80\%$,其优点是流阻损失小,具有很好的应用价值。

上述传统的火焰稳定器由于对流道的阻塞作用,使得其压力损失,特别是非加力损失较大已成为制约发动机进一步提高推重比的重要因素之一。因此,取消传统的 V 形槽钝体火焰稳定器,发展稳定火焰的新技术已成为一体化加力燃烧室的重要内容。

6.5 节已经提到,在涡轮后机匣与加力燃烧室的一体化设计中,涡轮支板与火焰稳定器功能合一,即支板兼具承力和稳焰、传焰功能,因此这种支板/稳定器也称为支板火焰稳定器。与一体化加力燃烧室的发展趋势相适应,支板火焰稳定器是目前主要的稳定火焰新技术。但是,支板火焰稳定器的燃烧组织是具有相当挑战性的,这是由于如下原因:首先,进口燃气温度提高使得燃油自燃时间缩短,进而可供燃料液雾传输的时间缩短,即在支板稳定器前方燃料与空气的预混距离变短,这使稳定器和加力燃烧室横截面范围内较难形成均匀分布的燃料浓度。其次,尽管加力燃烧室进口的高温燃气有利于火焰稳定及燃烧速度的提高,但其氧含量的降低会同时引起燃烧化学反应速度的降低,从而抵消一部分高温燃气对火焰稳定性带来的好处。最后,一体化加力燃烧室进口气流速度有所提高,这对降低支板稳定器阻力损失是不利的,因此即使是流线型的支板稳定器,为了更好地降低阻力损失,还需进一步降低堵塞比,这对燃烧提出了更大的挑战。目前,支板稳焰技术主要涉及支板的构型设计,支板的燃油喷射方式,支板稳定器的点火、熄火、火焰传播等问题。

6.6.1 流线型支板火焰稳定器

支板火焰稳定器的构型设计是目前需要首先解决的关键技术问题。这是因为支板稳定器的结构不同,会引起燃烧组织方法及其燃烧组织原理的不同,进而影响其火焰稳定性与燃烧性能。

由于传统加力燃烧室的涡轮后支板一般采用流线型的翼型结构以利于降低流动损失,因此支板火焰稳定器的基本构型以流线型为主,如图 6-9 所示的支板稳定器横截面。这种流线型支板稳定器由于没有传统钝体火焰稳定器后的回流区,因此在油气匹配及布置方面具有一定的难度,但其优点在于阻力损失小。

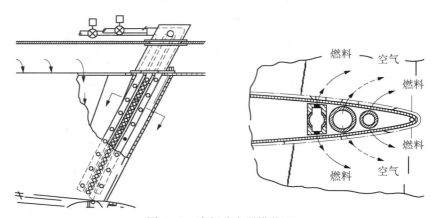

图 6-9 支板稳定器横截面

6.6.2 带截尾的翼型支板稳定器

基于涡轮后框架一体化加力燃烧室提出的支板稳定器,其结构设计的基本要求是不开加力时流动损失足够小,开加力时能形成回流区以稳定高效的燃烧。因此,带截尾的流线型或翼型支板稳定器成了支板火焰稳定器构型的另一种设计方案。Thomas 专利中的支板火焰稳定器结构及其示意图 6-10 和图 6-11 所示,流线型

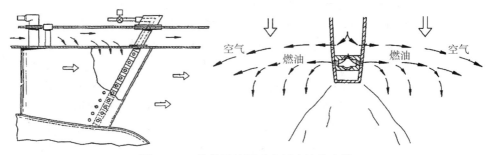

图 6-10 带截尾的翼型支板火焰稳定器

支板尾缘截断可形成回流区稳焰。该支板稳定器以图 6-11 为例，其构型设计参数包括翼型弦长 C、最大厚度 H、最大厚度位置 $C(MAX)$ 和截尾厚度 JH，其中翼型弦长与加力燃烧室具体结构有关，最大厚度与传统 V 形火焰稳定器相当或更小，翼型最大厚度位置和截尾厚度两个结构参数是最重要的设计参数。

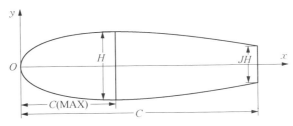

图 6-11　带截尾的翼型支板火焰稳定器结构示意图

6.6.3　凹腔支板稳定器

　　将传统的钝体稳焰方式与其他稳焰方式相结合进行支板稳定器的构型设计也是目前一种重要的支板结构设计方式。凹腔支板稳定器正是将凹腔驻涡稳焰、突扩稳焰原理及流线型支板设计原理相结合而提出的一种新型稳焰方案。

　　众所周知，凹腔驻涡稳焰技术是广泛应用于航空航天推进系统中的一种火焰稳定方式。在亚燃条件下，以凹腔驻涡稳焰为主要特征的驻涡燃烧室（trapped vortex comubstor，TVC）因具有优秀的火焰稳定性在美国 IHPTET 计划、VATTE 计划新概念航空发动机燃烧室的研究发展中而备受关注。如图 6-12 所示，不同于传统的旋流、钝体、后向台阶等稳焰方式，TVC 采用独立于主流的凹腔结构产生驻涡而稳定火焰，同时还采用将空气与燃料喷射点置于凹腔前墙或后墙的方式来驱动与加强凹腔内的旋涡。凹腔结构可卷吸热的燃烧气体，同时与主流进行连续的质量与热量交换。美国空军怀特实验室在近年来还尝试将凹腔驻涡稳焰燃烧的概念应用于加力燃烧室外涵燃烧的相关研究工作，图 6-13 为 2008 年美国 GE 公司公布的 TVC 加力燃烧室示意图。在超声燃烧条件下，凹腔（槽）火焰稳定器因其结构简单，有利于强化混合和稳焰效果好等优点还被广泛应用。超声速气流在燃烧室的驻留时间极短，要实现点火和稳定燃烧，必须采用强化混合和稳定火焰的手段。俄罗斯中央航空发动机研究院在二维氢燃料超燃冲压发动机模型中首次使用凹槽稳定器（见图 6-14），并于 1994 年将凹槽应用于双模态超燃冲压飞行实验中获得了成功，目前凹腔稳焰技术已广泛应用于超燃冲压燃烧室的燃烧组织。因此，这为新型加力燃烧室的稳焰技术探索提供了另一种思路，也即将凹腔稳焰技术与其他稳焰技术相结合进行燃烧组织。

　　凹腔支板稳定器的基本原理是以涡轮后支板为原型，将凹腔驻涡稳焰和突扩稳焰原理相结合进行燃烧组织，旨在实现当高温气流流经支板凹腔时，在凹腔内形成

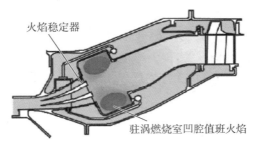

图 6-12　驻涡燃烧室(TVC)示意图

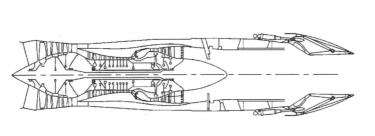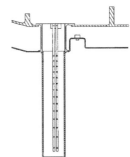

图 6-13　驻涡加力燃烧室

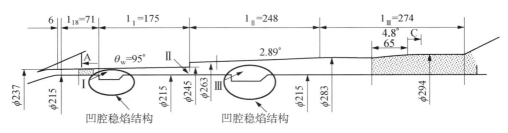

图 6-14　基于凹腔稳焰的双模态超燃冲压燃烧室

局部回流区,同时在凹腔旋涡的扰动下,支板壁面气流提前与壁面分离,当气流到达突扩尾缘时,在尾迹区形成大范围的低速回流区,以实现可靠、稳定、高效的点火及火焰传播,并确保较小的总压损失。这种稳定器既具有流线型支板阻力损失小的优点,又具有凹腔稳焰、尾缘回流区稳焰的优点,因此符合一体化加力燃烧室的设计需求。图 6-15 给出了凹腔支板稳定器的结构示意图。图 6-16 给出了该凹腔支板稳定器在前方顺喷条件下的液雾分布高速摄影照片,可以看出,凹腔内有液雾存在,一方面是由主流液雾被卷吸而形成,另一方面是由支板表面液膜二次破碎形成,这一结果从液雾分布的角度证实了该支板稳定器的凹腔具有良好的稳焰效果。图 6-17 给出了凹腔支板稳定器的成功点火试验照片。北京航空航天大学针对凹腔支板火焰稳定器已经开展的流动、结构参数优化、液雾分布、点火、火焰传播等相关初步研究工作表明,凹腔支板火焰稳定器以流动损失小为显著特点,且其凹腔能够卷吸液雾从而有利于值班点火及稳定火焰,具有良好的工程应用潜力与生命力,是未来一体化加力燃烧室新型稳焰技术的不错选择。

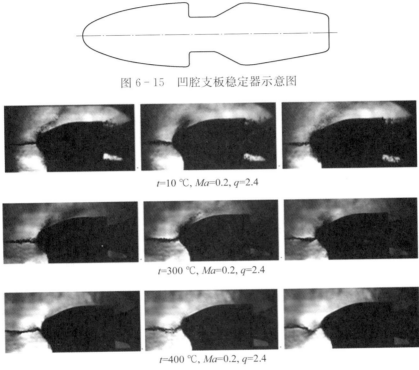

图 6-15　凹腔支板稳定器示意图

t=10 ℃, Ma=0.2, q=2.4

t=300 ℃, Ma=0.2, q=2.4

t=400 ℃, Ma=0.2, q=2.4

图 6-16　凹腔支板稳定器液雾分布高速摄影照片(q 为油气动量比)

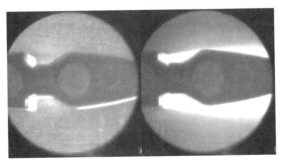

图 6-17　凹腔支板稳定器试验件及其点火照片($T = 850℃$, $Ma = 0.2$, $f = 0.005$)

此外,文献报道中还提出了一种不带尾缘突扩的凹腔支板稳定器如图 6-18 所示,这种凹腔支板稳定器的凹腔结构与图 6-15 不同,主要区别在于其在凹腔内直接供油以组织燃烧。

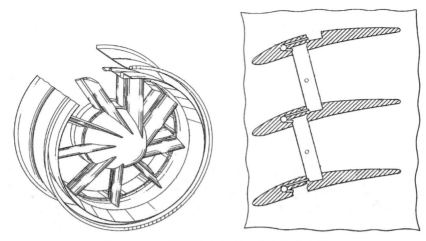

图 6 - 18　不带尾缘突扩的凹腔支板稳定器

6.7　燃油喷雾器与支板的一体化

燃油雾化质量及燃油浓度分布与稳定器的燃油布置、油气分配、火焰稳定、火焰传播及加力燃烧室的分区供油设计密切相关,因此非常重要。在传统加力燃烧室中,燃油喷射方式主要通过顺喷、逆喷、侧喷、角度喷射等方式完成,且为了更好地蒸发和混合,往往在稳定器上游较远位置处进行喷油。

Lovett 指出,在新一代加力燃烧室中,由于来流温度很高(最大可达 1 300 K),燃油喷射的自燃时间缩短,小于 1 ms,如图 6 - 19 所示。这样,为了保证油气混合物在到达火焰稳定器回流区之前不发生自燃,燃油喷射位置与火焰稳定器的距离(即最大的预混距离)仅为 50 mm 量级,这就大大限制了在稳定器和加力燃烧室大横截面范围内形成均匀分布的燃料。由此可见,在未来先进加力燃烧室中,由于内涵进口高温条件的限制,燃料喷射位置与火焰稳定器需要近距匹配甚至一体化设计。

由于加力燃烧室的进口温度过高和燃油自燃,还会发生燃油喷射装置及火焰稳定器的烧蚀、变形、裂纹以及喷油杆结焦堵塞等问题,如图 6 - 20 给出了一种文献报道中的喷油系统与稳定器的一体化设计方案,采用外涵冷却气

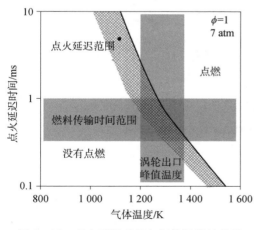

图 6 - 19　点火延迟时间与气体温度的关系

进行喷油杆的冷却。

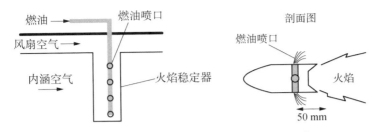

图 6 - 20　喷油系统/稳定器的一体化设计方案

回顾图 6 - 9、图 6 - 10 及图 6 - 18 的支板稳定器可以看出，这些以支板稳定器进行加力燃烧组织的相关设计中，其喷油杆均内置于支板之内。需要注意的是，这种燃油喷雾器与支板的一体化设计对提高燃料分布的均匀性、减小燃油与稳定器火焰区的干扰、改进雾化质量与浓度分布等均提出了新的要求，因此燃油喷雾器与支板稳定器的一体化设计还需要重点考虑燃油的雾化及浓度分布均匀性，这在前述一体化支板稳定器中均有考虑。例如，图 6 - 9 中的喷油系统设计特点是将燃料喷入空气射流形成的回流区内组织燃烧；图 6 - 10 中则将压力空气孔置于所有燃料孔的前方，以便使空气孔形成的低速区保证燃料喷射的穿透深度，从而使其周向进一步分布均匀，燃料与核心流和外涵空气混合物一起向下游，并在支板尾缘形成的低速区稳定燃烧与火焰传播。图 6 - 21 给出了一种喷油杆内置式的一体化支板稳定器示意图，这一方案将气动雾化与挡溅雾化均应用到了喷油杆与支板稳定器的一体化设计中。

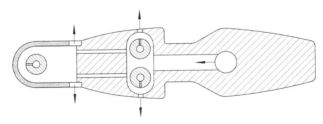

图 6 - 21　喷油杆内置式的一体化支板稳定器示意图

综上所述，从小涵道比涡扇加力的基本特点可以看出，未来加力燃烧室的燃油喷雾器及火焰稳定器设计仍需要在燃油雾化、喷油稳定系统冷却以及有效降低流动损失方面加强研发力度。

6.8　TBCC 加力燃烧室及其特点

前文已经提及，用于装备串联式 TBCC 组合动力的涡扇加力燃烧室具有的显著特点是涵道比变化范围大，因此未来加力燃烧室面临的新的技术挑战还包括在这种进口条件下的高效稳定燃烧。

6.8.1 TBCC 加力燃烧室的工作过程

如图 6 - 22 给出了串联式 TBCC 和并联式 TBCC 的方案示意图,可以看出串联式 TBCC 的低速与高速推进系统在同一个流道中,并联式 TBCC 的低速与高速推进系统不在同一个流道中。串联式 TBCC 要求其加力燃烧室既能在涡轮喷气发动机的工作模态下良好工作,又要在逐步转换为冲压发动机模态后,以冲压燃烧室模式高效、稳定燃烧。

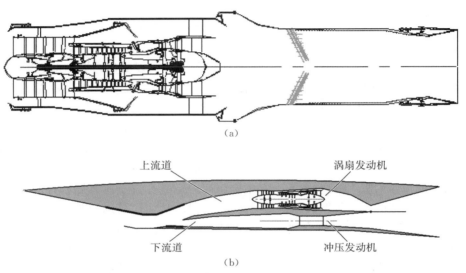

(a)

(b)

图 6 - 22   串联式 TBCC 和并联式 TBCC 的方案示意图

(a) 串联式   (b) 并联式

不同于典型的涡轮风扇发动机加力燃烧室,TBCC 加力燃烧室的工作过程为:在启动和低马赫数时,涡轮冲压组合发动机处于涡轮模式工作,这时冲压燃烧室作为加力燃烧室使用,大部分空气经过核心机进入冲压燃烧室继续供油燃烧;随着马赫数的增加涡轮冲压组合发动机从涡轮模态向冲压模态转变;在高马赫数时,加力燃烧室作为冲压燃烧室使用,这时大部分空气不经过核心机,而通过外涵道直接进入冲压燃烧室。

6.8.2 TBCC 加力燃烧室的设计特点

TBCC 加力燃烧室的设计,需要在传统加力和冲压燃烧室燃烧组织技术的基础上,着重解决如下三个设计难点:

1) 宽广工作范围高速来流条件下的高效低阻火焰稳定技术

由于 TBCC 具有宽广飞行包线的性能优势,这要求燃烧室的火焰稳定器必须具有较为宽广的稳定极限,尤其是在由涡扇模态向冲压模态的过渡过程中,气流参数变化范围较大,而为了实现工作模态的平稳转变,要求火焰稳定器具有更宽广的稳定范围。与传统加力燃烧室相比,一方面 TBCC 加力燃烧室在涡扇模态工作时的涵道比通常大于 1,比现有加力燃烧室的涵道比大,完全混合后的进口温度较低;另一方面冲压模态时的温度和流动速度均高于加力燃烧室。TBCC 加力燃烧室的相对低温对燃油蒸发和火焰稳定带来不利,高速气流条件下的火焰稳定技术也超出了现有航空发动机的技术水平。

2)相对低温和局部高速来流下的"软点火"技术及革新燃油喷射技术

TBCC 加力燃烧室工作范围宽广,且工作条件相比于传统加力燃烧室更加恶劣,这给点火提出了更高的要求。在不同工况下,加力/冲压燃烧室内外涵进口空气流量变化很大,且冲压状态进口温度较低,满足不同工况的供油系统布置也是加力/冲压燃烧室设计的难点之一。

3)大范围涵道比变化下的掺混技术

TBCC 加力燃烧室由涡扇工作模态向冲压模态转变过程中,涵道比逐渐增加,外涵气流所占比例越来越大,尤其是飞行器 Ma 数大于 3 时的冲压状态,气流基本由冲压涵道进入燃烧室,涵道比可达到 9～10。在结构上,加力燃烧室中的混合器一般直接与内外涵分流环直接相连,而 TBCC 加力燃烧室中因为涉及外涵道变面积引射器的控制,这要求良好的强化掺混技术为燃烧组织做好准备。

由上述冲压燃烧室的三个设计难点可以看出,TBCC 加力/冲压燃烧室的燃烧组织既涉及燃烧前的速度场及温度场准备工作,即大范围涵道比变化下的掺混问题,也涉及火焰稳定、燃油雾化及燃油分布等传统加力燃烧组织的基本问题,但由于工作范围更宽、来流工况条件更加苛刻,因此其燃烧组织具有更大的挑战。

TBCC 加力/冲压燃烧室的研究工作以日本的高超声速飞行运输机推进系统研究计划(HYPR)计划和美国的革新涡轮加速器(RTA)计划最具代表性。以美国的 RTA 计划为例,如图 6 - 23 给出了由 NASA 和 GEAE 设计的 RTA - GE57 涡轮冲压组合发动机验证机,该验证机借鉴了 GE YF120 涡轮发动机核心机和冲压发动机 Marquart RJ43 - MA - 3 亚燃冲压燃烧室的设计,并结合 TBCC 加力/冲压燃烧室自身的工作特性进行了改进设计。该燃烧室采用了外涵道变面积引射器和新型火焰稳定器结构以满足模态转变以及推力、耐久性的要求,与第三代加力燃烧室结构的比较如图 6 - 24 所示。首先,RTA 的加力/冲压燃烧室的燃烧组织布局方式与 F110、J58 加力燃烧室的燃烧组织方案不同。传统加力燃烧室采用多级环形稳定器和径向火焰稳定器结合的方式作为燃烧组织方案,而该燃烧室的稳定器布局方案采用驻涡燃烧室作为值班火焰稳定器布置于外涵道侧处,同时采用径向火焰稳定器的布置方案。这种燃烧组织的方案对值班火焰稳定器提出了比较高的要求,因为外涵侧温度低不利于值班火焰稳定器点火和值班火焰向径向火焰稳定器的传播。其次, RTA 的超级燃烧室进口还采用了如图 6 - 25 所示的可变面积引射器,这种设计可大幅度改变内、外涵面积,以保证从起飞状态到马赫数 4 飞行状态约 10 倍左右的涵道比变化。

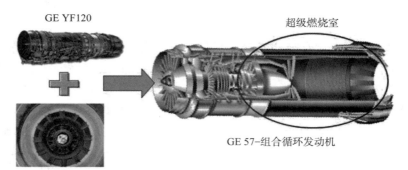

图 6 - 23　RTA - GE 57 涡轮冲压组合发动机验证机地面验证机超级燃烧室

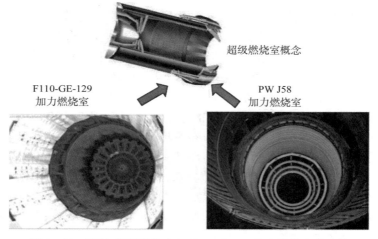

图 6 - 24　RTA 超级燃烧室与 F110 和 J58 加力燃烧室的比较

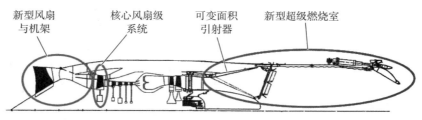

图 6 - 25　GE RTA 超级燃烧室方案及其后可变面积引射器

　　总之,TBCC 加力燃烧室设计技术的革命性进步,要求对进气模态的转换具备高度适应性,在 2 种不同模态下均能稳定、可靠工作。其进气方式的控制、燃烧组织和状态调节技术的突破是取得成功的关键。

参 考 文 献

[1] Lovett J A，Brogan T P，Philippona D S. Development needs for advanced afterburner designs[C]. 40th AIAA/ASME/SAE/ASEE Joint Propulsion Conference and Exhibit 11 – 14 July 2004，Fort Lauderdale，Florida，AIAA 2004 – 4192.

[2] 侯晓春，季鹤鸣，刘庆国，等. 高性能航空燃气轮机燃烧技术[M]. 北京：国防工业出版社，2002.

[3] 季鹤鸣，樊未军，杨茂林. 新型内突扩加力燃烧室方案可行性分析[J]. 航空发动机，2006，32（1）：35 – 37.

[4] 孙雨超，张志学，李江宁，等. 一体化加力燃烧室方案设计及数值研究[J]. 航空科学技术，2011（4）：71 – 74.

[5] 刘广海，刘玉英. 翼型支板火焰稳定器结构参数的研究[J]. 航空动力学报，2015，30（6）：1350 – 1356.

[6] Air Force Research Laboratory（AFRL），Science and Technology for Tomorrow's Aerospace Force，Innovative Engine Technology Demonstrates Potential to Revolutionize Turbine Engine Performance[OB/EL]，http://www. pr. afrl. af. mil/00/tvc. pdf.

[7] McClinton C，Roudakov A，Semenov V，et al. Comparative flow path analysis and design assessment of an axisymmetric hydrogen fueled scramjet flight test engine at a Mach number of 6. 5 [C]. 7th International Space Planes and Hypersonics Systems & Technology Conference，Nov. 1996，AIAA 96 – 4571.

[8] 刘玉英，谢奕，柳杨，等. 凹腔支板火焰稳定器自燃点火性能初步试验[J]. 航空动力学报，2018，33（6）：1298 – 1304.

[9] 刘玉英，周弘毅，谢奕，等. 喷油杆和凹腔支板稳定器近距匹配的液雾分布可视化[J]. 航空动力学报，2018，33（3）：549 – 556.

[10] 张容珲，刘玉英，谢奕，等. 燃油喷射方式对凹腔支板稳定器火焰传播性能的影响[J]. 推进技术，2017，38（9）：2046 – 2054.

[11] 刘广海，刘玉英，谢奕. 凹腔对一体化支板火焰稳定器燃烧性能的影响[J]. 航空动力学报，2018，33（8）：1838 – 1844.

[12] 刘雯佳，金捷，季鹤鸣. 带凹腔支板的数值模拟[J]. 燃气涡轮试验与研究. 2010，23（4）：35 – 38.

[13] Wadia A R，James F D. F110 – GE – 132：Enhanced power through low-risk derivative technology [J]. Journal of Turbomachinery，2001(123)：544 – 551.

[14] Hank J M. Air force research laboratory hypersonic propulsion research programs[R]. AIAA 2007 – 5371.

第7章 推力矢量喷管与降低红外辐射技术

7.1 喷管功能的演变和技术要求

航空发动机的末端是喷管,许多人称其为推进器。此话对,但不全面。喷管不仅仅产生推力,它还具有多种先进的功能。所以应称其为多功能的排气装置更为恰当。现代歼击机发动机的排气喷管确实具有多项特殊功能,承担着多种技术要求:①为涡轮发动机提供反压;②确保高温、高压、高焓燃气最大限度转变成推进动力;③为开加力时的点火、稳定燃烧及进口状态不变提供保证;④满足涡轮发动机叶片机的起动及转速特性的要求;⑤满足发动机的内流气动性能要求;⑥具有推力矢量功能;⑦符合飞机发动机对雷达和红外辐射的低可探测性要求;⑧满足飞机后机身(含机后体、机尾罩)的气动特性匹配要求。

喷管为何有这么多的功能和技术要求? 这是因为它同时受涡轮发动机和装机平台两者的强烈牵引。上述 8 条,前 5 条是发动机的要求,而后 3 条则是飞机的要求。由于有这种强烈的需求牵引,喷管在涡轮喷气发动机的几大部件中是发展最快的。图 7-1 所示为 6 种典型喷管,它代表了喷管的发展方向。由一个简单的排气面积固定的收敛喷管发展成具有主喷管和引射喷管组成的可调收敛扩张而且可转向的复杂排气装置。图 7-2 所示为当前的先进航空发动机喷管喉道面积 A_8 的变化规律。A_8 已是油门杆直接调节控制参数。自发动机起动到全加力都在变化和调节之中。为此通常由专门的喷口调节器来实现。不仅如此,凡是实施喷管射流方向偏转的排气装置,不管是反推力器、转向喷管还是各种推力矢量喷管,它们都得接受飞机飞控系统的指令。一台多功能喷管要做多种动作,尤其是要在各种恶劣的飞行环境中实施多个自由度都得依靠液动或气动、电动执行元件来完成,出现故障的概率很高。例如 1997 年俄罗斯一架具有推力矢量功能试验机在巴黎航展期间,因液压系统有故障而终止表演。美国的四代机也一样出现。因此喷管上还要设置安全应急系统。

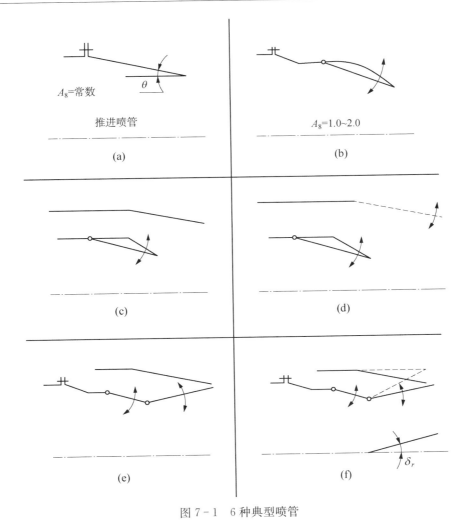

图 7 - 1 6 种典型喷管

(a) 固定面积收敛喷管 (b) 可调收敛喷管 (c) 固定式引射喷管 (d) 浮动或可调引
射喷管 (e) 带引射锥形收扩式喷管 (f) 轴对称推力矢量喷管
注：上图中，θ—收敛角，δ_r—矢量角。

具有推力矢量的多功能喷管不仅结构复杂，技术先进，而且采用了大量新材料，如陶瓷基复合材料、高温钛合金、金属间化合物等。同时还采用了许多新的加工工艺，如热障涂层、超塑成形和扩散焊以及高能束焊接等。以上这一切都体现在喷管制造成本的猛增。Gridey 提供了一些数据，介绍了几种发动机喷管在整机成本中的百分比：

20 世纪五六十年代	J79	13.4%
20 世纪七八十年代	F100、F110	22%~26%
20 世纪 90 年代以来	F119(含 F135)	>30%

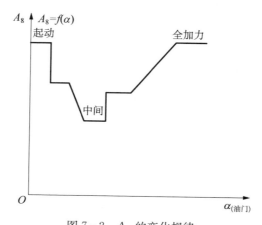

图 7-2　A_8 的变化规律

说明：起动和全加力喷口最大，中间喷口最小。

　　这可从一个侧面反映出喷管技术在现代航空发动机上的地位、份量和先进技术程度。喷管技术到底有何种先进和特殊之处？关于喷管的各种气动性能的文献资料有很多，其中吴达等介绍的文献最集中。可是结构设计的文献资料却很少，因此为突出重点，讨论放在后者。其实，推力矢量或多功能喷管的关键全在结构上。图 7-3 所示是早期装在涡轮发动机上的喷管，非常简单，只是个锥形薄壁圆筒。图7-4 所示是正服现役的三代机喷管。它包括可动的收敛段、扩张段和外罩三部分。这三部分由一系列的铰链、连杆、支架、静止件、安装边及薄壁件组成。依靠这些零件构成可调节的喉道截面 A_8 和排气截面 A_9 及随动的引射喷口。超过 2000 ℃的高温燃气以极高的超过声速的喷射速度长时间地从这里喷射出去，才能产生出强大的推力。

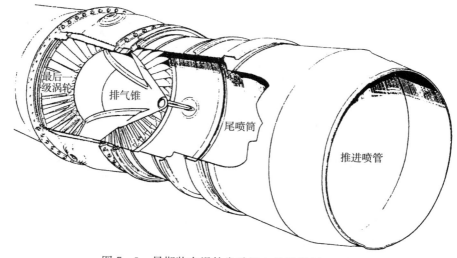

图 7-3　早期装在涡轮发动机上的喷管（$A_8 = A_c$）

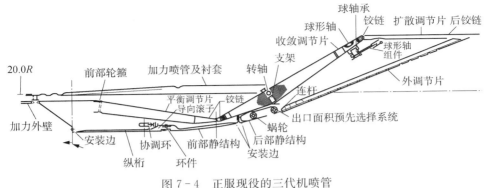

图 7 - 4　正服现役的三代机喷管

下面要介绍的新一代具有推力矢量等多种功能的排气装置正是立足于上述喷管基础上的。喷管相对于发动机轴线可做角向运动,增加了喷管的运动自由度。

排气喷管崭新技术共分两章。本章介绍多种轴对称推力矢量喷管及其早先的技术基础,包括反推力装置和转向喷管,同时介绍低可探测性喷管技术。第 8 章着重介绍二元收扩喷管和适宜于未来高速飞行的涡轮冲压组合发动机上的单边膨胀斜面喷管。

7.2　最早的推力变向器——转向喷管

自从 20 世纪 50 年代涡轮喷气发动机广泛应用在军用和民用飞机上以来,在排气喷管上曾先后出现多种形形色色的装置。消音喷管、双涵喷管、波瓣混合喷管、可转叶栅等大多已是过时烟云,但其中转向喷管和反推力装置不仅作为产品装机飞行。更为重要的是具有这两项技术的产品对于推力矢量喷管却是个先行者。因此有必要首先予以介绍。

20 世纪 50 年代导弹大量应用于实战,受威胁最大的是机场。由此牵动出具有垂直短距起落功能的飞机。它能实施垂直短距起落,应用在这种歼击机的发动机主要有 3 种方案:升力风扇(现今的 F135 即是)、升力发动机(推重比高达 20)、推力转向喷管。其中转向喷管进展最佳,不仅装机而且列入型号服役。这就是英国的"飞马"/海鹞。"飞马"外形如图 7 - 5 所示。图 7 - 6 是 RB193 - 12 推力转向喷管结构。风扇排气涵道分成一对前喷管;涡轮后的燃气则分成第二对后喷管。两对喷管共装有 4 个推力/升力转向器(见图 7 - 7)。该喷管具有自水平面 0°喷射,然后向下偏转到 90°垂直喷射,直至 95°的转向能力。垂直起飞时 4 个喷管处于 90°位置,就像桌子的 4 条腿产生举力把飞机抬起来。当抬升到一定高度时,4 个转向喷管逐渐转到处于 0°水平位置。由于举力变成推力,把飞机向前推进加速。装有"飞马"发动机的海鹞在 20 世纪 80 年代英阿马岛冲突中经受了实战考验,证明它的确有着优越的亚声速作战性能,但由于增加了 4 根粗管及相应的复杂操控系统,质量增加,而且没有加力,故超声速飞行性能很难实现。后来还曾在前部冷流喷管中设置前喷管加力以图

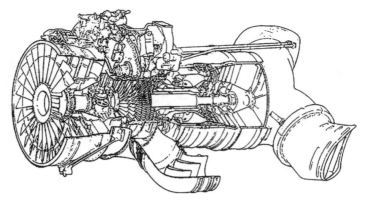

图 7-5 "飞马"外形

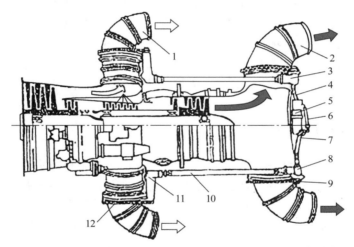

1—前部转向喷管；2—后部转向喷管；3—传动盒；4—扭转操作轴；
5—操纵转向喷管的气动马达；6—承力作动筒的控制气动马达；9,12—
链；11—传动盒。

图 7-6 RB193-12 推力转向喷管结构

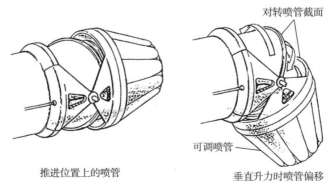

对转喷管截面

可调喷管

推进位置上的喷管   垂直升力时喷管偏移

图 7-7 推力/升力转向喷管

改进性能,参见图 5 - 49。

转向喷管在海鹞上的表演,特别是借助发动机排气方向改变用于操控飞机。让航空工程师看到了这种技术的潜力。从而成了正在着手研制新一代歼击机发动机的首选新技术。

既然在不开加力时,可以把发动机的喷管转到 95°位置,那么转到 135°也并非难事。这不是成了反推力装置吗?!

火箭发动机大量出现于 20 世纪 50 年代。其排气温度高于涡喷涡扇发动机的加力状态的排气温度。火箭发动机喷管可以在工作时围绕轴线做小角度范围内的不停的转动,涡轮喷气发动机开加力时其喷管当然也可以不停地转动。何况涡轮喷气发动机的转向喷管可做更大角度范围内的转动。这就为推力矢量喷管的出现提供了坚实的技术基础。

本书将分别详细介绍反推力装置和推力矢量喷管。

7.3　反推力装置

7.3.1　一项大中型飞机的标配技术

飞机是高速运动的物体,它既要从零速度滑跑升空,又要以每小时一两百公里的速度接地,回归到零速度。因此起飞、着陆一直是个难度很大的技术问题。飞机起飞质量从最早的几百公斤到二战结束时携带原子弹轰炸日本的"超级空中堡垒"B29 重达 64 t,直到当今"空中巨无霸"A380 起飞重达 590 t,苏联(现归乌克兰)制造的巨型运输机安 225 更达 640 t。要把如此庞然大物制动是非常困难的。采用空间换时间的办法就是修建长长的跑道。二战时的野战机场跑道长 800 m;如今一般的民航机场跑道长 3 000 m,宽 60 m,混凝土厚 0.4 m,占地 20 km² ;高原和热带地区的跑道更长,我国西藏阿里的昆莎机场海拔 4 227 m,跑道长达 4 500 m。机场造价昂贵,投资巨大。即使如此,也难以满足现代大型运输机的要求,尤其是在雨天和结冰等复杂气象条件下着陆,常出事故,飞机冲出跑道时有发生。在飞机失事原因中,起飞、着陆占有的比例很大,特别是着陆,是绝对不可小觑的重要环节。

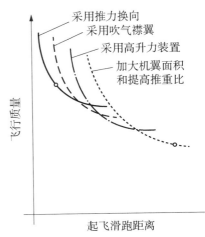

图 7 - 8　缩短起飞着陆距离的方法和效果

为了解决上述问题,多年来飞机设计师采用了多种技术措施(见图 7 - 8),如采用襟翼吹气、增加机翼升举力、增大机翼面积、采用变后掠翼等。这些措施都是为了降低着陆速度(或接地速度),从而减小飞机的惯性力,缩短制动距离。但是,此类措施收效并不大,60 年前的飞机着陆速度曾降到过接近 100 km/h,可如今大多数飞机着陆速度却为 200 km/h 左右。这是因为飞机吨位和最高飞行速度的提高已抵消了这些措施带来的效果。迄今,歼击机上应用最多和最有效的着陆措施是使用着陆伞和减速板,舰载机上则采用着舰拦阻索、阻力钩或尼龙减速网。这些措施对于吨位和尺寸较小(从十几吨到 20 多吨)的歼击机和舰载机相当成功,但是对于上百吨的干线客机、几百吨重的巨型宽体洲际客机和大型运输机,尤其是在结冰的跑道上,即使用上各式大中小型飞机上普遍采用的有效的机轮刹车装置,也无能为力,只得求助于动力推进系统来解决。

借助于反向推力或产生与飞行方向相反的负向拉力是动力系统改善飞机着陆性能的唯一有效的办法。早在活塞螺旋桨时代,在二战期间就出现了变距螺旋桨,它可把螺旋桨的桨距由正值变到零,再由零变到负值,从而获得反向牵引力。后来,此技术又搬移到涡轮螺桨发动机上,以致如苏联的安 224 那样起飞质量达 405 t 的巨型运输机,由于采用了变距螺旋桨技术,其起飞着陆距离不过几百米。无论是下雨结冰,还是在普通泥土地跑道上,均可顺利着陆。但是对于涡轮喷气式或涡轮风扇大型喷气式运输机仍然是无助的。在大型涡轮喷气式运输机和民航机上采用的技术是反推力装置。它不仅可使大飞机的着陆距离由 3 000 m 缩短至 450 m,而且特别适合于结冰或湿滑的跑道上,效果很好。它成了大型运输机在复杂气象条件下安全着陆的一项关键保障性技术,也是大中型运输机的标配技术。

7.3.2　工作原理和程序

7.3.2.1　原理

反推力装置是伴随着涡轮喷气式飞机的出现而出现的,至今已有很多种结构和类型。图 7 - 9 介绍了两种早期的、也是典型的反推力装置。虽然结构简单略有差异,但工作原理是相同的。

从图 7 - 9 可知,首先,用机械阻塞办法把主流挡住,然后在强迫喷流按与飞机航向有一定夹角(一般是 45°)向前侧方喷出。大约可获得正向推力时 40% 的负推力。这一点与变距螺旋桨条件下直接获得负向拉力是不同的。

7.3.2.2　工作程序

典型的反推力工作程序如下:

确认飞机准备着陆,发动机进入慢车──→进入反推力──→打开联锁──→开启反推力窗口──→作动器开始工作──→指示灯亮──→发动机转速上升──→反推力装置进入工作状态──→飞机制动成功──→关闭反推力并联锁。

整个反推力过程完全由自动器控制系统自动连续完成。

7.3.2.3　反推力值

该值的大小取决于发动机转速特性(见图 7 - 10)和飞机要求。正因为如此,反推力装置与前面介绍的其他减速着陆方法不同,它可以取得很大的反向推力,以充分满足设计要求。所以反推力的负荷可以很大,这给反推力装置的结构可靠性和强度设计提出了更高的要求。

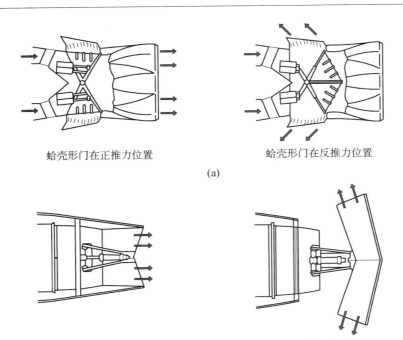

蛤壳形门在正推力位置　　　　　　　蛤壳形门在反推力位置

(a)

作动筒伸出和屏斗式门在正推力位置　　作动筒和屏斗式门在反推力位置

(b)

图 7 - 9　典型的反推力装置

（a）蛤壳门式反推力装置　（b）屏斗式反推力装置

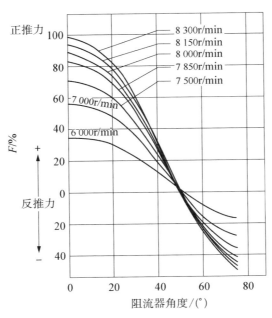

图 7 - 10　推力随反推力装置阻流器转角变化的情况

7.3.2.4　联锁和应急

反推力装置直接与飞机和发动机的工作状态有关。为了安全起见,自动系统必须设置完善的联锁装置确保工作正确无误。同时,应专门设置应急系统,在反推力万一失效的情况下还允许应急复飞,保障发动机恢复正常工作。

7.3.3　发展与演变

反推力装置最早出现在 20 世纪 50 年代初的英国"猎人式"歼击机上。不过除了后来瑞典的 Sabb37/RM‑8 和西欧四国的狂风/RB199 这两型歼击机采用外,许多国家众多的歼击机却并未采用,其实这两型机在我国被称为强击机或歼击轰炸机,是对地对海攻击为主、歼击格斗为辅的攻击机。这是因为对机动格斗为主的歼击机而言,它的结构显得过于笨重。然而,反推力装置在民航机、运输机以及轰炸机上却获得了广泛的应用并成了大中型民航机必备技术和标配部件。因此反推力装置主要根据喷气式民航机而发展。

7.3.3.1　早期的反推力装置

在 20 世纪 50 年代中后期研制成的民航机是英国的"彗星"、美国的波音 707、法国的"快帆"等。这些飞机采用的是涡轮喷气发动机,故采用的是单流路的反推力装置。其典型代表见图 7‑9 中的方案,其中图 7‑9(a)方案装在喷口内,图 7‑9(b)方案是戽斗状结构装在喷口外。

7.3.3.2　第二代反推力装置

20 世纪 60 年代,民航机主要代表机种有 A310 和波音 727 等。这些发动机上采用的大都是双流路或混合流的反推力装置,典型代表如图 7‑11 所示,这是因为这些飞机普遍采用的是较低涵道比($B=1$ 左右)的涡扇发动机,图 7‑11(a)方案是混合流的,(b)方案内外涵各设置反推力装置。

7.3.3.3　第三代反推力装置

20 世纪 70 年代的石油危机中首先受到打击的是民用航空业。由此而催生出新一代民航机,如 A320、波音 737、波音 747、波音 757 等,这些大型民航机采用的是高涵道比、高增压比和高涡轮前温度的涡扇发动机,典型发动机有 CFM‑56‑5、CFM56‑7、V2500、RB‑211,由于这类发动机外涵产生的推力已超过总推力的 80%,内涵反推力已无须设置,而集中在外涵设置,也就是冷流中设置单流路反推力装置,典型代表如图 7‑12 所示的方案。

7.3.3.4　近 20 年来的反推力装置

近 20 年来,民航机的代表是 A380 和"梦幻飞机"波音 787,俄罗斯的 D‑110 也是其中之一。这些飞机所装的巨型涡扇发动机有 Trent900、GP7270、Trent1000、GE90‑85B、PS‑90 改进型等。这类发动机的涵道比超过 6,高达 12,起飞流量达 1 000 kg/s 的量级,其风扇直径更达 $\Phi 2710$ 甚至 $\Phi 2960$,无一例外地都采用外涵冷流反推力装置,因为外涵直接产生的推力,接近整台发动机的 90%。这种反推力装置的排气折流部分没有大的变化,主要变化在于堵塞主流的堵塞器。由于外涵道的

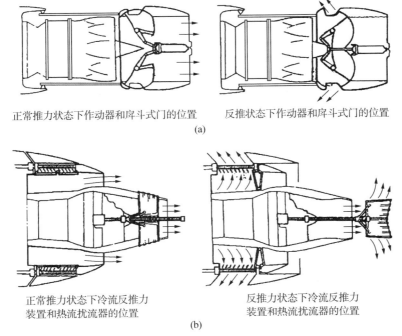

正常推力状态下作动器和斗式门的位置　　　反推状态下作动器和斗式门的位置

(a)

正常推力状态下冷流反推力　　　　　　　反推力状态下冷流反推力
装置和热流扰流器的位置　　　　　　　　装置和热流扰流器的位置

(b)

图 7 - 11　混合流（a）或内、外涵同时设置反推力（b）方案（第二代反推力装置）

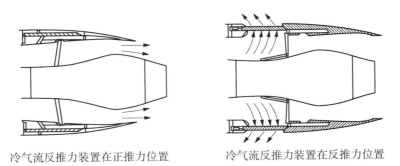

冷气流反推力装置在正推力位置　　　　冷气流反推力装置在反推力位置

图 7 - 12　第三代典型的反推力装置

环形腔道高度加大，堵塞器的径向尺寸很大，原先的板式闸门结构难以适应。采用可调叶栅或正在研制中的新的反推力装置势在必行，图 7 - 13 所示的就是一种可行的改进方案。

7.3.4　分类和典型结构

60 多年以来，反推力装置大量装备在民航机、运输机以及若干军用飞机上，发展出很多的结构方案和类型。可以从不同的角度对其进行分类，如从热流和冷流加以分类，又如从单涵道和双涵道加以区别，再如从其安装在喷口内或喷口外做区分，更有从其外形上划分为蛤壳式、漏斗式、叶栅式、靶式等。除此之外还有人从机械式和非机械式进行划分,不一而足。过细地分类或介绍大量早已淘汰不用的结构和方案没有实际意义,本节只介绍几种具有典型代表意义的反推力装置。

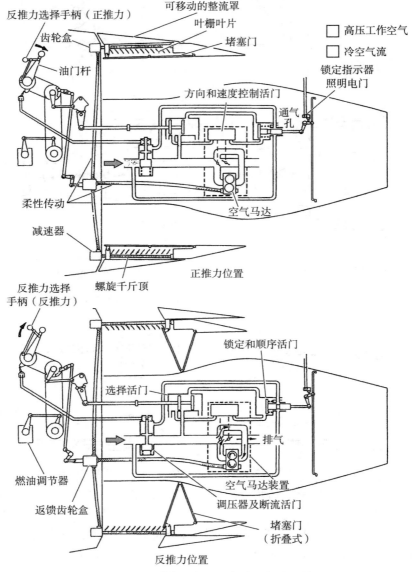

图 7 - 13　带折叠门的叶栅式反推力系统

7.3.4.1　蛤壳式反推力装置

图 7 - 14 是这种装置的工作系统。它能在热流或内、外涵混合流中工作。这是由英国 R - R 公司研制的,现在使用在狂风/RB199 上。它安装在发动机排气喷口的前部,由两扇可转动的蛤壳式阀门及其气动操纵机构和装在机匣上的壳体里的固

定式导流叶栅组成,该叶栅由此产生反推力。

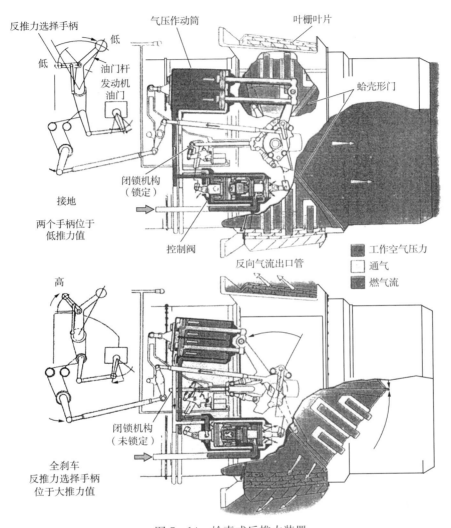

图 7-14 蛤壳式反推力装置

当飞机进场,驾驶员确认发动机进入慢车后即选择反推力状态,此时自动系统打开联锁机构。同时,两台空气发动机给气压作动筒通入压缩空气,活塞杆拉动摇臂让蛤壳形阀门闭合,并且打开反向排气口从而产生反推力。由于反推力选择手柄与油门杆直接相连,故带动油门杆使发动机进入高转速运行,从而获得较高的反推力。

蛤壳形闸门是由气压作动筒拉动杠杆而操纵的,所以在正推力工作时它有很大的载荷,从而确保蛤壳式阀门的有效密封,防止燃气泄漏。该蛤壳式阀门及其操纵传动机构和轴承能在 600 ℃时无润滑条件下可靠工作。该装置适合在较小涵道比($B=1\sim2$)的涡扇发动机上工作。

7.3.4.2　波音 737 反推力装置

图 7-15 所示是波音 737 上采用的反推力装置。这是一个两半对合的部件,左右各有 5 个折流板或堵塞门。在作动器作用下堵塞主流,强迫外涵冷流通过叶栅折向前侧方,从而产生反推力。该方案是个应用很广泛的反推力装置,具有一定的普遍性和代表性。

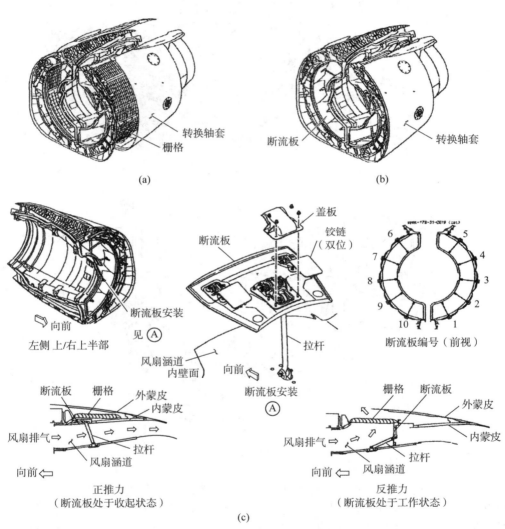

图 7-15　波音 737 的反推力装置

7.3.4.3　带折叠门的叶栅式反推力装置

参见图 7-13,该装置由可转动的整流罩、固定在机匣上的反推力叶栅和可折叠的阻流门及其操纵软轴与传动系统组成。

当驾驶员确认飞机进入着陆和发动机处于慢车状态时,即可把操纵杆推到反推力选择并且打开联锁装置进入自动控制程序。高压空气进入空气马达并由它驱动软轴传动装置,打开可动整流罩同时关闭上折叠式阻流门,进入反推力状态。因油门杆与反推力选择直接相连,故发动机转速自动升高,可获得最大推力 60%~70% 的反推力。

该装置结构紧凑、布局合理,兼顾了性能和结构的需求。进入反推力状态时发动机工作平稳。虽结构较为复杂,但优点突出,故获得了广泛应用。

7.3.5 反推力装置的研发特点及其意义

7.3.5.1 军机和民机都用的技术

前边已有介绍反推力装置最早出现在歼击机上,可是真正让它大放异彩的是民用飞机,尤其是大中型民航机运输机,轰炸机当然也用。适者生存,在这些机种上最适宜于其优点发挥。强烈的需求是新技术生存的第一要素,无论是军机、民机都是如此。

7.3.5.2 随着涵道比演变的反推力技术

反推力装置花样繁多,甚至给人眼花缭乱的感觉。不过仔细分析一下,很容易找出其发展脉络。主要依据有两条:一是主发动机的涵道比;二是主机推力主要占比是内涵还是外涵或两者相当。从表 7-1 中可看出其特点。

表 7-1 随涵道比演变的反推力技术

时期	主发动机	涵道比	主推力占比	反推力所处位置	典型结构代表	备注
早期	涡喷发动机	0	100%	单涵反推力	蛤壳式	工作温度 600℃
第二代	涡扇发动机	1.0	外内涵推力相当	在冷热流双涵中都装反推力	蛤壳式、屏斗式	内涵温度 600℃
第三代	涡扇发动机	6.0	外涵占 60%~70%	只在外涵中设反推力	波音 737、鳄鱼(梅花瓣)式	
崭新一代	涡扇发动机	10.0	外涵占 80%~90%	只在外涵中设反推力	采取折叠门式堵塞主流	

注:涡喷发动机没有外涵,可看作涵道比为 0。

7.3.5.3 在研的更新一代反推力技术

反推力技术仍然是方兴未艾,正在发展中,大体上有两个方向:

一是改进。产生反推力有两项内容:堵塞主流和导流反向。后者变化极少,最大改进是堵塞主流。最早采用金属板,后采用折叠门如叠式纸扇,现采用降落伞或歼击机着陆时用的阻力伞,这是非金属的编织物,如图 7-16 所示,用以挡阻主流。该方案能有效减重是个突出优点。

二是研制全新的非机械式反推力装置,采用气动控制的合成射流方案。

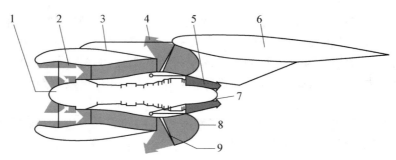

1—主发动机；2—风扇气流；3—短舱；4—反推力气流；5—内涵气流；6—机翼；
7—收放卷轴；8—编织物靶标；9—支撑肋。

图 7 - 16　编织物靶标反推力装置结构示意图

7.3.5.4　它们是先行者

反推力装置和上节介绍的转向喷管都是让推力改变方向的技术。而且仅限于起飞或着陆时短期使用，方位角也有限。可是它们对于后文介绍的推力矢量技术却是个先行者。其实，先行者的作用比比皆是。例如现今装在 F35 上的升力风扇早在 50 多年前美国就做过大量试验研究。当时并没有成功，当然也无产品，但是 50 年后却变成了产品，让歼击机可以实现短距和垂直起降。先行者的作用对于开发新产品和新技术有着极为重要的意义。让后来者少走许多弯路，这是毋庸置疑的。

7.4　推力矢量喷管

飞机的操纵和机动是飞行的头等大事，尤其是以空战为主的歼击机。航空 100 余年由于操纵失控的事故层出不穷。据 1965—1986 年期间全球不完全统计，因操纵失速进入螺旋的事故约 566 起，平均一年 27 次。要知道这是和平年月，飞机强烈要求采用由发动机的推力来实施飞机的操纵，这就是推力矢量控制技术。实施部件是发动机的喷管，所以称推力矢量喷管。其实，推力矢量控制技术并非始于当今，早在火箭和宇航飞行中就已采用。为何不早采用呢？关键是火箭的推比大于 1.0。可是只有航空发动机的推比达到 9~10 而飞机的推比达到和超过 1.0 时采用这种控制技术才能彰显其控制效能。这在四代机问世以前是不可能的。例如，在飞机推比低于 1.0 时，飞机出现失速进入螺旋，即使采用推力矢量技术也很难让飞机退出螺旋，恢复正常飞行。

其实早在 20 世纪 50 年代初涡轮喷气发动机面世不久，著名学者冯·卡门教授即提出过利用喷气式发动机的推力来控制飞机飞行的建议。随后出现了反推力装置。60 年代出现转向喷管。这两种航空产品都只是借助推力变向在起飞或着陆时控制飞机。可是质量太重（以 GE90 为例，其反推力装置重达 600 余 kg）且开不了加力。后来飞马虽也加装了加力，仅限于开小加力或部分加力。美国海军在 70 年代末指令研发"加力偏转喷管（ADEN）"，参见图 8 - 8。但始终未见列装。到了 90 年

代,美国 F‑22/F119 出现在世人面前,才从其中看到了它的影子。其中有 3 点:

(1) 加力筒体采取了圆转矩的过渡段。

(2) 在矩形通道里实施绕 OY 轴的俯仰运动。

(3) 在矩形通道里允许喉道可调并开全加力。

由于 F22 上的 F119 发动机具有上述 3 点推力矢量功能,而且具有推重比为 9~10 的性能,因此它与 F22 共同构成了世界上首款有实战价值的新一代歼击机。

7.4.1　推力矢量控制原理

利用排气流的偏转,在 Y 和 Z 轴上产生推力分量,从而形成绕飞机重心的附加力矩,由它操纵飞机。图 7‑17 是推力矢量控制原理图。图中 OX 为航向轴,OY 为水平轴,OZ 为立轴。

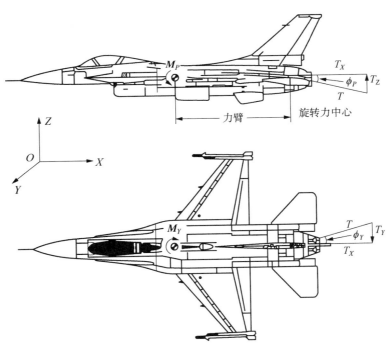

图 7‑17　推力矢量控制原理

在图 7‑17 中,T 为总推力,ϕ 为推力矢量角,l_{MA} 为推力作用点到飞机重心的距离,P 为俯仰方向下注角,Y 为偏航方向下注角。这时飞机由于发动机的推力偏转 ϕ 角,可以获得额外的操纵力矩 M_P 和 M_Y:

俯仰力矩:
$$M_P = (T_Z)(l_{MA}) = T \sin\phi_P l_{MA} \qquad (7-1)$$

偏航力矩:
$$M_Y = (T_Y)(l_{MA}) = T \sin\phi_Y l_{MA} \qquad (7-2)$$

7.4.2　基本技术要求

推力矢量装置是装于具体型号上的产品,理应按产品规范要求进行设计,如英、德、意、西班牙欧洲 4 国研制的欧洲战斗机 EF2000/EJ200 所装的推力矢量喷管即是如此。由于各个机种要求不一,而且大多还在研制中,难以求得通用规范,这里仅参照几个机种归纳其基本技术要求如下:

（1）推力矢量角 $\delta_V = 10° \sim 20°$／侧力 $9.81 \times 10^3 \sim 19.62 \times 10^3$ N(1 000 ～ 2 000 kgf)。

（2）推力矢量角速度 $\omega = (45° \sim 120°)/s$。

（3）推力矢量使用包线, $H = 0 \sim 11\,000$ m, $Ma = 0 \sim 0.9$。

（4）推力矢量角使用频谱(见图 7 - 18)。

（5）推力矢量循环: $f \not< 50\,000$ 次,其中,俯仰占 60%;偏航占 40%。

（6）外廓尺寸不超过原型机或飞机的允许尺寸。

（7）气动性能包括推力损失和阻力增加,均满足飞机气动设计要求。

（8）增重应尽可能少或不超过飞机允许值。

（9）对相关技术(如隐身等)要求有益无害。

（10）推力矢量状态对发动机喘振裕度影响要小或在允许范围内。

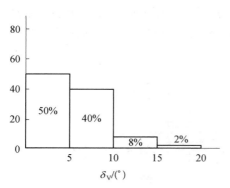

图 7 - 18　推力矢量角使用频谱

这些基本技术要求主要取决于飞机设计和军方使用要求。

7.5　X31 高攻角试验机和口外折流板

X31 是美国和德国合作研制的试验机。试验目的是采用推力矢量控制技术克服传统飞机由垂尾、平尾、副翼等控制舵面在攻角超过 30°时出现失速的缺点。该机的推力矢量装置如图 7 - 19 所示。该装置在通常发动机喷口外加装了 3 块按圆周

图 7 - 19　装在 X31 上的折流板后视图片

方向均布的折流板(也称燃气尾桨)。折流板是带有一定弧度的板状结构。3 块折流板由各自的作动筒操纵。尾桨、连杆和作动筒组件全部安装在工字型的大樑上。当 3 个作动筒的活塞杆输出端的位置改变时,折流板位置也随即改变,从而使气流偏转。该装置工作原理和结构十分简单。

口外折流板的主要性能:①推力矢量角为 $\pm 10°$;②推力可绕 X 轴 $360°$ 旋转。

X31 采用口外折流板后飞行时的最大攻角曾达到 $70°$,此时仍能操纵自如,未出现失速,而且能实现许多常规飞机难以完成的动作。例如可以实现空中悬停、后退、侧移等。

带有口外折流板的 X31 在飞机机动性上还有很大提高。例如在常规操纵时中空中速条件下其转弯半径为 823 m,当用推力矢量后则仅为 145 m。还曾经进行过与 F18 的模拟空战:未用推力矢量时损失比为 2∶1,采用推力矢量时为 1∶8。其中 X31 的获胜率为 80%,F18 为 11%,其余 9% 为战平。可见性能改善之显著。推力矢量技术由此而获得航空界的一致好评。研制推力矢量装置成了新一代发动机和飞机的必备要求。

下面讨论口外折流板推力矢量装置的优缺点。本方案的优点如下:

(1) 结构简单。

(2) 成本较低。

(3) 发动机原有操纵系统无须做大的改动。

本方案的缺点也很突出:

(1) 背上很多死质量,3 根粗重的工字樑太笨重。

(2) 外廓尺寸增加。

(3) 推力矢量工作时效能低。

这种方案相对说来综合性能欠佳,实用价值差,但作为试验研究不失为一种方案。

7.6　轴对称推力矢量装置

喷管历来是轴对称形结构。本节介绍的正是传统三代机收扩形喷管发展出的推力矢量喷管。

7.6.1　俯仰式轴对称矢量喷管

图 7 - 20 是球铰结构方案图,其特点是把喷管在圆柱段和固定收敛锥处分为两截,前者作为固定段,后者作为可动段,在两段搭接部位设置球形铰接接头,在其左右两侧各放一个径向销,这样整个可动段即可在俯仰平面内做上下摆动。本方案的一个应用实例如图 7 - 21 所示的 AL - 37Fu 喷管;为了解决密封问题,在球头上专门加了两道 O 形密封环。

本方案的主要性能如下:

(1) 矢量角(单轴,俯仰),$\delta_V = 15° \pm 10°$。

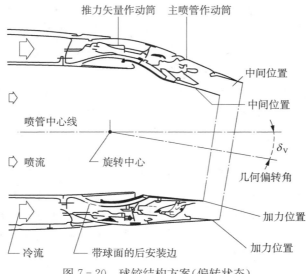

图 7-20　球铰结构方案(偏转状态)

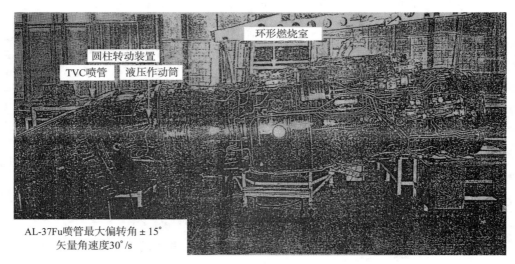

图 7-21　AL-37FU 俯仰式喷管

　　(2) 矢量角速度,$\omega_y = 30° \sim 45°/s$。

　　优点:

　　(1) 运动原理简单,几何转动中心与气动力中心重合,省去许多附加实验研究工作。

　　(2) 原型收扩喷管不需要做任何改动,A_8 和 A_9 控制系统无须改变,推力矢量系统与发动机各自独立,互不干扰。

　　(3) 原型机性能损失少。

（4）改装工作量少。

缺点：

（1）在目前几种推力矢量控制方案中，它的转动中心最靠前，转动长度最长（包括固定和可动收敛段、喉道和扩张段），因此工作时外阻大。

（2）只能单轴做 $\pm 15°$ 的俯仰方向的偏转，在单发动机飞机上使用受到一定限制。

（3）附加载荷大，结构较笨重。

（4）大尺寸结构的封严不易解决。

俄罗斯的 Cy37 飞机装有本方案的推力矢量装置。该机曾在范堡罗航展和巴黎航展上进行飞行表演，表演很成功。其中最突出的是尾冲、悬停等，其最小拐弯半径只有十几米，能在接近零速度下完成著名的"眼镜蛇"等机动操纵，人们称它"快快-慢慢-快快！"说明装有这种装置的飞机不仅高速性能好，低速性能也很好，快慢自如。

7.6.2　复式连杆操纵的轴对称推力矢量喷管

本方案是在锥形收扩喷管基础上靠扩大功能而发展成的，它靠空间复式连杆机构强制扩张段改变形状和位置使气流改变方向。

1）工作原理

如图 7-22 所示，众多的扩张调节片铰接在带喉道的收敛调节片末端，再通过球铰连杆机构连接到转向和 A_9 调节环上。该调节环由 3 个作动筒操纵，当 3 个作动筒做同步运动时，喷管做收扩运动；当 3 个作动筒做异步运动时，喷管做角向运动，包括绕 X 轴的旋转运动和沿径向的摆动。

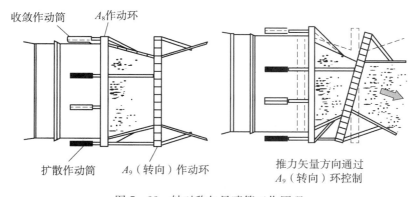

收敛作动筒　　A_8 作动环

扩散作动筒　　A_9（转向）作动环

推力矢量方向通过 A_9（转向）环控制

图 7-22　轴对称矢量喷管工作原理

该装置与口外折流板改变排气流方向的原理基本相同。这里折流板即是扩张调节片，折流板各由独立作动筒操纵，这里则通过转向环和连杆来控制一连串的扩张调节片做角向运动。转向环既保证 A_9 的正常扩张运动，又起控制推力方向的作用,它与相应的连杆组成了空间复式连杆机构。

转向环的空间定心则由专设的定心机构来保障。

A_8 原有的作动系统仍然作为控制 A_8 的收放运动之用。

2)自由度分析

按照空间复式多连杆机构的运动副和约束条件可以计算出 A_9 的自由度:
$F=3$。

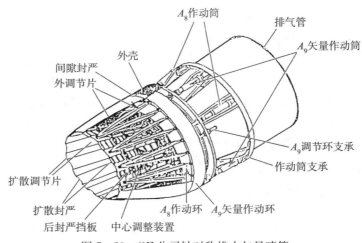

图 7-23　GE 公司轴对称推力矢量喷管

如果计及 A_8 则共有 4 个自由度。由于有 4 套主动杆,因此整个机构是静定的。4 个自由度完成 4 种运动:A_8 收放;A_9 收放;A_9 绕 Y 轴转动;A_9 绕 Z 轴转动。

图 7-23 所示的是 F110-GE-129 发动机上的轴对称推力矢量喷管。该装置已经装在 F16-MATV 上进行过多次试飞。图 7-24 是在试车台上开加力情况下做推力矢量运动时的 3 次曝光照片。

图 7-24　GE 公司第一台轴对称推力矢量喷管在试车(3 次曝光照片)

7.6.3 十字铰万向节轴对称推力矢量喷管

图 7-25 是十字铰万向节工作原理图。它由内环、中环和外环 3 个环加上内环和中环之间、外环和中环之间各由一对径向销轴构成。两对径向销互成 90°。这样外环可相对内环做俯仰和偏航以及其他方向的偏转,从而带动连杆和扩张调节片强迫排气流绕 Y 轴和 Z 轴偏转,由此获得推力矢量。

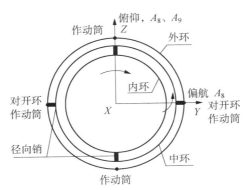

图 7-25　十字铰万向节工作原理(4 个作动筒)

十字铰空间连杆机构的操纵和控制有两套方案,分别由 4 个作动筒和 3 个作动筒来实施。下面介绍这两个方案。

1) 4 个作动筒方案

参见图 7-25,4 个作动筒上下左右各设置一个。当 4 个作动筒同步运动时完成 A_8 的收放。在内环、中环和外环 3 环中,外环做成对半分开式的,分界面在水平位置,上下两半环用销轴连接。当上下两个作动筒做同步运动,同时前移或后退时,则两半环像蛤壳一样张开或合拢,完成 A_9 的变大或缩小。当上下两个作动筒做一收一放运动时,喷管做俯仰运动。而当左右两个作动筒做一收一放运动时喷管则做偏航运动。故本方案共有 4 个自由度。

本方案的优点是 A_8 和 A_9 各自独立控制,故发动机可获得最佳推力值。本方案的缺点是外环分为两半,强度问题不易解决、结构容易变形,而且推力系数较低。

2) 3 个作动筒方案

参见图 7-26,它的主要特点是外环是整环。外环上各按 120° 间隔设置 3 个作动筒。当 3 个作动筒做同步运动时,A_9 完成收放运动,当 3 个作动筒做异步运动时,A_9 完成俯仰和偏航运动。A_8 与 A_9

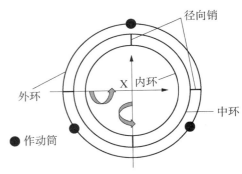

图 7-26　十字铰工作原理(3 个作动筒)

按一个确定的比例关系运动。因此本方案共有 3 个自由度。

无论是采用 3 个作动筒还是 4 个作动筒操纵,这种十字铰万向节空间连杆机构方案都是质量最轻的机械式收扩矢量喷管。尤其是 3 个作动筒控制的方案,纯粹是机械收扩喷管功能的扩大。

7.7 射流控制推力矢量装置

7.7.1 机械式推力矢量装置的缺点

目前普遍采用的机械式收扩式推力矢量喷管为了完成多自由度的运动全部采用高压液动操纵系统。在结构上则要用很多的连杆、铰接头、作动环等运动机件。这些都造成了推力矢量装置的复杂性,同时成本和质量大为增加,尤其是成本达到难以承受的地步。因此极需寻找新的推力矢量装置。射流控制的推力矢量装置即是一种。这种装置曾见于火箭和冲压发动机的固定截面积排气喷管上。但是把它应用于 A_8 和 A_9 都可调的涡轮喷气发动机上,其实验研究则刚开始起步。

7.7.2 射流原理

高速射流喷射到一个空腔中,在空腔的上部和下部各开一个通孔。当两个通孔全堵死时,射流按其中心线对称分布。但当堵死上边的通孔时,射流会立即向上偏转;反之,堵死下边的孔时,射流则向下偏转。如果把这两个孔的通道引入低压腔,即采用吸气的办法,也有同样的效果。这就是射流原理。用这样的办法控制喷管的主喷流改变方向,此即射流控制推力矢量装置。

射流控制推力矢量,必须要有两股气流,所以也称二股流控制。还因为这种方案要应用缝隙,所以也称缝隙喷射控制。

7.7.3 两种射流控制的推力矢量方案

射流控制推力矢量的方案有多种,这里只介绍两种典型方案:

1) 制约喷射推力矢量控制

该方案的主流经过喉道 A_8 后进入一个固定容腔中;容腔像个纺锤,先扩张后收敛,其出口远大于进口,这是扩张通道。当高压射流喷入主流并采用不对称喷射时,即可使主流偏转,高压射流打开的一侧形成一道弓形激波,强迫主气流向对岸偏转,受制约后反向喷出容腔的出口,形成有角度的喷射。喷射角就是推力矢量角。弓形激波的强弱改变着矢量角。若高压射流做对称喷射,则用以改变出口面积 A_9。

A_8 的射流控制是用高压射流进入主流,强迫主流的有效流通面积减小,从而改变 A_8 的流量系数来实现的。

2) 反流推力矢量装置

本方案的控制原理如图 7 - 27 所示。它与制约射流的主要差别是在喷管出口截面 A_9 外面加了个吸气套管,该套管形成一个二股流的反流腔道。在需要主流改变方向时则启用反流系统:当上边的二股流吸气时,主流则向上翘;反之,当下边的二股流吸气时,则主流向下偏转。

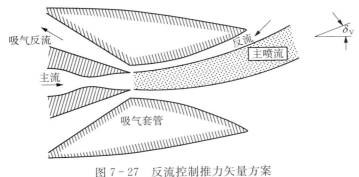

图 7 - 27　反流控制推力矢量方案

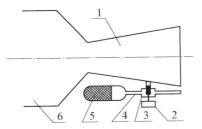

1—喷管;2—伺服系统;3—三通控制活门;4—燃气导管;5—燃气发生器;6—燃烧室。

图 7 - 28　射流控制伺服系统

以上这两种典型方案均进行过气动模型试验。制约射流控制试验结果:所需二股流的流量较多,在矢量角 δ_V 为 15°~20°时,二股流与主流的流量比为 7.5%~10%。反流控制试验结果:所需二股流的流量较小,在矢量角 δ_V 为 14°~16°时,为主流的 1%~2%。反流吸气的负压差值为 $1.08 \times 10^5 \sim 1.28 \times 10^5$ Pa(0.01~0.03 MPa)。这是具有潜在工程应用价值的方案。

上边这两种方案都是从引射喷管发展来的。都要用一个固定的外罩或外套管,都要引来第二股或更多的气流。因此它保留了引射喷管的优点:没有众多的运动件,结构简单,质量很轻,成本低。由于没有机械运动的惯性影响,因而矢量角速度可以很高,可达 120°/s。操纵控制也比较容易。图 7 - 28 是射流控制伺服系统图。

这种方案的控制设计主要是外套管的设计,关键是如何按对称布局。图 7 - 29 所示为 3 种典型的外套管剖面形状:矩形的、棱形的和圆形的,都按对称布局引入两股气流,都可做到一区通气,对应一区不通气。

除了上述这些推力矢量控制方案外,还有等离子射流控制等方案也在研究中。等离子射流控制原理简述如下:在 2 000 ℃以上的燃气流中含有一定数量的等离子

矩形　　　　　棱形　　　　　圆形

图 7 - 29　3 种外套管剖面形状

体。在外壁电磁场作用下会发生偏离,从而产生推力矢量角。等离子体数量和电磁场强度决定着推力矢量角,改变这两个量值即实现推力矢量控制。

等离子射流控制方案中的等离子数量是主要问题。必须采用增加等离子体数量的办法增加其数量,达到可以形成控制力的程度。射流控制推力喷射方向这种方法同样可以用到反推力上。用在反推力上还要加折流板或叶栅实施偏转。不过,反推力都在发动机低状态下使用,可是等离子喷流必须在发动机高状态下才能产生。

7.8　低红外辐射排气装置

目前世界各国对空探测手段中红外探测大约占 1/3。自 20 世纪 50 年代末红外制导的"响尾蛇"空空导弹服役以来,由于红外制导的空空导弹结构简单、不易干扰、准确度高、成本低廉,业已成为空战中的主要武器。在第 4 次阿以战争中埃及损失的 300 多架飞机多数是被以色列的红外制导导弹打下的。因此降低飞机的红外辐射已成为提高飞机生存力的重要研究课题。红外辐射主要与发动机有关,正因为如此,红外的隐身设计已是发动机型号设计中的一项重要内容。

7.8.1　红外辐射基础知识

1) 红外辐射与电磁波谱

太阳光通过三棱镜后分解出红橙黄绿青蓝紫等多种颜色。人眼见到的这些光线统称为可见光或有色光。可见光是电磁波,波长在 $0.38 \sim 0.76 \mu m$ 之间。在有色光谱红光的外端有人眼看不见的光,称为红外线或红外辐射。它的波长范围是 $0.76 \sim 1000 \mu m$。介于可见光与无线电之间,从图 7 - 30 电磁波谱图可以看出红外辐射所

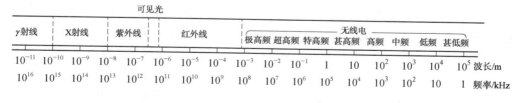

图 7 - 30　电磁波谱

处的位置。红外辐射是光,所以具有几何光学的一切属性,具有波动性和粒子性这种二重性。

　　2) 红外辐射与温度

　　在绝对温标零度以上,所有物质都有热运动,都会发出电磁波。这种电磁波就是红外辐射。其辐射功率由物体的温度所决定。已知物体的绝对温度 T,则可由斯蒂芬-玻耳兹曼定律确定红外辐射功率:

$$M = \varepsilon\sigma T^4 \tag{7-3}$$

式中,ε 为发射率或称黑度;σ 为斯蒂芬-玻耳兹曼常数。所以物体温度愈高,红外辐射愈强烈。

　　还有一个由维恩提出的黑体位移定律:

$$\lambda_m T = b = 2.89 \times 10^{-3} \text{ m} \cdot \text{K} \tag{7-4}$$

式中,λ_m 是物体红外辐射中峰值波长。本式右边是常数。由此可见物体温度愈高辐射峰值波长愈短。

　　3) 间断光谱与大气窗口

　　从目标的红外辐射到接收机或观察者之间必须通过大气。大气中的 CO_2 和 H_2O 等分子能吸收某些波段的光线,以致目标发出的连续光谱到达接收机时会形成若干个不连续的间断光谱,从而形成若干透明的窗口。为了应用方便起见,通常分红外光谱为 4 个波段:

　　近红外波段 $\lambda = 0.76 \sim 3\,\mu m$,传感元件硫化铅。

　　中红外波段 $\lambda = 3 \sim 6\,\mu m$,传感元件锑化铟、砷化铟。

　　远红外波段 $\lambda = 6 \sim 15\,\mu m$,传感元件碲镉汞。

　　极远红外波段 $\lambda = 15 \sim 1000\,\mu m$。

　　目前红外技术上用的都是前边的 3 个波段,它包括了前述的若干大气透明窗口,而最后一个波段实际是不透明的,因此一般不用。所有红外探测器都要充分利用这些透明窗口,例如硫化铅就是利用近红外波段这个窗口等。

7.8.2　目标特性

　　在空中飞行的装有涡轮喷气发动机的歼击机是导弹和红外探测器的目标,因此首先要弄清楚目标的红外辐射特性。图 7-31 所示是现代歼击机典型的红外辐射源分布,它由 3 部分组成。

　　第一部分是发动机的排气系统,包括喷管的空腔辐射和喷管外部固体部分的红外辐射。空腔是由喷管的筒体与末级涡轮构成的,包括涡轮叶片、支板、内锥和隔热屏以及加力内部件(含稳定器、喷油杆等)。这些零件在高温燃气包围下都是强烈的红外辐射源。喷管外壁包括可调喷管的外部零件,含裸露在外的调节片、密封片、调节环、安装座和连杆、外罩等。它们也是强红外辐射源。发动机装机后仅看到发动机的排气系统,这部分就是发动机。

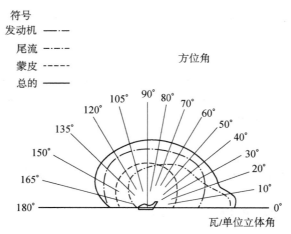

图 7 - 31　典型歼击机红外辐射源分布

喷管内腔可取作黑体。喷管外部零件可取作灰体，其黑度 $\varepsilon = 0.8 \sim 0.9$。

对于内缩安装的喷管，其有效辐射强度可按下式计算：

$$J_{\lambda_1 \sim \lambda_2} = \frac{\varepsilon A_{\text{t}}}{\pi} \int_{\lambda_1}^{\lambda_2} r_{\lambda T} R(\lambda) \, d\lambda = \int_{\lambda_1}^{\lambda_2} J_{\lambda T} R(T) \, d\lambda \left(\frac{W}{sr} \right) \qquad (7-5)$$

式中，$\lambda_1 \sim \lambda_2$ 为系统波段；A_{t} 为喷口有效截面面积（cm^2）；$r_{\lambda T}$ 为与目标相同温度的光谱辐射通量密度 $[W/(\text{cm}^2 \cdot \mu m)]$，此值可查表；$R(\lambda)$ 为光敏器件的相对光谱响应度。

第二部分是发动机的高温燃气流，其红外辐射取决于发动机的工作状态，燃气成分、排气温度以及尾流的形状。它是气体辐射，其辐射光谱本身就是间断的，通常要靠测量取得。

第三部分是飞机的蒙皮，它是红外辐射，与飞行马赫数、飞机外形尺寸以及材料表面的光学性能等物理因素有关。可由斯蒂芬-玻耳兹曼定律粗略估算其辐射通量密度：$M = \varepsilon \sigma T^4$，$\varepsilon$ 由蒙皮表面特性决定，T 取蒙皮温度 T_{r}（K）。

$$T_{\text{r}} = T_0 \left(1 + \gamma \frac{K-1}{2} Ma_\delta^2 \right)$$

式中，T_0 为大气温度（K）；$K = 1.4$；γ 为温度恢复系数；Ma_δ 为局部马赫数。

不过在低速（亚声速）条件下这部分的红外辐射是很弱的。当然也应指出，飞机在受强烈阳光照射以后，机上的电子舱、环控舱和驾驶舱等局部区域，有时也会成为较强的红外辐射源。但是从发动机红外隐身来说，主要是研究如何降低第一和第二部分的红外辐射。

7.8.3　红外抑制技术

1）引射和冷却

采用引射装置后，不仅降低了主流的温度，还冷却了机匣、降低了壁面温度，这对抑制红外辐射起到了双重的作用。以 F117A/F414 为例,当采用双级引射后,其排气温度降低到 66 ℃。由此可以推知其机匣的红外辐射强度降了一个数量级,而尾流的红外辐射则降了两个数量级。更重要的是其辐射波长峰值区由 2.89 μm 变成 8.5 μm,已移到了目前红外制导的导弹的敏感波段之外了。

然而引射装置需要牺牲发动机的外廓尺寸和质量,而通常这两项对发动机都有严格的限制。因此需要因地制宜地采用此项技术。

2) 表面涂层

各种材料的发射系数(黑度)是不一样的,由斯蒂芬-玻耳兹曼定律可知,红外发射功率与目标的发射率成正比。表 7-2 所示是几种典型材料的发射率,可见其大小能相差十几二十倍。因此选用不同的涂层材料是很有效的。红外涂层甚多,按使用环境温度分类有 3 类:低温,20~200 ℃;中温,200~600 ℃;高温,600 ℃以上。按涂料的来源分,可分成天然和合成两大类。

表 7-2　几种物体表面的发射率

表　　面	发　射　率
黑体	1.00
灯烟黑体	0.95
涂料(颜料)	0.90
冷轧钢	0.60
铝粉漆	0.25
不锈钢	0.09
飞机铝蒙皮	0.08
铅箔	0.04
眼镜	0.02

根据不同温度区域选用不同的涂料,但是抑制红外辐射的隐身涂层常常与雷达隐身涂层在性能上有矛盾,因此选材时要考虑两者的兼容性。

3) 二元喷管

见第 8 章有关内容。

4) 遮挡

红外辐射具有光学性质,采用遮挡技术是很有效的。有两种遮挡方式:一种是外遮挡,在喷管出口部位设置上翘或折转的板片或瓦片遮挡空腔的红外辐射;另一种是内遮挡,喷管内部的主要零件(如支板、内锥、火焰稳定器和喷油杆等)均采用双层结构,并在其内部通以冷气,这样可以遮挡掉 50% 以上的热辐射。

外遮挡的缺点是不适宜开加力,并且要损失一部分推力。内遮挡要搞双层结构设计,所以要增加质量,但适宜开加力,故在歼击机上采用。

5）选用涡扇发动机

涡扇发动机与涡喷发动机相比，机匣壁温要低得多，如采用波瓣混合器和其他特征混合器，其尾流的红外辐射会大大降低。效果与采用引射和冷却措施相同，但却不会增加直径。

6）塞式喷管

带有中心锥的塞式喷管抑制红外辐射很有效，尤其是采用带冷却的二元塞式喷管，其排气流由两个扁平的缝隙中喷射出来，效果特佳。问题是在开加力时处在中心部分的楔块的冷却不好解决。

7）其他[32]

降低和抑制红外辐射的办法还有很多，例如在飞机/发动机一体化设计时，把发动机的尾喷管设置在双垂尾中间，这也是一种遮挡，是两侧遮挡。利用红外线的波动性，进行干扰设计也是一种方法。在燃油中加若干添加剂，用以改变燃气成分，从而改变尾流的红外辐射特性；在燃气喷流柱周围喷撒或引射一薄层气溶胶，形成直径为 $1\sim100\,\mu m$ 的微粒构成的遮挡层，起衰减红外辐射作用，也是很有效的。此外，在喷管出口（调节片）加小突片对于降低红外辐射也很有效，例如 EJ200 发动机采用了这种技术。红外抑制不能单靠某一种方法解决，应根据飞机和军方的要求，综合采取多种技术措施才能有好的结果。

参 考 文 献

［ 1 ］ Gridey M C，Walker S H. Inlet and nozzle technology for 21st century fighter air-craft［R］. ASME 96 - GT - 244,1996.

［ 2 ］ 季鹤鸣. 推力矢量技术及基本方案评述（上）[J]. 国际航空,1997(4):55 - 56.

［ 3 ］ 季鹤鸣. 推力矢量技术及基本方案评述（下）[J]. 国际航空,1997(5):52 - 53.

［ 4 ］ 季鹤鸣. 再评推力矢量控制技术的发展[J]. 国际航空,1997(12):46 - 47.

［ 5 ］ 王玉新. 喷气发动机轴对称推力矢量喷管[M]. 北京:国防工业出版社,2006.

［ 6 ］ 吴达,郑克扬. 排气系统的气动热力学[M]. 北京:北京航空航天大学出版社,1989.

［ 7 ］ 尚守堂,张青藩. 波反射激励效应抑制超声速射流红外辐射的试验研究[J]. 航空发动机,2001 (3):25 - 28.

［ 8 ］ 季鹤鸣. 涡扇加力和多功能推力矢量装置[J]. 燃气涡轮试验与研究,2001(1):4 - 9.

［ 9 ］ 李宝星. 红外技术物理[M]. 北京:北京航空航天大学出版社,1986.

［10］ 林飞,王根彬. 固体火箭发动机推力向量控制[M]. 北京:国防工业出版社,1991.

［11］ 靳宝林,邢伟红,刘殿春. 飞机发动机推进系统反推力装置[J]. 航空发动机,2004,30(3): 48 - 58.

［12］ 侯晓春,季鹤鸣,刘国庆,等. 高性能航空燃气轮机燃烧技术[M]. 北京:国防工业出版社,2002.

［13］ 计秀敏. 苏-37 的推力矢量技术[J]. 国际航空,1991(1):21 - 22.

［14］ 王强,额日其太,付尧明. 流体注入的轴对称矢量喷管流场计算[J]. 推进技术,2002,23(6): 441 - 444.

第8章　二元多功能喷管与单边膨胀斜面喷管

8.1　二元喷管简述

二元喷管也称非轴对称喷管或矩形喷管。它在航空航天领域出现的时间并不长。在此之前,轴对称圆锥喷管在航空发动机上应用甚佳,为何要采用这种排气装置? 要知道其局部应力高出轴对称的 20 多倍,这意味着该结构质量将成倍增长。这个问题得从第 7 章飞机和发动机对喷管的 8 项技术要求的后边几项中寻找答案。这是现代歼击机强烈的发展需求牵引的结果。

二元喷管有多种结构形式,主要有以下几种:

(1) 固定 A_8 出口截面的二元喷管。

(2) 塞式二元喷管。

(3) 收敛-扩张式二元喷管(2DC - D)。

(4) 多功能推力矢量喷管(SCFN)。

(5) 加力偏转喷管(ADEN)。

除了塞式二元喷管仅做了试验研究之外,其余的都有装机或者制成产品,下文分别予以讨论。

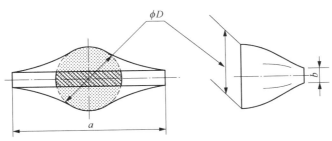

图 8-1　二元固定出口截面喷管的流路图

说明:1. 进口圆形 ϕD;2. 出口矩形 a 为宽 b 为高;3. 通道收缩比 $\beta = \dfrac{a \times b}{(\pi D^2/4)} = 0.72$;

4. 出口宽高比 $AR = \dfrac{a}{b} = 10$;5. 雪花区为强红外辐射区,斜线区为遮挡后的强红外辐射区,已挡去约 72%;6. 光学厚度只及原来的 1/4;7. 这是固定 A_8 出口截面的二元喷管。

8.2 具有低可探测性的二元喷管

图 8-1 为二元固定出口截面喷管的流路图,燃气流自圆形的 A_7 截面逐渐转变成矩形的 A_8 截面,如果取 $A_8 = A_7$,而且 A_8 截面的宽高比 $AR = \dfrac{a}{b} = k$,这种由流线的几何通道形状改变给红外辐射带来三重效应:一是主喷流的光学厚度变薄,辐射特性改变,同时还使湿周边长度增加导致尾流核心区大为缩短;二是扁形喷管 A_8 截面遮挡了很大部分涡轮及内锥支板等的高温辐射(见图 8-1 中斜线阴影区和有雪花点的圆形区);三是矩形使周边长度增加有利于主流冷却。采用增加 k 值和适度使 $A_8 < A_7$ 有一定的收敛度会使流道更合理。但是加大 k 值会使得强度和增重问题突出。不过,宽高比的确定更多地取决于飞机:一般歼击机 $k = 2 \sim 3$,强击机 $k = 12 \sim 13$。设计良好的二元喷管流路中是没有旋涡的。有人把二元喷管中出现旋涡说成具隐身功能这是完全错误的。

俄罗斯 P95Ж 型发动机采用此类二元喷管装于强击机上,其红外辐射降低到只及原来的 1/10,效果明显。美国 F117/F414 侵入伊拉克目标上空时,伊方竟毫无反应,不能不说明采用二元喷管抑制红外辐射的功效甚好。确实是具有低可探测性的装备。这里还要指出的是隐身技术,不仅有红外隐身,而且还有雷达隐身。后者已超过本书的范畴,请读者谅解。

8.3 二元收扩推力矢量喷管

二元收扩推力矢量喷管(two-dimensional convergent-divergent,2DCD)是在二元喷管基础上发展出来的推力矢量装置,结构和运动原理一样简单。只是在上下两块收敛板片改成活动的两端都设置铰链,前端铰链固定在喷管的后端面上,后端铰链则挂上扩散调节片。当上下对称设置的收敛和扩张调节片同步向内或向外边运动时完成收扩运动;当上下扩张调节片在做同一方向运动时,则进入推力矢量工作状态。由 3 套控制系统驱动 6 个作动筒进行操作;收敛段由一套控制系统驱动两个作动筒同时操作。扩张段的上下调节片各有自己的控制系统驱动左右两侧的两个作动筒分别进行操作。因此喷管可以完成收敛、扩张和转向 3 种功能。2DCD 结构简单、控制复杂、结构笨重,如图 8-2 所示。

1) 二元收扩推力矢量喷管的主要技术指标

(1) 推力矢量角 $\delta_y = \pm 20°$(单轴,俯仰)。

(2) 推力矢量角速度 $\omega_y = 45°/s$。

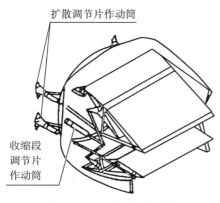

扩散调节片作动筒

收缩段调节片作动筒

图 8-2　2DCD 操纵机构

2）主要优点

（1）转动零件少，只有两块扩散调节片转动。

（2）综合性能好，具有多种功能。

（3）转动中心与气动力中心重合。

3）主要缺点

（1）结构笨重。

（2）内流特性稍差，推力损失为 $0.5\%\sim1.0\%$。

（3）不适宜于现役飞机改装。

（4）只有单轴推力矢量。

虽然二元喷管早已开始研究并付诸生产，但是二元收扩推力矢量喷管仅在 F22/F119 上采用。它是第四代歼击机的代表之作。据美国人做的模拟空战，由于 F22/F119 采用此项新技术，作战性能优异，几乎没有敌手。

8.4　多功能推力矢量喷管

本方案也称为球面收敛调节片式推力矢量喷管（SCFN）。它是针对二元收扩式推力矢量喷管的两项主要缺点——只能做单轴俯仰运动、结构笨重所做的改进方案。多功能推力矢量喷管如图 8-3 所示。

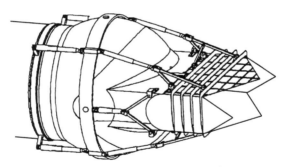

图 8-3　多功能推力矢量喷管

1）本装置的主要技术指标

（1）在俯仰平面内，最大推力矢量角 20°，$\omega_y=60°/s$。

（2）在偏航平面内，最大推力矢量角 20°，$\omega_z=40°/s$。

（3）比相同尺寸的二元喷管减重 40%。

2）本装置的主要优点

（1）保留了二元收扩矢量喷管多功能的优点。

（2）增加了偏航推力矢量功能。

（3）质量轻，据报道，喷管部分的质量仅为 118 kg。

3）主要缺点

（1）偏航和俯仰转动中心互不重合，也与气动力中心不重合，矢量的控制和结构设计问题多。

（2）结构复杂。

（3）成本昂贵，达到整机的 30%。

喷管作为发动机的排气装置本来的功能只是产生推力。在喷口面积作为喷气发动机的调节参数后，凭借改变喷管临界截面，可以使发动机获得最大推力，改善起动、加速性能，并能提高经济性。20 世纪 70 年代开展飞机/发动机一体化设计以来，喷管的功能还不只是推力矢量控制、抑制红外辐射，还涉及降低飞机的尾部阻力等。尤其是即将服役的四代机提出超声速巡航技术要求后，更加强烈要求降低飞机后机身和尾部阻力。因为飞机这部分阻力大约占整机的 38%～50%，而伸出机尾外部的喷管的阻力又占其中的主要部分。由此可见喷管减阻和开展飞机/发动机一体化设计的重要性。这就给发动机尾喷管的设计提出了新的要求。其实还远不止这些，就隐身来说，除了红外隐身外，雷达隐身也与喷管有关。多功能推力矢量喷管就是综合考虑了上述这些设计要求的排气装置。

毋庸置疑，二元收扩式推力矢量喷管（2DCD）除了前边所介绍的一些特别功能外，它与飞机后机身的相容性很好，装机后的底阻小，内外流场匹配好。同时它还产生较大的诱导力，从而大大改善飞机的飞行性能和操纵性。它是综合性能良好的第一种多功能推力矢量装置。其发展型就是球面收敛调节片推力矢量装置（SCFN）。它既保留了二元收扩喷管的特点，有着红外、雷达的低可探测性以及气动性能良好的长处，同时兼有偏航、俯仰推力矢量功能，是多功能推力矢量装置。

是否只有二元喷管才能成为多功能的排气装置？其实早有人从轴对称矢量喷管上改进其外调节片的造型和结构，使其外部阻力降低。特别是从飞机后机身及后体布局上与发动机展开一体化设计并辅以完善的冷却措施和红外抑制技术，从而使其具有多功能的优点，轴对称推力矢量喷管具有多功能，同样可行。因此，此路是完全可走通的。正在研制的射流控制推力矢量技术也是很有发展前途的多功能排气装置。

8.5　二元收扩喷管的设计流程

8.5.1　流路设计

一台典型的轴对称收扩喷管的流路包括 3 部分：圆柱段、收扩段和喷口。喷口段又包括可动的收敛段、喉道以及可动的扩张段。二元收扩喷管也包括上述 3 部分。这里首先遇到的问题是圆截面段转成矩形截面的过渡段设置在何处？共有 3 种处置方案：

（1）在圆柱段。

（2）在收敛段。

（3）在收敛段后。

在这 3 种处置方案中第一和第三种都是等截面过渡,做一些必要的几何计算可知:在等截面过渡条件下发动机的轮廓尺寸将大为增加,或者缩小后又再增加。同时通过质量和尺寸的优化计算也说明第一和第三种方案是不可取的,相比之下,第二种方案最为轻巧。

3 种方案的最大差异是在气动性能上。在等截面由圆形转矩形过渡的情况下,在矩形截面的 4 个直角处都因相距喷管中心线较远而普遍存在气流分离现象,从而造成额外的流动损失,以致推力性能恶化。在过渡段设置在收敛段方案中,这个问题可以通过合理的流道设计求得解决,当然付出的代价是设计技术的复杂化。

图 8-4 所示为推荐的二元收扩式喷管的流路方案及其与轴对称收扩喷管的比较。

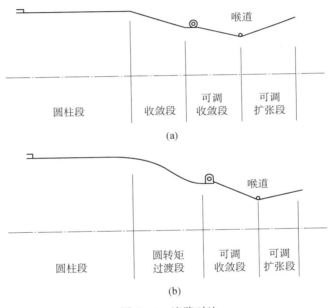

图 8-4　流路对比

(a) 典型的轴对称收扩喷管流路　(b) 二元收扩喷管流路布置

8.5.2　过渡段设计

1）进出口面积比（收敛度）K

$$K = \frac{F_{out}}{F_{in}} \tag{8-1}$$

这个参数取决于发动机本身的气动流路设计,大体为 $K = 0.7 \sim 0.8$。

2）长度 L

在过渡段进出口尺寸已知的条件下，L/D 愈大，即过渡段长度与进口直径比愈大，其流动损失愈小。这可以从理论计算求得，当 L/D 由 1.2 变到 0.8 时，流动损失约增加 0.3%，但是 L/D 愈大，结构尺寸和过渡段的质量愈大。当 L/D 由 0.68 变到 1.2 时，过渡段本身质量大约增加 3%。据有关资料介绍，当 $L/D = 0.3 \sim 0.4$ 时，结构较轻巧。但是过渡段过短会引起气流分离。例如在宽高比较高（$AR = 5 \sim 6$）的情况下，$L/D = 0.5$ 即出现气流分离，而当 $L/D = 0.75 \sim 1.0$ 时，则无气流分离。所以这是一对矛盾，应予以折中解决。建议在 $AR = 5 \sim 12$ 时，L/D 的选取范围为 0.7～0.9，当 $AR = 2 \sim 3$ 时，L/D 的取值可选较小一点，其取值范围为 0.3～0.4。

3）面积变化率

在过渡段出口面积和长度确定后，随着轴向尺寸的变化，其横截面积的变化率可以有多种规律，最常用的是直线变化和二次曲线变化，如图 8-5 所示，即

$$A_{cs}(x/L) = A_{cir}[1 - k(x/L)] \quad (8-2)$$

$$A_{cs}(x) = A_{cs}(0) - [A_{cs}(0) - A_{cs}(L)](x/L)^2 \quad (8-3)$$

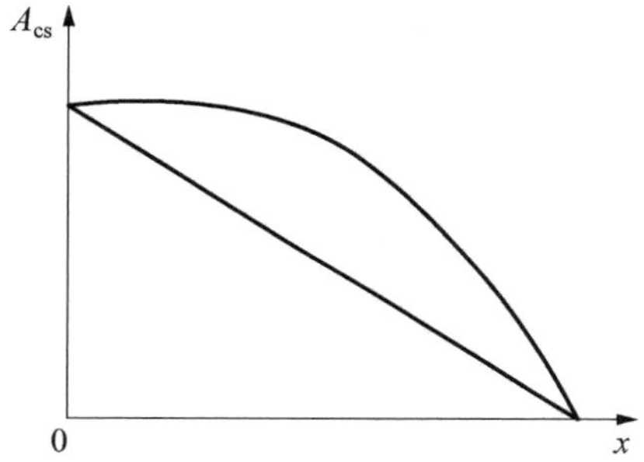

图 8-5 过渡段横截面积的变化规律

当然选用其他曲线也是可以的，这就看截面变化规律的需要。相比起来，二次曲线的面积收缩率前段较后段变化慢，比较适应由圆形转矩形的当量扩张角的变化规律，因此建议采用此种变化规律。

4）型面造型

图 8-6 所示为超椭圆方程的设计解析模型。方程式为

$$\left(\frac{Y}{a}\right)^{\eta} + \left(\frac{Z}{b}\right)^{\eta} = 1 \quad (8-4)$$

计算其长半轴 a 和短半轴 b 有两种方程，即直线方程的三次曲线方程。

（1）直线方程：

$$a(x/L) = R - (R - W)(x/L) \quad (8-5)$$

$$b(x/L) = R - (R - h)(x/L) \quad (8-6)$$

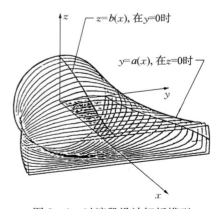

图 8-6 过渡段设计解析模型

（2）三次曲线方程：

$$a(x/L) = R - (R - W)[3(x/L)^2 - 2(x/L)^3] \quad (8-7)$$

$$b(x/L)=R-(R-h)\left[3(x/L)^2-2(x/L)^3\right] \tag{8-8}$$

以上各式详见季鹤鸣和雷雨冰等的文献,这两组方程都可以供计算。相比起来,直线方程组所得到的出口角比较尖锐,三次曲线方程所得结果比较平缓;同时三次曲线方程组在 $x=0$ 和 $x=1$ 处其一阶导数都是零。因此过渡段的型面是光滑连续的。两者相比,选择三次曲线方程组进行设计计算更为合理。

可以在超椭圆截面积 A_{cs} 已定条件下计算指数 η,也可在已选定指数 η 的条件下计算 A_{cs}。两者都是可行的。

8.5.3　喉道的确定与选取

1) 喉道的结构尺寸

它是由发动机总体气动设计确定的,但是考虑圆和矩形通道的流量系数有较大差异,查手册或做吹风实验确定。

2) 喉道的流路

喉道的末端可以是曲面也可以是圆弧转接。圆弧转接时,圆弧半径与喉部当量直径(即与喉道部位面积相等的圆形截面的半径)之比取值范围为 $0.2\sim0.4$。当然也可以采用曲率半径大的曲面进行转接。

喉道面积变化率应与作动筒行程具有线性关系。

8.5.4　宽高比

宽高比 AR 的选取主要取决于飞机的需求。对于装在歼击机上的二元喷管,考虑到质量和开加力的要求,所选宽高比都很小;而装在不带加力轰炸机的发动机上的,宽高比都很大。对于发动机来说最关心的是推力损失和质量尺寸的增加。

精心设计流道的小宽高比的二元收扩喷管,其推力损失不会超过 0.5%。按图 8-7 的曲线查出,增重甚少,这是歼击机选择小宽高比($AR=2\sim3$)喷管的主要原因。大宽高比的喷管其推力损失稍大,大约为 1%,增重曲线也如图 8-7 所示。

宽高比的选取还与发动机的安装,特别是飞机与发动机的匹配有直接关系,对于双发动机飞机更为重要。因此飞机与发动机之间要进行多次反复协调方能最后确定。

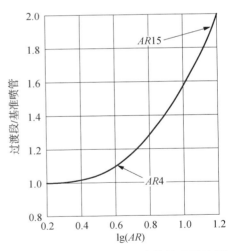

图 8-7　过渡段与基准喷管的质量比随宽高比的变化

8.5.5　扩张段

与轴对称喷管相比,在当量比扩张角相同的条件下,当扩张段长度不变时,上下两块扩散调节片的实际扩张角要大于当量扩张角。因此要适当加长扩张段,以防止出现气流分离流动及由此而造成较多的推力损失。此外,还很容易出现气动弹性震荡。如果出现震荡,还得采取另外措施,增加了复杂性。

8.5.6　有关强度的问题

与传统的圆筒形喷管相比,二元收扩喷管的应力水平能猛增十几倍甚至更多,尤其在过渡段后部。刚度和稳定性更为严重。这是二元收扩喷管中最为关键的问题,解决的办法是根据有限元计算,针对强度薄弱处加纵向和横向加强肋。对于大宽高比的非加力用二元喷管则可采用增设坑木式的翼形支板,增加其刚性和稳定性。采用空心圆柱增加横向刚性。采用矩形横截面肋条增强收敛扩张调节片刚性。

8.5.7　有关密封问题

在二元收扩式推力矢量喷管设计中另一个结构设计难题是收敛和扩张调节片与两侧板之间的密封问题。首先考虑的是开加力时的高温和压差问题,好在相对滑动速度不算太高,通过采用石墨块嵌装在槽内是可以解决的。

8.6　加力偏转喷管

早在 20 世纪 70 年代时,各航空大国的许多研发单位都在竞相发展垂直起落装置。美国兰利研究中心曾经专门为海军的舰载机研究过加力偏转喷管(afterburning deflected exhaust noggle,ADEN)。其目的当然是让舰载机在航母上垂直起降,ADEN 的最大特色是能够在发动机开加力条件下实施升空。当时如英国的"海鹞"等虽能垂直起落,可只能在非加力状态升降,故它独树一帜,称为"加力偏转喷管",如图 8-8 所示。其实 ADEN 有多种功能和特点。

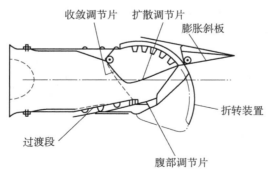

图 8-8　ADEN 喷管结构

（1）它是二元收扩式喷管。
（2）它具有推力矢量功能,能在 XOZ 平面内做大于 $90°$ 的偏转。
（3）它能实施上下调节片的差动调节,喉道截面可在宽广范围内变化。
（4）它能在开加力条件下实施垂直起降。

（5）它能在很高落压比下工作。

（6）它具有单边膨胀的能力。

这种喷管确实有许多可圈可点的技术，只是由于结构过于复杂笨重和强度等原因并没有列入产品行列。但是 ADEN 是个先行者，它为后续新产品的开发打开了道路。它为下文介绍的单边膨胀斜面喷管做了垫脚石。

8.7　单边膨胀斜面喷管（SERN）

8.7.1　TBCC 在高速飞行时对喷管的设计要求

自 20 世纪 40 年代涡轮喷气发动机装备在飞机上以来，仅 30 年飞行器的速度即由 $700 \sim 800\,\mathrm{km/h}$ 提高到了 $3\,600\,\mathrm{km/h}$，提高了将近 5 倍。飞行高度由 1 万多米提高到了 $30\,000\,\mathrm{m}$，这是了不起的成就。可是自这以后人类追求在大气中的高空高速飞行就沉寂下来了，这一沉寂又是 30 年。到 20 世纪末，再次提起高速飞行已过去 60 年！旧事重提的理由有两点：

其一，美国 SR71 作为侦察机服役，飞遍全球干间谍飞行，未有一起失手，高速保护了 SR71 免于被击落。继续利用高速优势再配合各类攻击武器，从而成为攻防兼备的战斗机，其作战效能可以预期。

其二，火箭与亚燃的冲压发动机相比，其比冲只及其 $\frac{1}{8} \sim \frac{1}{4}$；与涡轮喷气比，更只有 $\frac{1}{16} \sim \frac{1}{6}$。显然在大气层内飞行，后者的优势非常显著。采取优势互补，低成本的空天往返旅行指日可待。

鉴于上述原因，高速飞行在航空界又再次成为热门。组合动力备受青睐，尤其是涡轮冲压发动机（TBCC）更为大家看好。TBCC 有些什么新问题？本书涉及燃烧和排气装置两项，前一项已在第 6 章中做了阐述，这里讨论余下来的排气装置遇到的新问题。

因至今没有产品，故仅初步拟定适宜高速飞行的排气喷管设计要求如下：

（1）轴向推力系数：$C_{\mathrm{fa}} = 0.96 \sim 0.98$。

（2）喷管喉道面积 A_8 必须可调。

（3）喷管出口面积 A_9 要求可调。

（4）内流路的流动损失小，总压恢复系数要高：$\sigma_{\mathrm{c}} \geqslant 0.98$。

（5）适合水平起降高速飞行条件下，适合与机体为扁平体的要求，做一体化设计。

（6）能在 $2\,100\,\mathrm{K}$ 高温下长期工作。

（7）安装性能好，包括外部流阻要低。

（8）结构简单，质量要轻。

（9）操纵和驱动可调喷管的功率要小。

（10）兼顾推力矢量和低可探测性功能。

（11）安全可靠，达到低循环疲劳强度要求。

（12）使用维护和装拆性好。

由以上这些要求可知，现有的航空发动机的排气喷管很难满足其要求，尤其是 Ma 愈来愈高的条件下。关于这一点并非近年才认识，早在 20 世纪研发著名的协和号/奥林普斯 593 和 SR71/J58 两型超声速飞机时，即暴露端倪。前者在最高飞行马赫数 $Ma = 2.2$ 时，喷管对推力的影响可达 12%；后者在 $Ma = 3.0$ 时，则高达 27%。这就是高速飞行带来的难题。

8.7.2　喷管设计难题和 SERN 的产生

表 8-1 列出了现役歼击机和未来 TBCC 两者喷管里的内流的最大落压比，即膨胀比。由于 TBCC 尚无产品，现役机型号之间差异甚大，故表中数据仅是个粗略对比。不过就 TBCC 来说，$Ma = 3.5$，$H = 25\ \text{km}$ 时，落压比达 60，这是可信的。据此做个对比，大体上气流在喷管中达到设计状态的落压比增大 5～6 倍。还要考虑到喷管的 A_8 和 A_9 满足可调条件下，老式的圆锥形收扩喷管是极难完成这个设计目标的。其超声速扩张段必须加长加粗好几倍，这实际上无法实现。

表 8-1　现役机与 TBCC 喷管的最大落压比

	现役机	TBCC	相对增大倍数	备注
最大落压比	12～16	60～100	5～6	
A_8	1.4～1.5	2.5～3.0	1.5～2.0	
A_9	1.5～1.6	6.0～10	5～6	
A_9/A_8	1.5～2.0	6.0～10	5～6	

物极必反，穷则思变。其实最早在 30 多年前就有人研究如何攻克现有锥形收扩喷管的致命弱点。为了实现高超声速飞行，现有喷管必须要做革命性的突破。最早的实验研究是在火箭发动机上拉伐尔超声喷管上进行的：把其斜切一刀，做成斜切喷管进行实验。确有大幅减轻质量而气动性能仍在可接受范围内的结果。不过火箭喷管的喉道 A_8 和出口 A_9 都是不可调的，同时该型面喷管在切成斜面后，其刚度和强度都受到了很大影响。

分析 ADEN 可知，其 A_8、A_9 是可调的；可以开加力；是二元喷管；在非矢量状态下，就是斜切喷管；在减重方面也已先走了一步。有这 5 条，ADEN 已为新的大膨胀比轻质量单斜喷管打下了良好的技术基础。

近年来国内外航空界已有很多人专门开展了关于单边膨胀斜面喷管（single expansion ramp nozzle，SERN，简称单斜喷管）的试验研究。气动分析资料甚多，包括模型试验、数值计算模拟等，从而成为一项热门学科。这是一项先进技术，SERN 具有以下优点：

（1）喷管沿着发动机轴线方向膨胀，可以获得很大的膨胀比，满足气动性能要求。

（2）单边斜切形成的喷管使结构质量大幅减轻，与老式相比可减重一半。

（3）可以充分利用机身与发动机之间的空间进行引射冷却，从而使喷管安全工作。

（4）采用矩形二元通道结构可贴着机身下部展开，形成充分的扁状射流，从而与扁平机身相匹配，即改善气动性能并做一体化设计。

（5）A_8、A_9 可以做成可调结构。

这些优点正好克服了老式轴对称喷管的短板。下文专门介绍设计程序及其特点。

8.7.3　SERN 的流道选择和主要构件

SERN 本身是二元喷管，关于其设计计算的流程本书在前文已有阐述。而且早已有人做了许多研究工作。读者如欲深入探讨可自行查找，这里不再重复。这里着重介绍喉道 A_8 以后的流动和主要构件。

8.7.3.1　流路简图

在图 8-9 中，$O\text{-}O$ 为喷管理论中心线，α 为安装倾角，TA 为上腹板，HB 为下腹板。B 点坐标是 H 点的函数可预先设定。当 A_8 变化时 B 点允许按设定的轨迹变化，故 A_9 也是可变的。

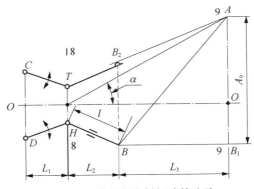

图 8-9　单边膨胀斜切喷管流路

注：L_1 是可动收敛段，L_2 是第一扩张段，L_3 是第二扩张段；TH 是喉道截面，AB 是斜切口，AB_1 为出口；在第一扩张段气流按常规通道中膨胀，在第二扩张段内气流在切去部分外壁中膨胀。

8.7.3.2　安装角 α

安装角 α 是极为重要的结构参数。它取决于装机对象、发动机对 SERN 的限制要求（包括质量和尺寸），最终根据飞机和发动机性能确定。一般 $\alpha = 25° \sim 30°$。

8.7.3.3　上腹板

有几种造型：①按特征线法曲面设计；②拟合曲面，按三次曲线：$a + bx + cx^2 +$

dx^3 设计;③按直线(或折线)平面。上腹板前段要与喉道曲度吻合,后端要有几度出口角修正。

8.7.3.4 下腹板

长度 l 取决于气动计算和总体要求,尤其是斜切口。出口端 B 点在不断变化中。AB 是斜切喷管的结构上的出气口的下表面。

8.7.3.5 两侧板

侧板既是结构也是气动的需要,与上下腹板构成斜切喷管。关于侧板的试验研究甚多,有斜切、直切、短侧板、无侧板等。没有侧板,推力 C_{fa} 下降较多,这是气流离开喷管前有横向运动所致。在斜切的基础上采用曲线取代斜线,这时气动面是凹向内壁的曲面。这样既可具有较高的推力系数又可保持开口盒形结构,在刚性强度上有利。

图 8-10 是单边膨胀斜切喷管结构方案图,它采用上下腹板差动调节的操纵方案。

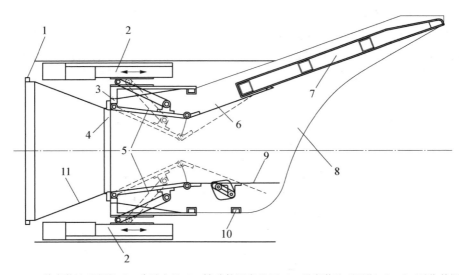

1—前安装边(圆形);2—步进电机;3—转动件固定机匣;4—后安装边(矩形);5—上、下收敛调节板;6—可调上腹板;7—固定上腹板;8—左右侧壁;9—可动下腹板;10—矩形断面加强横梁;11—圆转矩过渡段。

图 8-10 差动式可调单边膨胀斜切喷管结构方案

8.7.4 SERN 的运动机构与差动操纵方案

8.7.4.1 运动自由度分析

根据飞机与发动机总体需求的牵引,首先要解决喉道的改变与变化,其次是改善飞行性能,排气截面要不断改变,最后是喷管的排气方向能变化,实际是 3 个自由度。

8.7.4.2　A_8 运动及其控制

A_8 有两种操作方案:一是上下同时收敛扩张;二是只有下调节片做收扩运动。德国人的方案就只有下调节片运动。采用上下双边的调节片同时收扩的优点是比较容易满足 A_8 变化范围很大的要求,并且可进一步使之具有推力矢量功能。

8.7.4.3　A_9 的差动与控制

A_9 的差动有两种方案:一是单独设置下腹板的第二套控制和操纵系统;二是把扩张调节片的下腹板的运动作为 A_8 的函数来设计。两者均可,不过要实现推力矢量的功能则必须采用前一种单独控制方案。

8.7.4.4　射流控制方案浅见

SERN 不仅技术新颖而且要求 A_8、A_9 的控制范围扩大很多。不少人企图把射流控制移用其上,其实射流控制当前尚有许多亟待解决的难题,技术成熟程度远不如机械液动控制。在控制技术上应首先采用后者,前者成熟度提高后移植并不为晚。

8.8　SERN 与推力矢量系统

SERN 本身相对于发动机轴线有一结构上的矢量角。如果采用适当的技术措施,是可以充分利用该推力矢量功能的。

8.9　结束语

早在 20 世纪八九十年代美国最先推出新一代歼击机 F22。它采用的是二元收扩推力矢量装置。有人认为,这是新一代歼击机发展方向,但是我国科技人员并不苟同此议。细心的读者一定看到了我国新一代歼击机采用的排气装置是与 F22 完全不同的新设计。这表明我国航空技术已经走在自己开创的新路上了。

参 考 文 献

［1］吴达,郑克杨. 排气系统的气动热力学[M].北京:北京航空航天大学出版社. 1989.

［2］张堃元,张莱学,等. 非对称大膨胀比喷管研究[J].推进技术,2001,22(5):380 - 382.

［3］李念,张堃元,徐惊雷. 二元非对称喷管数值模拟与试验[J].航空动力学报,2004,19(6):802 - 805.

［4］张艳慧. 非对称大膨胀比喷管设计及线性分析[D].南京:南京航空航天大学,2006.

［5］季鹤鸣,雷雨冰,邵万仁. 二元收扩喷管的方案设计与试验研究[J].航空发动机,1994(4).

［6］刘爱华. 单边膨胀斜面喷管型面设计及其流动控制研究[D].西安:西北工业大学. 2007.

［7］Deere K A, Asbury S C. An experimental and computational investigation of a translating throat single. Expansion-ramp-noggle [R]. NASA/TP 1999 - 20913. 8.

［8］Dusa D J, Wooten W H. Single expansion ramp noggle development status [R]. AIAA84 - 2455, 1984.

［9］Patrick G, Andress H, Gero S. Improvement of the SERN noggle performance by aerodynamic flap design [J]. Aerospace Science and Technology, 2002(6):395 – 405.

[10] Rao G V. Exhaust nozzle contour for optimum thrust [J]. Jet Propulsion, 1958(28): 377 – 382.

[11] Edwards C L, Small W J, Weidner J P, et al. Studies of scramjet/airframe integration techniques for hypersonic aircraft [R]. AIAA 75 – 58, 1975.

[12] Baysal O, Eleshaky M, Burgreen G. Aerodynamic shape optimization using sensitivity analysis on third-order Euler equation [J]. Journal of Aircraft, 1993, 30(6):953 – 961.

[13] Snyder L E, Escher D W, DeFrancesco R L, et al. Turbine based combination cycle (TBCC) propulsion subsystem integration [R]. AIAA 2004 – 3649, 2004.

[14] McDaniel J C, Chelliah H, Coyne C P, et al. US National Center for Hypersonic Combined Cycle Propulsion: an overview [R]. AIAA 2009 – 7280, 2009.

[15] Rickey J S. A survey of challenges in aerodynamic exhaust nozzle technology for aerospace propulsion application [R]. NASA TM – 211977, 2002.

[16] Hueter U, McClinton C R. NASA's advanced space transportation hypersonic program [R]. AIAA 2002 – 5175, 2002.

[17] Zudov V N, Lokotko A V, Rylov A I. Numerical and experimental investigation of two dimensional asymmetric nozzles [R]. AIAA 96 – 3141, 1996.

[18] Keener E R, Spaid F W. Hypersonic nozzle/afterbody experiment: flow visualization and boundary-layer measurements [J]. Journal of Spacecraft and Rockets, 1996, 33(3): 326 – 332.

[19] Watanabe S. Scramjet nozzle experiment with hypersonic external flow [J]. Journal of Propulsion an Power, 1993, 9(4): 521 – 528.

[20] Lederer R, Krüger W. Nozzle development as a key for hypersonics [R]. AIAA Paper 95 – 5058, 1993.

[21] Lederer R, Krüger W. Testing the hypersonic technology demenstration nozzle-results from test campaign 1993/94 [R]. AIAA 95 – 6084, 1995.

[22] Lederer R. Testing the activity cooled, fully variable hypersonic demenstration nozzle [R]. AIAA 96 – 4550, 1996.

[23] Patrick G, Andreas H, Stefan K. Flap contour optimization for highly integrated SERN nozzle [J]. Aerospace Science and Technology, 2000(6):555 – 565.

[24] Patrick G, Andreas H, Gero S. Improvement of the SERN nozzle performance by aerodynamic flap design [J]. Aero Science and Technology, 2002(6): 395 – 405.

第9章　加力燃烧试验与测试

加力燃烧室与涡扇发动机的其他部件相比,有许多特殊的地方:

(1) 工作条件十分恶劣。要求在整个飞行包线的边界内可靠接通并稳定工作。

(2) 进口流场多变。要求在主机状态多变,涵道比剧变条件下油气仍能很好匹配工作。

(3) 加力工作依靠许多自动器配套工作。自动器的调整和协动需要试验。

(4) 工作状态变化范围非常宽广。从点火、小加力、部分加力至全加力工作油气比变化超过 10 倍。这都要调试。

(5) 大量的新材料、新工艺和新技术都需要考验。

鉴于以上,加力燃烧室的设计与研制是建立在大量的试验研究基础上的。以致在涡扇发动机的几大部件中它是试验内容最多、投入试验时间最长的一个。近年来计算机技术有了很大发展,但是仍然离不开大量的试验,尤其是需要正确可信的实验结果提供保证。迄今加力燃烧室的研制仍是以试验为主的技术。

9.1　实验内容与分类

表 9-1 列举了加力燃烧室的主要试验项目和目的,共计 20 项,大体可以归成 6 类:①元件试验或称预先试验研究;②方案试验研究;③台架试验;④强度试验;⑤高空试验;⑥特种试验。

表 9-1 中第 1~5 项属于第一类预先研究,是加力研制中试验最多的项目。除此之外,表中的试验项目都直接与型号研制有关。表中第 12~20 项的试验都采用全尺寸加力燃烧室做试验件,成本高昂,尤其是主机带加力的试验。其中第 18、19 项试验是特种试验,通常在野外或机场进行。加力试验并不局限在表中的 20 项。这 20 项也并非都要进行试验。必须按发动机的型号规范要求确定最终的试验项目。

表 9-1　加力燃烧室主要试验项目

序号	试验项目	实验目的	序号	试验项目	实验目的
01	火焰稳定器试验	选型	03	喷雾器试验	选型
02	点火器试验	选型	04	稳定器与喷雾器的匹配试验	基本方案选择

序号	试验项目	实验目的	序号	试验项目	实验目的
05	低压模型试验	基本方案选择	13	加力和主机匹配联调试验	性能结构调试
06	水流模拟实验	流场检查	14	加力部件高空试验	型号实验
07	冷吹风试验	气动性能检查	15	带加力的主机飞行台试验	型号实验
08	喷管模型试验	气动性能检查	16	带加力的高空台试验	型号实验
09	加力模型试验	方案试验	17	强度试验	型号实验
10	加力扇形试验	方案试验	18	推力矢量喷管试验	型号实验
11	运动机构试验	选型	19	隐身性能试验	型号实验
12	燃气发生器上的加力试验	初录初调性能	20	装机试飞	型号实验

9.2　试验基本技术要求

加力试验由于成本高昂、费时费工，所以早在 20 世纪就有许多人企图借用某种模化准则进行试验以达到降低成本、节省时间的目的。有的行，有的不行，多数不可信。近年来又出现另一种状况：全台加力模拟试验，既不按某种模化理论或准则进行，也不按加力试验的基本要求进行，取得一些试验数据即用数值计算凑结果，这类研究有多少价值是可讨论的？为此，这里专门提出了有关加力试验的基本技术要求供大家参考研究。

9.2.1　试验设备和系统的进口流场的基本要求

要求：

（1）来流无脉动、涡流及分离流动，是稳定连续流动。

（2）来流是均匀流动（包括速度、温度、压力）。

（3）来流中没有大尺度的横向脉动。

（4）来流空气干净无杂质。

针对以上要求，气源和进气段通常要采取下列技术措施：

（1）设置带收敛段的稳压箱。

（2）在气源来流管道拐弯处要设置导流片或专门设计的弯道，消除角涡。

（3）设置专门设计的整流网格。

（4）在试验段前的前测量段设置均直段。

（5）设置除尘器。

（6）在圆转矩流道中为防止出现局部扩张，应设计收敛段。

9.2.2　实现加力燃烧的技术要求

加力燃烧室的工作原理前文已有介绍，这里不重复。当它装在主机上时，完全靠整套自动控制系统来完成燃烧。它与许多人熟悉的内燃机上的等容燃烧完全不一样。在加力燃烧室内工质是处于连续流动状态完成燃烧的，而且相比前者其燃烧时间多出一至两个数量级，更主要的是要提供一定的反压以保证燃烧状态的稳定。因此为了实现这种技术要求加力式涡扇发动机常采用与此有关的 3 个自动器：落压比调节器、喷口调节器和转速限制器，由它们来完成。

鉴于以上因素，加力燃烧的模化试验通常在试验设备系统中要采用两套独立的节流装置，即前节流与后节流。前节流控制加力燃烧前的流动状态，后节流控制燃烧后的流动状态。这里应该指出的是对整台加力燃烧室的模拟试验而言。对于单个稳定器、点火器等元件的试验应该具体分析。

9.2.3　其他技术要求

（1）加力燃烧后的温度应按测场的要求进行：按多点分布测定取均值。

（2）加力试验供油程序应与整机规律相一致。

（3）在模拟整机加力试验时，试验件应遵守几何相似准则，试验状态必须执行气动摸化准则或流动相似准则。

9.3　加力组件及匹配试验

9.3.1　点火器和火焰稳定器试验

这两种组件都在同一种试验设备上进行试验，如图 9 - 1 所示。试验段通道截面是矩形或圆柱形均可。

1）点火器试验

加力点火器有很多种。各种点火器的试验也是各不相同的。点火器的试验目的是选择性能良好、结构轻巧的点火装置，并且试验和记录其点火性能曲线。测试设备仅需有电子自动秒表即可，电子自动秒表的测量精度为 0.01 s；或由时标记录。各型点火器都是在进口状态调定后根据各自的测量要求不同而进行试验。

催化点火试验最为简单，工作状态调定后，直接供油记录点火熄火边界。不同工况有不同的点火性能曲线。预燃室点火器和值班点火器都是在状态调定后，先行电嘴打火，然后再开始供油，由此测取点火和熄火边界。点火性能随着加力燃烧室内的压力变化而变化。这两型点火器的点火性能曲线形状大致相同。热射流点火是在进口状态调定后，逐渐改变试验段进口温度，固定一个进口温度喷出一股定量油，记录出口温度，取得进出口的温升值。不过此型点火器的性能很大部分取决于具体装机的发动机的气动参数，因此需要在试车台上和高空台上进行大量的试验研究。

通常加力点火器试验都是在低压状态下进行的，很少进行常压试验，因为点火最困难的状态都在高空低压区域。

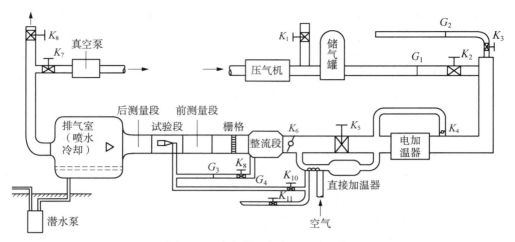

图 9-1　稳定器和点火器试验系统

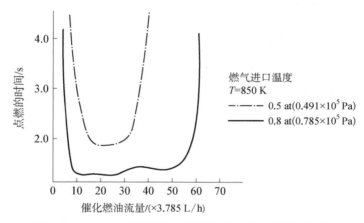

图 9-2　在二元火焰稳定器上所做的催化点火性能试验曲线

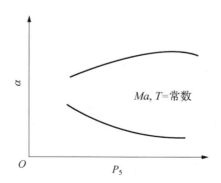

图 9-3　两相燃烧预燃室点火器点火边界

2）稳定器试验

稳定器包括常规 V 形稳定器和值班火焰稳定器两大类。前者已有大量试验资料可供选用,通常不用再做试验。值班火焰稳定器种类更多,在喷油系统固定的条件下进行不同的结构选型和参数最佳化试验研究。稳定器的选型标准是燃烧稳定性好、结构简单而且质量轻,气动上要求是流阻小。初选结构形式,再选最佳结构参数。通常先进行常压试验,然后进行低压试验。在设定的进口温度和压力下,在来流马赫数 $Ma = 0.15 \sim 0.3$ 范围内进行试验。

常压试验段压力为 $0.12 \sim 0.25\,\text{MPa}$,低压试验段压力为 $0.035 \sim 0.08\,\text{MPa}$。

通常试验都是固定一个进口状态,然后喷油燃烧,接着增加或减少供油量直至熄火,借以测取稳定器贫油和富油吹熄边界。试验时要注意反压的影响,排气阀或可调截面的喷口要随动工作。由于熄火时试验段内压力脉动较大,从而引发供油量的脉动,因而很难一次即测得一个固定值,必须测许多次。

也可以采用固定一个供油量,借助改变试验段内的风速,求得吹熄边界。图 9-4 所示为稳定器吹熄特性曲线。这种试验都是初步试验或称元件试验。

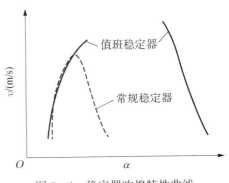

图 9-4　稳定器吹熄特性曲线

9.3.2　稳定器与喷雾器匹配试验

采用不同的喷雾器与各种稳定器按不同的相对空间位置匹配做试验是一项基础试验。对于组织燃烧关系重大,所以要进行大量试验研究,以求取最佳匹配并获得良好的燃烧性能。试验时要测取不同匹配下的燃烧效率和吹熄边界。图 9-5 是这种匹配试验系统图,这是双路式(内涵和外涵)试验通道。试验段的截面尺寸为 $305\,\text{mm} \times 406\,\text{mm}$。主要测试设备为水冷式吸气高温计或其他高温测试仪器仪表。测量温度范围为 $0 \sim 2\,000\,℃$。温度探头安装在位移机构上,可以测取多点温度分布。试验段进口设置有文氏管,以精确测定空气流量。排气口设置有可调出口截面的装置并接到引射器上,保证出口处于临界状态。

试验时先调好内外涵进口状态参数,然后点火燃烧。在调好的内外涵油气比下测定燃烧后的温度分布,从而直接测取燃烧效率。采用超量供油直至熄火或采用减少油量直至熄火,由此测取贫富油熄火边界。注意试验中可能出现不稳定燃烧,记录出现时的油气比并予以排除。

9.3.3　扩压/混合器试验

试验原理是基于保持试验段进口 Ma 数相同,进行几何相似的模拟试验。试验只要求气动模化,故进行常压试验即可。最常做的试验项目是内外涵两股流的混合器试验或加力燃烧室的扩压器试验。

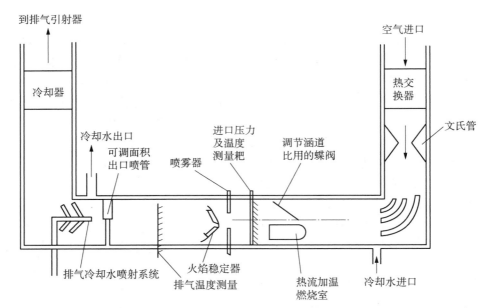

图 9-5 典型的二元稳定器与喷雾匹配试验系统

冷吹风试验的目的是检查扩压/混合器的方案可行性（有没有分离流动）、测取出口流场、测取气动性能。

试验设备没有特殊要求，只需提供稳定气源即可，也可用两股流试验器进行改装。混合器冷吹风试验的数据处理如下：

混合前的总压 p_1 计算方法有两种：

(1)
$$p_1 = \frac{p_N F_N + p_W F_W}{F_N + F_W} \tag{9-1}$$

(2)
$$p_1 = \frac{p_N q_{mN} + p_W q_{mW}}{q_{mN} + q_{mW}} \tag{9-2}$$

式中，下标 W 指外涵；N 指内涵。

混合后的总压 p_2 计算方法也有多种，这里只介绍一种：

算术平均法。

$$p_2 = \frac{\sum p_i}{n}, n \text{ 为整数} \tag{9-3}$$

其他参数也可相应照此处理。

扩压器冷吹风试验也可由水风洞（水流模拟）试验来取代。水流试验对检查流动分离等现象比较直观，但是所测的流场和气动性能的真实性却远不如冷吹风试验好。

9.3.4　加力扇形试验

扇形试验是把整个加力燃烧室沿周向切下 1/4、1/6 或 1/8，切多少根据试验气源和设备条件而定,由此做成扇形截面的试验件进行试验。这是采用 1∶1 的尺寸做的试验件,并且按实际的加力进口状态参数进行试验。不过扇形试验仍属于局部模化试验,与主燃烧室的扇形试验件相当。试验采用的是真实零件又是真实发动机状态,其试验结果应用到原型加力上当然要比缩尺模化好,应用价值也大。缺点是侧壁效应对燃烧效率的影响较大,所测燃烧效率低于真实值。此外,涡轮出口场以及扣去中心一部分带来的边界层的影响,这些均会造成与真实发动机状态之间的差别。

扇形试验既可以是常压试验,也可以是低压试验。但是试验时必须要用可调喷口,保证能使燃烧段的压力保持常数,同时喷口始终处于节流状态。

扇形试验在涡扇加力模拟试验中占有重要地位,对于组织燃烧,尤其是对于排除纵向低频振荡燃烧不稳定性具有重要意义。

扇形试验对于确定内外涵的分流环以及在外涵中的低温条件下组织燃烧方案极有意义,但是侧壁影响燃烧效率很显著。因此,定性试验、选型试验能起择优作用,定量试验数据只能供参考。

图 9 - 6　1/8 扇形试验件与试验段照片

扇形试验可以达到如下试验目的:

(1) 选择匹配良好的内部件(稳定器、喷油系统和点火器等)。

(2) 检查燃烧稳定性。

(3) 录取燃烧效率。

(4) 检查高空点火性能(低压试验)。

扇形试验相当于双涵二元稳定器试验,试验系统也大体相当。试验中主要进行动压测量,用以检测燃烧不稳定性。

9.4　全尺寸加力试验

9.4.1　全尺寸强度试验

这项试验的零部件应全都与真实零部件一样,包括加工工艺和材料都要一样。

这样的试验结果才具有权威性。

强度试验包括的零部件有筒体、调节片、调节环、作动筒、快卸环、转向环和承力吊挂等主要承力件。这些零部件都必须进行必要的强度、刚度试验,其中受到热负荷的零部件如调节片、调节环等都要在加载的同时进行加温试验,以模拟真实的工作条件。

强度试验时的加载值与理论计算值之比(即安全系数)都要按产品规范或型号规范要求。作动筒除了做循环寿命试验外,还要做环境试验,包括震动、冲击、防爆、高温和低温试验。如果带有位移传感器等电器附件,则应加做高空低压、绝缘、电磁屏蔽等环境试验。

9.4.2　加力台架试验

这是在燃气发生器上进行的加力试验。许多发动机的加力燃烧室研制都进行这项试验,例如,J79、斯贝、RM8 和 RM12 等都曾采用气动性能参数相接近的生产型发动机作为燃气发生器,提早进行加力燃烧室的调试。我国在加力燃烧室研制中也多次采用过,因为这项试验可以提前暴露许多问题,这对于缩短新发动机研制周期具有重要意义。

通常新发动机的加力进口流量、温度(内涵)和压力都高于燃气发生器(或借用发动机)。选择燃气发生器时,如果流量太小,可以采用两台发动机并联运行,例如,J79 加力试验的燃气发生器就是采用了两台老(批生产)发动机并联解决的;如果进口温度太低则可以采用串联加温器的办法解决;如果压力低且流场差别较大,可以选定空中某个低压工作状态,由此作为加力台架模拟工作点。对于流场问题则可加设调整件,取得相似的进口流场。因此,为达到尽可能接近新的全尺寸加力的进口条件,需要在燃气发生器和加力试验件之间加一个转接段,从而调整好加力试验件的进口流场。

当采用燃气发生器模拟空中的某个低压工作点时,必须考虑加温引起的静压降和喷管本身流路及结构上造成的静压降。这一点对于温升比很大的涡扇加力试验尤为重要,特别是喷口处于亚临界状态工作时更要小心谨慎,否则会造成实验失败或遭遇到不必要的挫折,例如出现燃烧不稳定现象等。采用燃气发生器试验加力时必须要具备如下条件:

$$p_m \geqslant \frac{p_{ab}}{1 - \Delta \bar{p}_s} \left(1 + \frac{k+1}{2} Ma_m^2\right)^{\frac{k}{k-1}} \tag{9-4}$$

式中,

$$\Delta \bar{p}_s = \frac{k}{k+1}(1 - Ma_m^2) - \left\{ \left[\frac{k}{k+1}(1 - Ma_m^2)\right]^2 - \frac{2k^2}{k+1} Ma_m^2 \left(1 + \frac{k-1}{2} Ma_m^2\right) \frac{Q}{C_p T_m} \right\}^{\frac{1}{2}}$$

这个关系式说明,在加力进口条件(p_m、T_m 和 Ma_m)一定时,加给加力燃烧室

的热量 Q 与相对静压降 $\Delta \bar{p}_s$ 之间具有单值关系。地面台架试车的喷管出口大气压是个固定值。这样,加力燃烧室里的加热量就受到了限制。这就是加力试验时的必要条件。

该项试验的目的有 3 项:

(1) 测取加力燃烧的进口流场和冷态气动性能。

(2) 测取加力燃烧的稳态性能。

(3) 初步检查加力燃烧稳定性,为与主机联调试车做准备。

试验的组装方案:燃气发生器(老发动机)＋转接段(流场调整装置)＋新的加力燃烧室及喷管。

燃气发生器调试加力与普通试车没有多大差别。

这里着重介绍加力温度 T_{ab} 和加力燃烧效率的计算。

1) T_{ab} 的计算

$$q_{mg} = \frac{m p_8 A_c q(\lambda_c)}{\sqrt{T_{ab}}} \tag{9-5}$$

式中,

$$q_{mg} = q_{mo} + q_{mab} + q_{ma}$$
$$p_8 = p_H \pi_c$$

π_c 为喷口截面的膨胀比,π_c 由 $F = A_c p_H [f(\lambda_c) \pi_c - 1]$ 中得到的 $\dfrac{F}{A_c p_H} + 1 = f(\lambda_c) \pi_c$ 曲线求得,排气面积 A_c 和推力 F 都是测得的。$q(\lambda_c)$ 通过 π_c 查 $\pi(\lambda_c)$ 气动函数表求得。主机燃油流量 q_{mo}、加力燃油流量 q_{mab} 以及进气道空气流量 q_{ma} 都是测量得到的,所以加力温度即可求得。

2) 燃烧效率 η_{ab} 的计算

由加力油气比公式:

$$f_{ab} = \frac{\dfrac{f_{mo}}{1+B}(I_{T_{ab}} - I_{T_m}) + c_p T_{ab} - c_p T_m)}{H_u \eta_{ab} - I_{T_{ab}} + c_p T_0} \tag{9-6}$$

把 f_{ab}、η_{ab} 和 T_{ab} 作成曲线,由 T_{ab} 和 f_{ab} 查曲线求得 η_{ab}。上式中主机油气比 f_{mo}、涵道比 B、混合温度 T_m 等都是已知或可计算的。

9.4.3　加力和主机匹配试车

加力的零部件试验尽管有很多项,但毕竟不是在原型主发动机上的试验,其真实性必须经过检验。同时前述这些零部件试验都是稳态试验。加力过渡态都要靠众多的附件和自动器工作。加力部分的各类附件有十多个,这些附件在过渡态表现如何? 必须进行检验。这些附件互相之间的匹配也要进行大量试验。加力与主机匹配试验中要进行多项、多次调整,以求取各自的可调范围并借以取得最佳匹配。

加力与主机的匹配试验是整机试验。它除了要进行附件调整和录取多项性能外,还要进行大量的测试和试验。为了保证试验质量,应用新的测试技术是加力调试必不可少的。

9.4.4　加力部件高空试验

这是把加力部件放在高空舱里,专门试验加力高空性能的试验。它可以较大幅度改变加力的进口参数,例如涵道比的改变等,这对于涡轮冲压组合发动机(TBCC)的加力试验有重要意义。国外如英国、俄罗斯、美国等均做过这类试验。此项试验更像是冲压发动机的燃烧室试验,冲压发动机的试验本来就在高空舱中进行,可以参考该机试验,减少重复工作。带加力的主机还要专门进行高空试验。这里只是提前指出加力高空试验中的问题。

9.5　动压测量

涡扇加力调试时,无论是在燃气发生器上试验,还是在整机上试验,都必须做动压测量。在扇形试验或稳定器等燃烧试验时也必须配备动压测量。这是加力燃烧诊断工具之一。

动压测量是专为振荡燃烧提供分析资料和数据的,首先要正确测出压力脉动的频率,其次是测出振型和脉动强度(振幅或功率)。通常在实验室里或部件试验时采用单点测量即可,在台架试车或高空台架试车时则必须采用多点测量,一般至少测3~6点。由于测试部位在燃烧段,环境工作温度高而且震动大,因而一般采用引出冷却管进行测量。

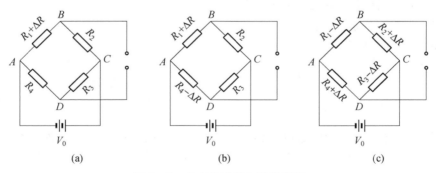

图 9-7　应变传感器电桥原理图

(a) 1/4 桥型　　(b) 半桥型　　(c) 全桥型

9.5.1　动压测量原理

动压测量方法有若干种,这里择要介绍典型的3种。

1）电阻应变压力传感器

该传感器的原理是基于被测压力作用于弹性元件,由此产生变形导致电阻应变片(丝)变形,从而改变电阻值。测量线路如图 9-7 所示。它是利用激励电源和 4 组应变元件构成四臂电桥,通过加压使桥路失去平衡,获得输出信号,一般输出电压 U_p,由此而达到测压的目的。

应变片灵敏度高,应变压力传感器技术成熟,结构简单,精度可达 0.15%,最高测量频率为 $1000\,Hz$。

2）压阻传感器

该传感器的原理是采用硅膜片,并用集成电路工艺在硅膜片上刻成 4 个等值电阻,组成电桥。当压力施于膜片时,由于压阻效应使 4 个电阻值发生变化,造成电桥不平衡,从而输出相应的电压,如图 9-8 所示。

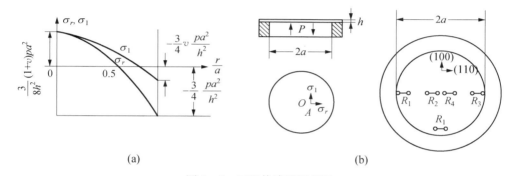

图 9-8　压阻传感器原理图

（a）硅膜片应力分布　（b）硅膜片

压阻效应是硅锗等半导体材料在外力作用下产生拉或压应力时,其电阻率随应力而改变的一种效应。

压阻传感器结构简单、尺寸小、工作可靠、固有频率达 $1500\,Hz$,灵敏度较高,是动压测量的理想传感器。它的工作温度可到 $260\,℃$,精度为 0.25%。

3）电容压力传感器

其原理是利用两平行板构成电容器,其中一板片为固定电极,另一板片为感压膜片作为可移动电极,中间介质为空气,如图 9-9 所示。通过改变平行板间距离 δ 引起电容变化,从而获得与压力相对应的电容输出。

电容压力传感器所需测量输入能量较小,

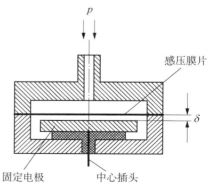

图 9-9　电容传感器原理图

灵敏度高,自振频率达 5 000 Hz,它对高温、振动、辐射等工作条件能很好适应,是很好的动压测量传感器。

除了上述这 3 种以外,其他还有电感式压力传感器,溅射薄膜式压力传感器等。这后两种在火箭等上应用甚广。航空发动机加力燃烧室上用得最多的是前两种。

动压测量传感器的安装方法有共振管系统、共振阻尼管系统和无限长管系统等。第一种安装频率特性可测到 1 000 Hz 以下的信号。非共振管系统其测定频率可达 5 000 Hz,幅度测量精度取决于系统的动态标定。

振荡燃烧的频率都在声学范围内,因此声学仪器也可用来检测,不过,通常只能测取频率特性。

9.5.2   振型测量

图 9 - 10 所示是英国布列斯特·希德利公司做过的试验研究,在发动机加力燃烧室的外壁上沿着轴线安装 6 个动压测量传感器。图 9 - 11 所示是其测量结果。

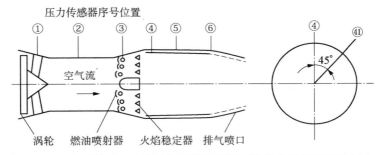

图 9 - 10   布列斯特·希德利公司研究低频不稳定性燃烧所用的加力结构和压力传感器位置

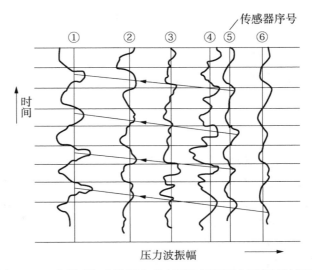

图 9 - 11   在涡喷加力装置上观察到的低频压力震荡示波记录

由图可见这是纵向振型的不稳定燃烧。如果要测的是切向振型的不稳定性燃烧,则可在传感器④的截面,沿其周向 45°或 60°或 90°位置设置一个传感器⑪。根据⑪和④同时测出的波形的相位差,即可断定是否是切向振型。当然在同一截面上,设置3 个或 4 个传感器则更好。上述这两种振型是由几何位置不同的传感器在同一时刻所测定的波形的相位差来判定的。如果同一截面上的传感器所测得的波形在各个不同时刻都是重合的,则可断定发生的是径向振型的不稳定燃烧。

9.6　燃气分析在加力调试中的应用

气体成分分析或废气(燃气)成分分析并非新技术。在民用部门如环境保护、化工等部门应用是很普遍的。航空上只是借用民用的排气发散的测量技术,用于加力燃烧室的调试则是新近的发展,国外业已大量应用。这主要是加力时的燃气取样工作条件恶劣,而且要进行多点自动快速取样,困难非常大。但是燃气分析技术对于加力调试具有特殊意义,尤其是在获取其化学反应信息、确定其燃烧性能上效果尤佳。这是其他测试技术所无法比拟的。正因为如此,往往不惜花大力气采用此项测量技术。

9.6.1　工作原理

首先把加力燃烧后的产物——燃气取出,作为样品送到专门的仪器中进行成分分析。这个成分分析仪器称为气相色谱仪(见图 9 - 12)。气相色谱仪的分析法实际是物理分离技术,气样在载气携带下进入装有吸附剂的色谱柱中,由于吸附剂对各成分的吸附能力不同,各成分在色谱柱内经过反复的吸附与脱附这样一个分离过程彼此分离,而后随载气流出色谱柱。载气是流动的,吸附剂是固定的。通常采用硅胶和分子筛作为吸附剂。被分离的气样各个成分通过鉴定器转变为易于测量的电压、电流信号。煤油-空气火焰其成分很复杂,包括 CO_2、CO、N_2、H_2、H_2O、O_2 和 C_nH_m 等多种。燃气中的这些化学成分经过气相色谱仪分析,再由数据处理机处理数据。最终由分析仪给出图片,并由微机系统打印出数据和文字结果。

化工系统采用的色谱分析仪是测量微量元素的精密仪器,各种成分的测量结果误差都在 1% 以内。加力调试中采用两种气相色谱分析仪,即 102GD 气相色谱仪和SP - 2307 气相色谱仪。前者的导热检测器与 3390A 色谱数据处理机一起定量分析并计算 N_2、H_2、O_2 组分;氢焰离子检测器分析 CO 组分。后者的导热检测器与 C - R1B 色谱处理机配套,定量分析并计算燃气中的 CO_2 组分;氢焰离子检测器分析碳氢化合物 C_nH_m 组分。

9.6.2　参数计算

仅知道燃气的成分还是不够的,因为加力调试的目的是要知道燃烧效率、加力油气比和加力燃烧温度等。这些参数都是导出物理量,故必须进行计算。

1) 加力燃烧效率 η_{ab}

采用能量平衡法推导得到:

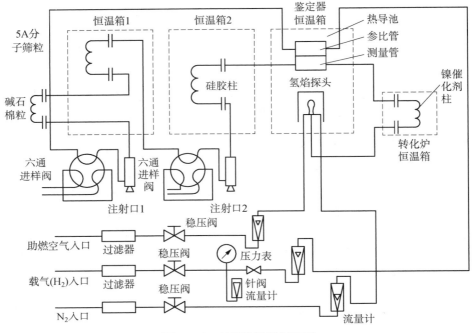

图 9-12　气相色谱仪气路图

$$\eta_{ab} = 1 - \frac{0.396\gamma_{H_2} + 0.468\gamma_{CO} + \gamma_{HC}}{\gamma_{CO_2 ab} + \gamma_{CO} + \gamma_{HC}} \tag{9-7}$$

式中，γ_{H_2}、γ_{HC}、γ_{CO} 分别为对应燃气中的 H_2、HC、CO 的成分质量百分含量；$\gamma_{CO_2 ab}$ 为加力时燃气中的 CO_2 含量减去主机中的 CO_2 含量而得到的质量百分含量。

2）加力油气比 f_{ab}

$$f_{ab} = \frac{1}{L_0 \alpha_{ab}} \tag{9-8}$$

式中，L_0 为理论空气当量，$L_0 = 14.7\,kg$ 空气/kg 燃油；α_{ab} 为加力燃气余气系数。

$$\alpha_{ab} = \frac{3\gamma_{HC} + 2\gamma_{O_2 ab} + 2\gamma_{CO} + 3\gamma_{CO_2 ab}}{3(\gamma_{CO_2 ab} + \gamma_{CO} + \gamma_{HC})} \tag{9-9}$$

式中，$\gamma_{O_2 ab}$ 等于 1.5 倍的主机尾气的 CO_2 含量加上加力后尾气中的 O_2 的含量，其余符号同上。

3）加力温度 T_{ab}

采用热平衡法，即由涡轮出口时气流的总焓值加上加力时加进气流中的热量等于喷管出口时的气流的总焓：

$$(1+f_3)h_4^* + q\eta_{ab}f_{ab} = h_5^*(1+f_3+f_{ab}) \qquad (9-10)$$

式中，f_3 为主燃烧室油气比；q 为当量值，$q = 43\,960\,\text{kJ/kg}$ 燃烧热；

$$h_5^* = \frac{(1+f_3)h_4^* + q\eta_{ab}f_{ab}}{(1+f_3+f_{ab})} \qquad (9-11)$$

$$h_5^* = h_{273} + (T_{ab}-273)\overline{c_p} \qquad (9-12)$$

式中，$\overline{c_p}$ 为平均比定压热容。

再经迭代推导即得

$$T_{ab} = \frac{\mu}{\sum \mu_i\gamma_i\overline{c_{pi}}} - \frac{(1+f_3)h_4^* + q\eta_{ab}f_{ab}}{(1+f_3+f_{ab})} - \frac{\sum \mu_i\gamma_i h_{i273}}{\sum \mu_i\gamma_i\overline{c_{pi}}} + 273 \qquad (9-13)$$

式中，μ 为平均相对分子质量。

有了以上公式即可编制计算机程序，用所测成分及有关数据，查热物性表和焓值表，进行运算，最终打印出所求数据。

关于上述公式的推导参见刘皓和 Moss 等的文献。

9.6.3　取样系统

取样要求：

（1）多点取样，取样点按等环量或等距分布，以适合表现被测参数的变化规律为原则。

（2）快速取样，适合台架开加力试车时间短的要求。

（3）遥控取样，开加力时试车间内噪声、振动大，工作人员无法在其中工作。

（4）具有冷却措施防止取样头在高温气流中烧坏并把高温燃气的氧化反应猝熄下来。

（5）取样管路应尽量短，便于快速置换。

（6）取样支架要有足够的刚度和强度。

（7）应防止样气中的水汽和重碳氢化合物冷凝。

（8）取样器可做周向绕轴转动。

1）十字取样器

这种十字形取样器（见图 9 - 13），有两根在中心垂直交叉的取样臂。每臂上有19 个取样头，中心一点为共有。多点取样头按等环量或等距分布。根据需要布点。

十字取样器带有水冷系统。十字取样器支撑在滚轮上，可以沿圆周转动。取样臂做成翼型，以便减小流阻。

取样器的取样头按等动力取样。

整个取样器支撑在工字钢制成的钢架上，结实可靠。取样截面相距喷口出口截面的距离为 50～200 mm。一次取样 37 点。

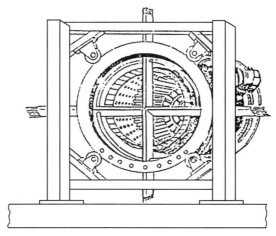

图 9-13　十字取样器与旋转支撑结构

2）多点遥控自动气样收集器

图 9-14 所示是遥控取样车。每个取样罐不允许漏气,采用电磁阀或连杆阀自动取样。每个取样罐的容积为 469.7 mL。由于是遥控自动取样,全部取样可在 90 s内完成。

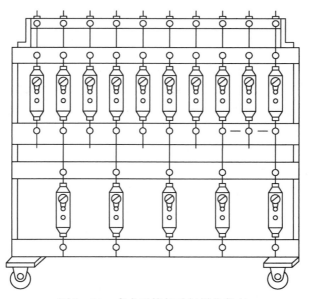

图 9-14　多点遥控气动气样收集车

9.6.4　调试应用

由于燃气分析技术能精确定量分析出加力燃烧后的燃气组分,因而它是良好的燃气诊断工具。其燃烧效率误差在±1.5%以内。正因为如此,燃气分析在加力调试中广为应用。

1) 非加力场的测量

燃气分析可以准确测出涡轮后的温度分布以及主燃烧室的燃烧效率(或燃烧完整度)。这对于分析加力性能很重要,它提供了加力前的原始状况(温度分布)。

2) 评价加力性能

燃气分析能够提供小加力、部分加力和全加力时的燃烧效率和燃烧温度,因而借此能准确地评价加力燃烧室性能。

3) 选择设计上最佳的喷油系统

各个燃油区和各个燃油总管以及各种喷油环对加力燃烧性能的影响都可以由燃气分析做出定量评价结果。因此可以选择设计上最佳的喷油系统或改进燃油系统的设计,求得最优的燃烧性能。

4) 消灭富油区改善壁温

十字取样器沿圆周转动取样,从而可以获得整个截面上的燃油分布,特别是能寻找出靠近机匣外壁处的局部富油区。由此采取措施调整壁温,确保机匣安全。

5) 检测燃气组分控制燃烧效率

大量的测试数据可以进行系统的燃气各组分的图像分析,如图 9 - 15 所示。根据组分分析得知在整个加力燃烧过程中(包括从非加力到小加力直至全加力,或从贫油到富油),N_2 是不变的,H_2 和 C_nH_m 的含量甚微,相比其他成分低两个数量级。它们对加力燃烧不起作用或可以忽略不计。控制燃烧过程的是 CO_2、O_2 和 CO。

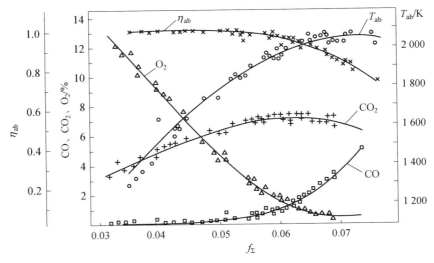

图 9 - 15　燃气图像分析:加力燃烧效率、排气温度和燃气成分含量随总油气比的
　　　　　变化关系

从图像分析可知，O_2 和 CO 随总油气比的变化最为敏感，而且这两种成分互有对应关系。当含 O_2 量高时，CO 很少；当含 O_2 量低于 2％时，CO 急剧增多；CO_2 一直变化平缓。只有当油气比为 $0.062\sim0.063$ 时，才会略有下降。很显然，当油气比超过 0.063 时，氧气已近乎在燃烧中耗尽，这才导致 CO 迅速增加，燃烧效率随着下降。因此，为获得较高的燃烧效率，改善燃烧品质，必须控制 CO 的增加，CO 不得超过 2％，相应含氧量在 1.5％左右。

燃气分析技术除了加力试车中应用外，在加力点火试验、稳定器试验和扇形试验、稳定器与喷油器的匹配试验等项目中也是很得力的测试工具。它也作为主燃烧室测试工具，尤其是新一代发动机的主燃烧室的温度很高，热电偶测量已相当困难，采用燃气分析是比较合适的。

从图像分析看，所测数据有一定的分散度，这是高温高速气流湍流脉动的结果。

9.7　特种测量和试验

9.7.1　隐身特性测量

这是一项特殊试验和测量。目的是测出发动机装机后的目标特性，这里包括红外辐射测量和雷达反射波测量。测试时必须把发动机装在飞机上并进行开车，由此测出目标在各种不同工况、不同方位角条件下的隐身特性。

1) 红外辐射测量

测量仪器包括光谱分析仪、红外辐射计和红外热像仪等。几套仪器同时测量，把所测得的结果进行换算。测量方法是把仪器放在相距发动机（飞机）一定距离的位置上，转动发动机（飞机），从不同的角度和方位测出发动机装机后的红外辐射空间特性并作出如图 7-31 那样的空间分布曲线。红外辐射测量时一定要排除背景辐射，通常是在夜间试验，以避免阳光影响。同时被测目标附近不得有其他红外辐射源，故一般在机场上进行。发动机的试验工况为巡航、中间、最大（加力）3 种。

2) 雷达反射测量

雷达波的测量与红外辐射测量不一样，它是主动式的。首先把雷达测试设备放在相距目标一定距离的位置上，然后由设备发射一束雷达波照射到装机的发动机上（主要是进气道和尾喷管），从而测出目标的反射特性。通常此项试验与整架飞机的目标特性测量合在一起进行，发动机不单独进行测量。

9.7.2　推力矢量试验

这项试验必须要有特殊的试车台。试车时能进行多分量测力，包括 3 坐标上的投影分力 F_X、F_Y、F_Z 和分别绕 3 轴的力矩分量 M_X、M_Y、M_Z 共计 6 个。本试验的目的是当喷管做角向运动时测出推力在空间 3 坐标轴上的分量及其作用点的位置。通常只需进行 4 分力测量即可，即 F_X、F_Y、F_Z 和另一个绕 Y 轴或绕 Z 轴的力矩。

测力原理基于发动机装在试车台上、把整个试车台作为一个刚体置于测力天平上。由于天平在互相正交方向上设置了多个测力传感器,这些传感器所测数据全部输入计算机,最终由计算机提供实时瞬态和稳态的推力矢量参数,包括推力矢量的作用点的位置及附加力矩。

这是研制推力矢量喷管必不可少的试验设备。图 9 - 16 所示为 F100 发动机在做推力矢量试验的情景。这是发动机正在开加力,喷管做左右偏转时两次曝光拍下的照片。

关于加力高空试验的细节这里从略。图 9 - 17 为在高空试车台上试验加力室所测得的性能曲线。

图 9 - 16　F100 推力矢量喷管正在开加力(左右偏航)两次曝光所摄

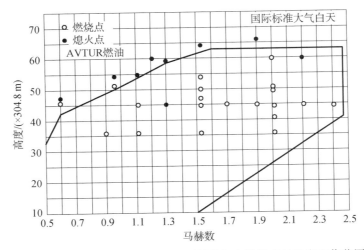

图 9 - 17　在高空试车台上试验所测得的加力燃烧室的稳定工作范围

参 考 文 献

［1］张宝诚.航空发动机试验技术[M].北京:航空工业出版社,1989.

［2］王群善.工程物理:现代工程技术物理基础[M].沈阳:辽宁科学技术出版社,1993.

［3］刘皓.加力燃烧室排气流燃气组分测试技术研究[J].航空发动机,1991(4):63 - 69.

［4］张兴,郭立业.壁温热电偶在发动机隔热屏测温中的应用[J].航空发动机,1996(3):37-39.

［5］南京航空学院.加力燃烧室进修教材:试验部分[M].南京:南京航空学院出版社,1977.

［6］吴达,郑克扬.排气系统的气动热力学[M].北京:北京航空航天大学出版社,1989.

索　引

后记·寄语

本书历时 3 年将付梓。合作者刘玉英老师热情肯干，极富钻研精神，是一位难得的青年才俊。她编写的加力燃烧基本理论精当到位，她还对全书编写提出过很好的建议和意见。对于本书的终稿功不可没。

谨以此书献给我的导师张许南教授。他已于 2015 年 12 月 6 日仙逝，享年 93 岁。他是我国最先从事冲压发动机研制和教学的奠基人之一。

时光荏苒，倏忽间已至耄耋之年。80 年前，上海"八一三"抗战爆发，11 月末上海沦陷。随后的十余天里日寇铁蹄沿着沪宁线西下，苏锡常（我的故乡）相继沦陷。12 月 13 日南京沦陷。侵略者挥舞着屠刀开始了历时一个多月的灭绝人性的对 30 万平民的大屠杀，美丽的江南沉浸在血雨腥风之中。12 月 4 日母亲在颠沛流离逃难途中扶着小姑的肩膀生下了我。在我的同龄人中，有的生于波涛滚滚长江之中的毛毛船上；有的生在荒坟野塚茅草丛中；有的生于仙稞（也称甘稞，一种多年生状如高粱的高秆植物）林中；有的母亲在逃难途中生孩子借用牙齿咬断脐带……这些可从上代父母给我的同龄人取的名字："江琴""仙中""茅生""咬脐"等得到证明。这是上代父母对子女的永久纪念。她们业已作古。谨以此书纪念成千上万饱经苦难生育我辈的中国母亲们！她们是伟大的母亲，值得我们后人世世代代纪念！

我家住在常州西北的孟河东岸。我舅舅家住在西岸的罗溪镇。孟河上有一座古老的石拱桥连接两岸。自孩提能走路起，我不知有多少次从桥上走过。日寇在桥中央设有岗哨，戴着狗头帽、上了刺刀、荷枪实弹的鬼子兵在此检查过往行人。不管男女老少病残弱个个都要搜身，稍有不顺就得遭一顿毒打。凶神恶煞魔鬼形象使我终生难忘。

日寇在罗溪镇上建立了据点。用铁丝网把个弹丸小镇围起来并设炮楼监控。鬼子兵与汪伪绥靖队不时下乡"清乡""扫荡"，其实就是派捐抢粮。孟河里挂着膏药旗的货船装的全是抢来的农民的血汗粮。6 岁那年时遇大旱，沟塘大都见了底，又逢蝗灾。头部长着"王"字的蝗虫遮天蔽日自西边飞来，一时落满了田野和屋顶。顷刻间水稻等农作物甚至野草都遭啃啮精光，一场闻所未闻的大灾难突然降临。鬼子兵抢粮加上田里庄稼颗粒无收，老百姓吃什么？能吃的都吃光了，以致有人吃观音土。这是一种灰蓝色的黏土，掺杂少量观音土在米面中充饥尚可，吃多了会排不出便，只能憋死。距我家不足百步之遥的村东祠堂里住着一家自苏北逃荒来的 7 口人：夫妇俩加两位老人和 3 个孩子，其中有我的同龄人。在短短的几个月里即先后在贫病中死去，一家灭门，无一幸免。最后是村里人把其尸体抬到乱葬坑里埋掉。千里江南，哀鸿遍野，饿莩遍地，万户萧疏，惨不忍睹。生活在歌舞升平、国家欣欣向荣的现代中国人，是很难想象 70 多年前的江南竟发生过这种惨剧。这在众多抗战影视剧中也很难寻觅到。日本军国主义侵略中国的罪行罄竹难书。

　　在我国北方盛传小英雄雨来和王二小的故事。故乡江南同样有一则少年英雄抗日的故事。邻村彭家塘有位少年因家贫早早即以修补水缸谋生。他常在位于罗溪镇东北郊的东英村和西莫村之间的一座石桥上放哨。这是个要道口，后来不幸被日寇发现，他遭到化了装的敌人抓捕，不久这位十四五岁的少年即惨遭敌人杀害。他的鲜血洒在惠民桥东北侧高高的河岗上。这位小英雄的遗体安葬时，自动聚集为他送葬的村民长达一两里地。我上中学时每天都要路过小英雄放哨和牺牲的地方。为了反抗日本鬼子的侵略，为了解放祖国，千千万万的英烈为国捐躯，这位小英雄仅是其中之一。我们要永远记住他们。一代又一代有志气有热血的中国青年要永远记住先辈遭受的苦难。永远记住日本及其他帝国主义侵略我国血淋淋的历史。中国青年理应感到历史的重任在肩，矢志不渝，努力奋斗，把我们的祖国建设得更强大，让先辈遭受的悲惨历史永不再现！

季鹤鸣，2017 年 12 月于沈阳